U0546815

# 我国科学技术的
## 财政投入研究

RESEARCH ON CHINA'S GOVERNMENT INVESTMENT
IN SCIENCE AND TECHNOLOGY

陈文学　著

中国社会科学出版社

# 图书在版编目(CIP)数据

我国科学技术的财政投入研究 / 陈文学著. —北京：中国社会科学出版社，2021.4
ISBN 978-7-5203-8127-7

Ⅰ.①我… Ⅱ.①陈… Ⅲ.①科学技术—财政支出—研究—中国 Ⅳ.①G322

中国版本图书馆 CIP 数据核字(2021)第 046750 号

| | | |
|---|---|---|
| 出 版 人 | 赵剑英 | |
| 责任编辑 | 王　曦 | |
| 责任校对 | 李斯佳 | |
| 责任印制 | 戴　宽 | |

| | | |
|---|---|---|
| 出　　版 | 中国社会科学出版社 | |
| 社　　址 | 北京鼓楼西大街甲 158 号 | |
| 邮　　编 | 100720 | |
| 网　　址 | http://www.csspw.cn | |
| 发 行 部 | 010-84083685 | |
| 门 市 部 | 010-84029450 | |
| 经　　销 | 新华书店及其他书店 | |

| | | |
|---|---|---|
| 印刷装订 | 北京君升印刷有限公司 | |
| 版　　次 | 2021 年 4 月第 1 版 | |
| 印　　次 | 2021 年 4 月第 1 次印刷 | |

| | | |
|---|---|---|
| 开　　本 | 710×1000　1/16 | |
| 印　　张 | 19.25 | |
| 插　　页 | 2 | |
| 字　　数 | 269 千字 | |
| 定　　价 | 99.00 元 | |

凡购买中国社会科学出版社图书，如有质量问题请与本社营销中心联系调换
电话：010-84083683
版权所有　侵权必究

# 目 录

第一章 导论 …………………………………………（1）
    一 研究背景与研究意义 …………………………（1）
    二 研究综述 ………………………………………（34）
    三 主要观点 ………………………………………（40）
    四 基本概念与研究方法 …………………………（41）
    五 全书结构和主要内容 …………………………（44）

第二章 科学技术财政投入的理论分析 ……………（46）
    一 公共物品理论与科学技术财政投入 …………（47）
    二 公共选择理论与科学技术财政投入 …………（55）
    三 公共支出增长理论与科学技术财政投入 ……（60）
    四 经济增长理论与科学技术财政投入 …………（66）
    五 小结 ……………………………………………（70）

第三章 科学技术财政投入的规模 …………………（72）
    一 绝对规模 ………………………………………（72）
    二 相对规模 ………………………………………（79）
    三 弹性分析 ………………………………………（86）
    四 研究与开发经费 ………………………………（93）
    五 国家自然科学基金 ……………………………（98）

六　国家社会科学基金…………………………………………（100）
　　七　其他部门科学技术经费……………………………………（103）
　　八　国际比较……………………………………………………（104）
　　九　影响因素……………………………………………………（119）
　　十　小结…………………………………………………………（123）

第四章　科学技术财政投入的结构……………………………………（125）
　　一　负担结构……………………………………………………（125）
　　二　使用结构……………………………………………………（142）
　　三　分配结构……………………………………………………（150）
　　四　国际比较……………………………………………………（154）
　　五　影响因素……………………………………………………（178）
　　六　小结…………………………………………………………（181）

第五章　科学技术财政投入的管理……………………………………（183）
　　一　投入体制……………………………………………………（185）
　　二　管理制度……………………………………………………（189）
　　三　资助方式……………………………………………………（199）
　　四　项目资金管理………………………………………………（204）
　　五　国际比较……………………………………………………（212）
　　六　小结…………………………………………………………（227）

第六章　科学技术财政投入的绩效……………………………………（229）
　　一　带动效应……………………………………………………（230）
　　二　产出成果……………………………………………………（231）
　　三　对经济增长的贡献…………………………………………（250）
　　四　成果转化……………………………………………………（253）
　　五　绩效评价……………………………………………………（256）
　　六　国际比较……………………………………………………（263）

七　小结…………………………………………（276）

第七章　结论………………………………………（278）
　　一　提高财政科技投入强度……………………（278）
　　二　完善财政科技投入结构……………………（279）
　　三　加强财政科技投入管理……………………（280）
　　四　提升财政科技投入绩效……………………（281）

参考文献……………………………………………（283）

后记…………………………………………………（300）

# 第一章 导论

科学技术是人类文明的显著标志,是推动人类社会进步的革命力量。当代世界,科学技术日新月异,发展变化的速度越来越快,对经济社会发展的推动作用也越来越大。为抢占科学技术制高点,各国都高度重视科学技术发展战略,通过制定国家科学技术发展规划,给予强大经费投入,对科学技术发展进行有力引导和积极支持。

目前,我国已进入必须更多地依靠科学技术的进步和创新推动经济社会发展的历史新阶段,增加科学技术投入,进而推动科学技术发展,成为全社会的广泛共识。科学技术的财政投入是科学技术投入的重要部分,而且对其他投入具有很强的引导作用。增加科学技术的财政投入、促进科学技术跨越发展势在必行。但对科学技术的财政投入增加多大幅度?达到什么规模?如何优化投入结构?怎样进行规范管理?如何进一步提高经费使用效益?此等问题都迫切需要研究回答。

## 一 研究背景与研究意义

### (一)科学技术发展进入新的阶段

"在马克思看来,科学是一种在历史上起推动作用的、革命的力量。"① 马克思明确指出,"生产力中也包括科学"。②

经济学家认为,"科学的特殊作用,首先在于它是直接的生产力。"③

"科学技术是第一生产力"④,是先进生产力的集中体现和主要标志。科学技术又是综合国力的重要组成部分、经济增长的重要引擎、社会进步的重要动力。每一次科学技术革命,都给经济社会带来异常迅猛的发展。

18世纪末以蒸汽机的发明和应用为主要标志的第一次科技革命,实现以机器大工业代替工场手工业,人类进入了机器时代,纺织机、轮船、火车是其代表,极大地提高了生产力,推动工业生产、交通运输、全球贸易快速发展,工业化国家经济结构和社会结构因此发生重大变化,自由资本主义得到快速发展,社会日益分裂为资产阶级和无产阶级两大对立阶级。在世界范围,西方资本主义列强对东方国家展开殖民侵略。

19世纪中叶以电机的发明为起点、以电力的广泛应用为标志的第二次科技革命,使人类由机械化进入电气化、自动化时代,发电机、电动机、汽车、飞机、电话、电报是其代表,生产力迅速发展,促进了生产和资本的集中,由此产生了垄断,并形成垄断组织;垄断资本直接控制或利用国家政权,推动主要资本主义国家相继进入帝国主义阶段,最终形成了资本主义世界体系。帝国主义瓜分世界的斗争日趋激烈。

1945年第二次世界大战结束后,以信息技术、新能源技术、新材料技术、生物技术、空间技术和海洋技术的发明和应用为主要标志的第三次科技革命兴起。这次科技革命是迄今为止人类历史上规模最大、影响最为深远的一次科技革命,对世界经济、政治、文化乃至社会生活产生了巨大而深远的影响。人类因此由工业社会进入

---

① 《马克思恩格斯选集》第3卷,人民出版社1995年版,第777页。
② 《马克思恩格斯文集》第八卷,人民出版社2009年版,第188页。
③ [美]罗伯特·M. 索洛等:《经济增长因素分析》,商务印书馆1991年版,第342页。
④ 《邓小平文选》第三卷,人民出版社1993年版,第274页。

信息社会，信息社会时代亦被称为"知识经济时代"。第三次科技革命表现出新的特点：科学与技术紧密结合，相互促进；科学技术各领域密切联系，相互渗透；科学技术发展越来越快，呈加速状态；科学技术直接转化为现实生产力的速度也在加快，推动生产力迅速发展，等等。

进入21世纪，第三次科技革命正在向纵深、更高层次发展。科学技术发展更为迅猛，信息科技、生物科技、纳米科技、新能源科技、新材料科技、太空科技、生态科技等成为热点领域，取得诸多创新和突破。同时，以2013年德国汉诺威工业博览会为标志，第四次科技革命正在悄然兴起。它以互联网产业化、工业智能化等为代表，包括互联网、物联网、大数据、云计算、传感技术、机器人、虚拟现实、量子通信、基因工程、核聚变等科技进步，这些科技创新将带来物理空间、网络空间和生物空间三者的融合，比前三次科技革命对人类社会有着更加广泛深刻的影响。

在知识经济和大数据网络时代，科学技术对经济增长的贡献率越来越大，对社会发展的影响越来越深，可以说，当今世界国家之间的竞争，在很大程度上是科学技术的竞争。

**（二）世界强国对科学技术高度重视**

世界强国的一个重要标志是科技水平先进、科技力量强大、科研资源雄厚、科研队伍庞大，这些都和它们对科学技术的高度重视分不开。特别是在新世纪，科学技术的竞争更趋激烈，居于发达水平前列的七国集团国家纷纷制定科学发展规划，加大经费投入，取得了明显的成效。

**美国**

"联邦政府在支持国家科学基础设施和科学研究方面发挥着关键的作用。"[①] 克林顿总统在2000年国情咨文中说："在新世纪，

---

① 美国国家科学技术委员会：《面向21世纪的科学》，序言，科学技术文献出版社2005年版。

科学技术的创新不仅是环境健康的关键,也将是奇迹般地提高我们的生活质量和经济取得进步的关键。""为了加快科技领域所有这些学科的发展步伐,我请求你们支持我的建议,为21世纪科研基金拨出前所未有的30亿美元经费,这是一代人时间里民用科研经费最大幅度的增长。我们应为我们的未来投资。""这些措施将允许我们向更远的科技边疆迈进。"①

小布什总统在2006年国情咨文中说:"今晚我宣布一项《美国竞争力计划》,以鼓励在我国整个经济中实行创新,为我国儿童在数学和科学方面奠定坚实基础。第一,我建议在今后10年中把联邦政府对物理科学领域中最重要的基础研究计划的投入增加一倍。这笔拨款将支持美国最富于创造力的人们的工作。他们将探索纳米技术、超级计算和替代性能源等有希望的领域。第二,我建议使研究与开发(简称"研发",英文为Research & Development,缩写为"R&D")的税额抵免永久化——以鼓励私营部门在技术领域实施更加大胆的计划。"② 2007年8月,美国国会通过《美国竞争力法案》,2011年1月,奥巴马总统签署《美国竞争力法案》,规定未来3年增加研发投入。

奥巴马总统在2009年国情咨文中说:"我们为基础研究提供了美国有史以来最大数额的投资——这项投资不仅将刺激新能源开发,还将促进医学和科技领域的突破。"③ 奥巴马总统在2013年国情咨文中强调:"现在不是损毁科技革新领域创造就业投资的时候,而是让研究与开发达到一个自太空竞赛以来从未见过之高度的时

---

① William J. Clinton, "Address Before a Joint Session of the Congress on the State of the Union", January 27, 2000, https://www.presidency.ucsb.edu/documents/address-before-joint-session-the-congress-the-state-the-union-7.

② George W. Bush, "Address Before a Joint Session of the Congress on the State of the Union", January 31, 2006, https://www.presidency.ucsb.edu/documents/address-before-joint-session-the-congress-the-state-the-union-13.

③ Barack Obama, "Address Before a Joint Session of the Congress", February 24, 2009, https://www.presidency.ucsb.edu/documents/address-before-joint-session-the-congress-1.

候。我们需要进行这些投资。"① 奥巴马总统在 2015 年国情咨文中强调："21 世纪的企业倚赖美国的科学、技术、研究和开发"，"我希望美国人民能够在带来新工作的科学探索竞争中获胜"。② 可见美国政府是非常重视科学技术发展的。

特朗普总统在发表的国情咨文中多次赞扬美国推动科学发展取得的成绩，特别重视增加资金支持儿童疾病的研究。

2001 年，美国白宫科技政策办公室公布了美国国家科学技术委员会 2000 年发表的报告《发现、教育和创新：联邦科技投入回顾》，提出为使美国继续走在发现和创新的前沿，国家必须努力保持现有的科学技术投入水平，甚至要有所提高。总统科技助理尼尔·雷恩在提交该报告的说明中指出："科技投入有助于联邦部门和机构在 21 世纪完成相关任务，从宇宙探索、治疗疾病、劳动力培训，到反对恐怖主义、保护环境。得到联邦政府资助的研究机构也有助于促进经济增长和改善美国人民的生活质量。"③

2008 年爆发国际金融危机，世界各主要经济体纷纷采取有力的干预措施，在挽救银行和大企业、刺激消费的同时，都加大了对科学技术和教育的投入，着眼未来经济和科技发展，培育新的竞争优势。如 2009 年 4 月，美国总统奥巴马在美国国家科学院年会上宣布，美国计划将研究与开发经费提高至 GDP 的 3%，投入强度将超过 20 世纪 60 年代"太空竞赛"时的水平，并通过一系列配套政策，促进清洁能源、医学保健、环境科学、科学教育、国际合作等领域的创新发展，力图保持美国在这些领域的竞争优势和在全球经

---

① Barack Obama, "Address Before a Joint Session of Congress on the State of the Union", February 12, 2013, https://www.presidency.ucsb.edu/documents/address-before-joint-session-congress-the-state-the-union-2.

② Barack Obama, "Address Before a Joint Session of the Congress on the Stateof the Union", January 20, 2015, https://www.presidency.ucsb.edu/documents/address-before-joint-session-the-congress-the-state-the-union-21.

③ The National Science and Technology Council, "Discovery, Education, and Innovation: An Overview Of The Federal Investment In Science & Technology".

济的领导地位。①

为推动美国科学技术发展，美国先后推出了三版《美国创新战略》。2009年9月美国国家经济委员会和白宫科技政策办公室首次发布《美国创新战略：推动可持续增长和高质量就业》，并于2011年2月发布修订版《美国创新战略：确保我们的经济增长与繁荣》。2015年10月再次发布新版《美国创新战略》，该战略涉及六个方面，指出联邦政府在投资基础创新领域、鼓励私人部门创新和培养更多创新人才方面应发挥更重要的作用，政府将为实现上述目标采取三项战略举措——创造高质量就业岗位和长期稳定的经济增长、推动国家重点创新领域取得突破以及建设创新型政府。②

**日本**

1995年11月，日本通过《科学技术基本法》。依据该法，1996年7月日本通过第一期《科学技术基本计划》（1996—2000），旨在实施科学技术振兴方针、政策和措施，实现"科技创新立国"的目标。为此，将改革科技体制，并增加政府研究与开发投入。1996—2000年，政府科学技术投入总额计划达到17万亿日元。

2001年3月，日本通过第二期《科学技术基本计划》（2001—2005），确立了新世纪初期推进科技发展的三大方向，即以实现"科技创新立国"为基本国策，努力将日本建设成为"能够创造知识和灵活运用知识为世界做出贡献的国家"、"有国际竞争能力可持续发展的国家"以及"能够使人民过上放心、安全和舒适生活的国家"。强调改革科技创新体制，在推动基础研究的同时，加强对生命科学、信息通信、环境、纳米材料等重点领域的投入。③ 为此，五年内政府研发投入（包括地方政府研发投入）总额达到24万亿

---

① 路甬祥：《应对危机 把握机遇 科学前瞻 创新发展》，第十一届中国科协年会报告。
② National Economic Council and Office of Science and Technology Policy, "A STRATEGY FOR AMERICAN INNOVATION", October 2015.
③ 邱华盛编译：《日本国家第二期（2001—2005年）科学技术基本计划》，《国际科技合作》2002年第2期。

日元，占 GDP 的比例达到 1%。据统计，2001—2005 年，日本政府实际研发投入总额为 21.1 万亿日元。[①]

2006 年 3 月，日本通过第三期《科学技术基本计划》（2006—2010），继续实施科技创新立国战略，使日本成为通过创造知识、运用知识为世界做出贡献的国家，具有国际竞争力、可持续发展的国家，安全、稳定、生活质量高的国家。提出 3 个基本理念、6 个大政策目标、12 个中政策目标和 63 个个别政策目标。[②] 该计划要求五年内政府研发投入总额达到 25 万亿日元，占 GDP 的比例达到 1%。据统计，2006—2000 年，日本政府实际研发投入为 21.7 万亿日元。[③]

2007 年 6 月，日本内阁通过《创新 25 战略》。根据面临的挑战，日本政府希望通过创新，到 2025 年把日本建成终身健康的社会、安全放心的社会、人生丰富多彩的社会、为解决世界性难题做出贡献的社会和向世界开放的社会。为此，制定了具体的政策路线图，主要包括"社会体制改革战略"和"技术革新战略路线图"两部分。"社会体制改革战略"包括 146 个短期项目和 28 个中长期项目，旨在改善社会环境，促进创新；"技术革新战略路线图"包括大力实施技术创新项目，推进不同领域的战略性研发，推进富有挑战性的基础研究，强化创新的研发体制，等等。

为应对 2008 年国际金融危机，2009 年 4 月日本总务省发布《数字日本创新计划》，作为未来 3 年优先实施的政策。目的在于通过鼓励对信息和通信技术（ICT）产业的投资，提高信息通信产业总值，创造新的市场，增加就业机会。具体措施包括创造新的数字化产业，建立创新型电子政府，构建先进的数字网络，推进无所不

---

① 王玲：《日本〈科学技术基本计划〉制定过程浅析》，《全球科技经济瞭望》2017 年第 4 期。

② 陶鹏、陈光、王瑞军：《日本科学技术基本计划的目标管理机制分析——以〈第三期科学技术基本计划〉为例》，《全球科技经济瞭望》2017 年第 3 期。

③ 王玲：《日本〈科学技术基本计划〉制定过程浅析》，《全球科技经济瞭望》2017 年第 4 期。

在的城镇理念，培育和强化创意产业，发展 ICT 技术和产业，创造安全可靠的网络等。①

2011 年 8 月，日本通过第四期《科学技术基本计划》（2011—2015），提出科技创新五大目标，旨在塑造日本的未来形象；明确科技发展三项指导方针：注重科技创新政策的整体性，更加重视人才及团队的作用，实现与社会同步的科技进步政策；实现总体目标的三大重点任务：灾后复兴计划、绿色创新计划、民生创新计划；指出未来急需突破的五个方向；提出为实现目标的两项保障措施：深化科技管理体制改革，完善科技创新政策。提出未来 5 年政府与民间研发投入总额达到 GDP 的 4% 以上，其中政府研发投资占 GDP 的比例达到 1%，即达到 25 万亿日元以上。②

2016 年 1 月，日本通过了第五期《科学技术基本计划》（2016—2020），该计划提出，日本将大力推进和实施科技创新政策，把日本建成"世界上最适宜创新的国家"。提出日本应当实现的四大目标：保持持续增长和区域社会自律发展；保障国家及国民的安全放心和实现丰富优质的生活；积极应对全球性课题和为世界发展作出贡献；源源不断地创造知识产权。为了实现上述目标，计划提出今后五年日本重点推进科学技术政策的四大方面：一是创造未来产业和推动社会变革；二是积极应对经济和社会课题；三是强化基础实力；四是构筑人才、知识、资金的良性循环体系。③ 为此，要求五年内政府研发投入总额达到 26 万亿日元，占 GDP 的比例达到 1%。④

---

① 姚国章、袁敏、叶双：《从"数字日本创新计划"看日本如何发展创新型经济》，《中国科技产业》2010 年第 4 期。
② 《十年决策——世界主要国家（地区）宏观科技政策研究》，科学出版社 2014 年版，第 149—150 页；王玲：《日本〈科学技术基本计划〉制定过程浅析》，《全球科技经济瞭望》2017 年第 4 期。
③ 薛亮：《日本第五期科学技术基本计划推动实现超智能社会"社会 5.0"》，《华东科技》2017 年第 2 期。
④ 王玲：《日本〈科学技术基本计划〉制定过程浅析》，《全球科技经济瞭望》2017 年第 4 期。

**英国**

新世纪以来,英国高度重视科学技术发展,政府相继发表系列白皮书,提出新的科技政策。

2000年7月,英国发布白皮书《卓越与机遇——面向21世纪的科学与创新政策》,全面阐述了面向新世纪的科技政策。白皮书强调要发挥基础研究的重要作用,加强科研机构和大学、企业的密切合作,推动企业成为科技创新的主体,发挥人才在知识积累和技术创新中的突出作用,建立适合科技创新的有利环境和体制。白皮书指出政府应是基础科学研究的主要投资者,并应在科技创新中发挥应有的作用,要加强政府各部门对相关科技发展的协调与管理,制定相应的科技发展战略,突出科技对经济发展的支撑作用,提出加大科技投入,加强基础设施建设。为了保证英国在基础学科的领先地位,政府决定在2001—2004年按实际价格计算每年平均对基础科研基地的投入将以7%的速度增长。同时将另外追加7.25亿英镑拨款,使三年实际拨款数额达到58亿英镑(不含民用与国防部分)。[1]

2001年2月,英国发布白皮书《变革世界中的机遇——创业、技能和创新》,把企业、技术和创新及区域经济发展作为关注重点,提出将为企业发展创造条件,增加在创新特别是新技术领域的投入。

2002年7月,英国发布白皮书《为创新投资——科学、工程与技术的发展战略》,提出英国的科技发展战略,对国家创新体系建设作出部署,强调加强研究与开发和创新活动,加强大学的科技研究,提高全民科学素质和技能,促进知识转移,鼓励企业创新,等等。

2003年11月,英国发布创新报告《在全球经济下竞争:创新挑战》,提出英国要成为全球知识经济的关键中心,有世界级的科学家和科研成果,要将创新知识转化为具有商业价值的产品和服务,为此制定了相关支持措施。

---

[1] 康华:《2000年英国科技发展综述》,《全球科技经济瞭望》2001年第4期。

2004年7月，英国发布《科学与创新投入框架（2004—2014）》，指出国家要在竞争高度激烈的全球化经济中立于不败之地，只有保持强大的高技术和知识能力，才能吸引最优秀的人才和企业，将国家潜力通过创新转变成商业机会。为此，从中长期的角度，英国政府将给科学和创新以明确的定位和经费保证，从而确保科学和创新活动纳入政府引导的长期稳定的轨道中。英国承诺对科技投入的增长高于预计的经济增长速度，计划研发投入占GDP的比重由2004年的1.9%提高到2014年的2.5%。[①] 2006年3月，英国政府以《科学与创新投入框架（2004—2014）》为基础，发布《10年框架：下一步工作》，将科学研究与创新活动有机地贯通起来，全面落实科技创新战略规划。

2008年3月，英国发布白皮书《创新国家》，指出：创新对于英国未来经济繁荣和生活质量至关重要，为提高生产率、增强企业竞争力、应对全球化挑战、在环境和人口限制内生存，英国必须在各类创新上保持优势。我们的目标是建立一个创新型国家，通过创新促进从某类人、团体到地区各个层次的兴盛。为了实现这一目标，英国政府主要在以下几个方面做出努力：鼓励满足创新需求；支持企业创新；推动创新性基础研究；促进创新国际合作；充分发挥人们的创新活力；推进公共服务创新；推动创新区域的形成。[②]

为应对国际金融危机，2009年2月，英国宣布将全面增加对科技的投入，借助科技的力量来解决当前面临的重大问题和挑战。2009年4月英国政府发布《打造英国的未来——新产业、新就业》，目的在于充分利用英国的科技优势为未来部署新的战略产业和新的就业，重点提出把生命科学产业、低碳产业、数字产业、先进制造产业，作为英国未来发展的四大战略产业，以实现其经济结构的转变，进而把英国打造成为数字英国、绿色英国、健康英国。

---

① Department for Education and Skills, "Science & Innovation Investment Framework 2004 – 2014", *Foreword*, July 2004.

② Department for Innovation, Universities and Skills, "Innovation Nation", March 2008.

2010年3月,英国科学技术委员会发布报告《英国研究的愿景》,从研究人才、研究基地、成果利用、研究资助、政府作用等方面规划在财政紧缩时期英国的科研愿景,目的在于通过科技投入促进经济增长。

2011年12月,英国发布《面向增长的创新与研究战略》,旨在通过资助创新和研究活动,促进英国的经济增长。其主要内容有六个部分:强调创新是经济增长的关键驱动力;分析了创新实现的影响因素,包括创新观念改变、创新体制的基础要素、创新模式、英国的创新体制、全球竞争与合作、政策框架等;要求加强知识的共享和传播;支持建设连贯和完整的知识基础设施;鼓励企业进行各种形式的创新;要求进一步增进公共部门的创新能力。[①]

2014年12月,英国发布《我们的增长计划:科学与创新》,把科学与创新置于经济发展计划的核心位置,力争使英国成为全球最适合科技和商业发展的国家。主要内容是,确定优先重点:认清并回应科技、经济和社会的挑战;培养人才:确保科学和创新界继续吸引和培养精英;投资科研基础设施:使之能与世界一流水平相匹敌;支持研究:支持卓越研究,同时跟上环境变化的步伐;推动创新:投资知识交流和创新,跟上最具竞争力的强国;参与全球科学与创新:实现国际合作的全部效益。[②]

2017年11月,英国发布《产业战略:打造适合未来的英国》,规划英国未来数十年的产业发展策略,制定一系列战略目标,旨在通过增强研发和创新,以科技促进英国的经济发展和转型,确保英国引领全球技术革命;还指出英国未来将面临四大挑战——人工智能与数据经济、清洁增长、未来交通运输和老龄化社会,并针对这些挑战制定了相关发展政策,指明了未来英国发展的重点方向。

---

① Department for Business, Innovation and Skills, "Innovation and Research Strategy for Growth", December 2011.

② Department for Business, Innovation and Skills, "Our Plan for Growth: Science and Innovation", December 2014.

**法国**

2000年4月法国政府改组,将原来的国民教育与研技部分开,设立了研究技术部,负责全国科研、技术开发、推广及科普工作。

2000年,法国的研发投入占GDP的比重为2.19%,低于德国(2.5%)、美国(2.7%)、日本(3%)。为加快科学研究和技术创新的步伐,法国政府在2002年3月提出,到2010年,国家和民营企业投入的研发经费占GDP的比重要达到3%。① 为此,国家预算部分必须相应增加,即每年增长2.2%—4.1%。

2004年2月,希拉克总统指示政府制定新的《科研规划与指导法》,要求该法的制定建立在全面战略研究的基础之上,要有广阔的世界视野,着眼于世界科技发展的主流与前沿,面向法国的未来。《科研规划与指导法》于2006年2月正式颁布,提出建立国家创新体系,明确科研发展主要目标,强调大幅增加科研投入,增加科研岗位。

2005年2月,法国成立"国家科研署(ANR)",政府投入年度保障经费3.5亿欧元,主要任务是研究和加强对重点科研项目的高强度资金投入,支持基础研究和应用研究的发展,开展创新活动,促进公共科技部门与私立科技部门之间的合作伙伴关系,为公共科技研究成果进行技术转化和推向经济市场做努力。② 2005年8月30日,法国宣布成立"工业创新署",重点支持大型企业的创新性行动,以促进工业投资,增加就业,使科学研究成为经济社会发展的主要动力。2005年法国启动产业策略"竞争力集群计划",目的在于促进企业技术创新,提高法国工业的高新技术含量,从而振兴法国科技和经济发展,提升法国企业国际竞争力,特别是扶持创新性中小企业的发展。2009年法国实施"竞争力集群第二期计划"。

---

① 夏源:《未来五年法国的科技政策与管理》,《中外科技信息》2002年第11期。
② 孙雨:《法国国家科研署》,《全球科技经济瞭望》2006年第4期。

2006年4月，法国议会通过《研究规划法》，旨在构建产学研三方密切合作的创新体系，提高法国的国际竞争力；确定2005—2010年，科技创新投入在2004年的基础上增加194亿欧元。[①] 2006年法国开始实施"法国工业创新计划"，为公共部门与私营部门合作研发的具有战略意义和商业化前景的项目提供科研经费，主要资助中小企业，以促进创新型企业的成长。到2010年共资助了73个项目，达14.77亿欧元。

2007年5月，法国新一届政府成立，设立了独立的高等教育和科研部。2007年8月10日，法国国民议会和参议会通过并由总统颁布了《大学责任与自治法》，该法规定大学拥有自我管理预算、工资总额及人力资源的权限，旨在进一步加强大学和创新能力，提高其在欧洲和国际层面的知名度。

2009年7月，法国高等教育和科研部发布《法国国家研究与创新战略》，这是法国第一份在国家层面的科技发展规划战略，确定了今后4年优先研究方向的参考框架。文件分析了法国科技现状以及研究创新存在的优势和不足，确立了科研优先领域，提出建立高效的研究与创新系统。强调研究与创新是摆脱经济危机的首要选择，提出了国家研究与创新战略的五项指导原则：（一）基础研究是我们的政策选择，（二）研究面向社会与经济，（三）积极应对各种危机和安全需求，（四）人文社会科学是研究与创新的重要方法，（五）现代研究的重要因素——多学科研究。指出了三个优先发展方向：（一）健康、福利、食品和生物技术，（二）环境突发事件与环保技术，（三）信息、通信、纳米技术。[②]

2009年12月，萨科齐总统宣布推行"未来投资计划"，计划通过发行国债的方式募集350亿欧元，投入高等教育与培训、研

---

[①] 石成、陈强：《法国政府创新治理能力建设的行动逻辑及实践启示》，《中国科技论坛》2016年第10期。

[②] 周晓芳译：《法国国家研究与创新战略》（上）（下），《科技政策与发展战略》2009年第11、12期。

究、工业与中小企业、可持续发展、数字化五大优先领域,建设与完善具有世界一流竞争力的高校,推动成果转化,重点发展航空航天、汽车、铁路与造船、环保、高速宽带等产业,力求从长远考虑,进行战略性投资,全面提升法国科研影响力,增强其在国际竞争中的表现。[①]

2013年6月,法国出台《高等教育和研究法案》,要求高校加强与研究机构之间的合作,明确高校把科研成果的开发、推广和转化作为主要任务;建立国家科研战略委员会,明确把基础研究放在国家科研计划、大型科研装备单位的首要位置,注重基础研究和应用技术研究均衡发展;积极参与国际科技组织,强化与欧盟的科研合作;推动公共科研机构与私人企业建立长期的合作关系。

2013年9月,奥朗德总统推出了"新工业法国"的"再工业化"战略规划,旨在推动法国回到工业化道路上去,重塑工业实力。该战略规划的主要目的是解决三大问题:能源、数字革命和经济生活,其第一阶段包括34项旨在发展法国优势领域的新产品或新业务的计划和一项名为"2030创新"的创新支持政策。2015年4月,奥朗德总统又推出作为"新工业法国"战略规划第二阶段重要举措的"未来工业计划"。"未来工业计划"明确提出打造以生产工具现代化和通过数码技术改造经济模式为宗旨的"未来工业",主要内容是实现工业生产向数字制造、智能制造转型,以生产工具的转型升级带动商业模式变革;还提出了九大优先发展领域:新资源、可持续城市、生态型流动、明天的运输、未来医学、数据经济、智能物体、数码信任、智能食品。"未来工业计划"特别支持有望在3至5年内获得欧洲或全球领先地位的企业计划。

**德国**

进入新世纪,德国政府采取了一系列措施,旨在改革科研体制,提高国家技术创新能力,营造竞争氛围,加强国家资助,加大

---

① 陈晓怡:《法国科技政策发展态势》,《科技政策与发展战略》2014年第9期。

政府对技术创新的投入力度。

德国政府于1999年发布《技术政策——经济增长与就业之途》，2000年发布《德国联邦政府创新资助政策及举措》，两项科技政策纲领确立了德国在科技资助与科技创新方面的指导方针及相应策略。2001年政府为研究机构提供的资助经费增长3.05%，达到59.3亿马克；项目资助经费比上年增加7.2%，共计41亿马克。[①]

2004年1月，德国政府发表《创新伙伴关系9点纲领》，旨在全面加强德国的创新体系，消除妨碍创新的障碍，唤起全社会对德国创新能力的信心。具体任务和目标有5项：建立创新办公室；研发经费2010年达到国内生产总值（GDP）的3%；加强对高科技企业创业者的资助力度；促进企业对学校对口支援，创建新的创新文化；创立顶尖大学。[②] 2004年11月15日，联邦政府和各州政府签订了《研究与创新协议》。协议规定：大科研机构的研究经费每年至少保持3%的增幅，要为优秀青年科学家开展科研工作提供机会，实现跨机构的合作，不断提高研究的质量、效率和能力。[③]

2005年11月，默克尔政府上台，非常重视科学研究和创新，将其置于优先发展的地位。2006年8月，德国政府推出了历史上第一个国家战略性纲领《德国高技术战略》，以期持续加强创新力量。该战略确定了德国在2006—2009年的三大创新目标：一是为创造健康而安全的生活创新；二是为创造信息化与出行便捷的生活创新；三是实现关键横断技术的创新。为此，确定了17个创新领域，包括健康研究与医疗技术、安全技术、面向农业和工业应用的植物研究、能源技术、环境技术、信息和通信技术、车辆制造和交通技术、航空技术、航天技术、海洋技术、现代服务业、纳米技术、生物技术、微系统技术、光学技术、新材料技术、先进制造技术。为实现上述目标，确定建立五大政策环境。计划在2006—2009年投

---

① 赵长根：《2001年德国科技发展综述》，《全球科技经济瞭望》2002年第4期。
② 李星、张宁：《2004年德国科技发展综述》，《全球科技经济瞭望》2005年第6期。
③ 李兵、胡光：《2005年德国科技发展综述》，《全球科技经济瞭望》2006年第2期。

资近 150 亿欧元，以提高德国的创新能力。①

2008 年 2 月，德国联邦内阁通过《加强德国在全球知识社会中的作用：科研国际化战略》，以加强德国在科技全球化社会中的作用。文件明确了参与国际科技合作的四大目标：（1）加强与国际科研先进国家合作；（2）在国际范围内开发创新潜能；（3）加强与发展中国家的长期科技教育合作；（4）承担国际义务，应对全球挑战。②

2009 年 5 月，德国联邦教研部实施了依靠科技创新应对国际金融危机的《创新与增长八点纲领》。该计划包括：加强教育培训体系建设，推进高科技战略，促进德国东部创新，建立利于创新税收制度，引进技术工人，鼓励学术自由，积极参与国际科技合作等。③

2010 年 7 月，德国政府发布《德国高技术战略 2020：思想、创新、增长》，作为对"高技术战略"的延续。新战略提出在气候与能源、健康与营养、交通、安全和通信 5 大需求领域开辟未来新市场，重点推出 10 个未来项目，并积极营造有利于创新的外部环境。对于 10 个未来项目，联邦政府计划在 2012—2015 年投入 84 亿欧元。④

2012 年 3 月，德国政府推出《高科技战略行动计划》，计划从 2012 年至 2015 年投资约 84 亿欧元，以推动在《德国 2020 高科技战略》框架下 10 项未来研究项目的开展。

2012 年 5 月，德国联邦经济技术部部长公布了《技术激情——勇于创业、促进增长、塑造未来》的创新纲领，确立了三项具体目标：第一，到 2020 年成为世界顶级的技术和创新友好型国家；第二，到 2020 年研究型企业数量增加到 4 万家，创新型企业增加到

---

① 张卫平、杨一峰：《2006 年德国科技发展综述》，《全球科技经济瞭望》2007 年第 3 期。
② 黄日茜等：《德国国际科技合作机制研究及启示》，《中国科学基金》2016 年第 3 期。
③ 孟曙光、王志强：《德国应对金融危机推动科技发展》，《全球科技经济瞭望》2010 年第 5 期。
④ 葛春雷：《德国重大科技计划》，《科技政策与发展战略》2013 年第 6 期。

14万家；第三，进一步扩大德国的技术出口领先地位，成为技术出口冠军。① 同年，联邦教研部又推出了一个专项计划"2020——创新伙伴计划"，计划在2013—2019年投入5亿欧元，以支持德国东西部研发创新合作，形成研发创新合作联合体和具有国际影响力的新型技术创新结构。

2012年10月，德国联邦议会通过《科学自由法》，使受国家资助的高校之外的科研机构在预算、人事、投资和建筑施工方面享有更多的自主权与灵活度，以更有效地使用科研经费，进而提高科研机构的竞争力。

2013年4月，德国政府在汉诺威工业博览会上正式提出"工业4.0"战略，计划投入2亿欧元，研究智能工厂、智能生产、智能物流，旨在使传统制造技术与互联网技术相融合，推动制造业向智能化转型，从而在全球范围内提升德国的竞争力。

2014年8月，德国政府通过《数字化行动议程（2014—2017）》，确定了以宽带扩建、劳动世界数字化、IT安全问题等为主要内容的数字化创新驱动发展战略。

2014年9月，德国政府发布《新高科技战略——为德国而创新》，该战略更加凸显了跨行业特色，设置了新的主题和新的创新促进工具，旨在推动德国成为世界领先的创新国家。

2016年3月，德国经济与能源部发布"数字战略2025"，涉及数字基础设施扩建、促进数字化投资与创新、发展智能互联等。2017年3月，德国经济部发布《数字平台白皮书》，制定"数字化的秩序政策"。

2018年10月，德国政府发布《高技术战略 2025》，作为德国未来高技术发展的指导方针和德国政府为继续促进研究和创新而确定的战略框架，明确了德国未来7年研究和创新政策的跨部门任务、标志性目标、技术发展方向和重点领域，创建创新机构即"跨

---

① 刘琳编译：《"技术激情" 德国新的创新理念》，《科技潮》2013年第2期。

越创新署"，并通过税收优惠支持研发。为此，在 2018 年德国政府财政预算中，教育和科研支出达到 175 亿欧元，政府还承诺研发支出占 GDP 的比重由 2017 年的 3% 提高到 2025 年的 3.5%。

2019 年 11 月，德国经济和能源部发布《国家工业战略 2030》最终版，提出完善德国作为工业强国的法律框架、加强新技术研发和促进私有资本进行研发投入、在全球范围内维护德国工业的技术主权等。

**意大利**

为进一步发展科学技术，意大利政府于 1997 年 6 月提出《关于国家科研体系改革大纲》，旨在改革科研管理体制，加强科研机构合作，加大科研投入。1998 年意大利大学科研部颁布《科学技术研究评估、协调和计划条例》，提出制定新的三年期"国家研究计划"，建立国家科技咨询体系、国家科研评估制度和科研项目匿名评审制度。1999 年 7 月，意大利大学科研部颁布关于"重组学科，简化办事程序，支持科学技术研究、技术扩散与转移及科研人员流动"的改革方案，旨在提高生产领域的技术竞争力。

2000 年 6 月，意大利政府出台新的《国家研究计划》，强调科技在知识经济和新经济中的重要作用和战略地位，国家将大力加强知识在生产系统中的应用工作，决定优先发展南方的科技系统，支持科技与市场的结合，提出加大对科技的支持力度，计划科技投入占 GDP 的比重从 2000 年的 1.03% 提高到 2003 年的 1.49%，到 2006 年再增至 1.87%，接近欧盟国家的平均水平。新《国家研究计划》的战略行动分为中长期战略行动、中短期战略行动和横向战略行动。①

2002 年 4 月，意大利发布国家研究指导方针，提出科技发展的四大方向，即加强基础性前沿科学，支持跨领域关键技术，加强知识转化及高附加值产品能力的工业研究和相关技术，加强中小企业的创新能力。

2004 年 9 月，意大利大学科研部发布《2004—2006 年国家研

---

① 科司：《2000 年意大利科技发展综述》，《全球科技经济瞭望》2001 年第 4 期。

究计划》，重点支持基础研究、关键技术的研究开发、工业研究和高技术领域的聚集；确定了计划的主要任务、重点领域、战略重点、主要资助科目等；提出 2004 年和 2005 年国家预算对研究与开发拨款增加 17.61 亿欧元。①

2005 年 1 月，意大利大学科研部发布《2005—2007 年国家研究计划》，强调大力加强知识在生产领域中的应用，将研究和创新作为竞争优势的源泉，增强工业企业的自主创新能力；计划提出了未来科技发展的四大方向：加强基础性前沿学科的研究，支持跨学科关键技术的研发，加快科技成果转化，促进生产高附加值产品的工业研发，增强中小企业生产加工的创新能力。计划确定了国家未来十大战略重点领域，并给予 11 亿欧元的支持。②

为支持科技发展和推广新技术，2006 年意大利政府成立了国家创新局和国家科技评估局。2006 年 11 月，意大利经济发展部提交了旨在促进工业研究与开发、振兴工业及提高经济整体竞争力的《工业 2015》法案，并于 2007 年开始正式实施。法案确定了 3 条原则：制定至少 10 年期限的保证研究与开发投入稳定增长的规划；形成促进研究与开发的自动机制；推动公—私部门的合作。提出给予大学和研发机构税收信用额度，对高技术企业创业阶段给予免除各种社会负担的优惠，选择部分工业项目给予重点资助等措施。③

2011 年 5 月，意大利大学科研部发布《2011—2013 年国家研究计划》，该计划按照 2010 年欧盟提出的《欧洲 2020 战略》，以发展知识经济和科技促进经济发展为目标而制定，分列科研基础设施建设、地方科技发展、科研国际合作、大学和科研机构改革、人才

---

① 姜山、李琦：《2004 年意大利科技发展综述》，《全球科技经济瞭望》2005 年第 4 期。
② 葛俊、李琦、姜山：《2005 年意大利科技发展综述》，《全球科技经济瞭望》2006 年第 2 期。
③ 姚良军、孙成永、卓力格图：《2006 年意大利科技发展综述》，《全球科技经济瞭望》2007 年第 1 期。

政策五大方面，确定了 14 个重大科研专项和 8 个重点项目，总预算为 60.89 亿欧元，其中用于支持 14 个重大科研专项的资金为 17.72 亿欧元。①

2012 年 5 月，意大利大学科研部推出"国家技术集群"计划。国家技术集群是有组织的企业、大学、公共或私人研究机构和活跃在创新领域的金融机构的聚合体，主要特点是产学研结合、公私合营模式共同作用。大学科研部将调配 3.68 亿欧元支持集群的创建和发展。②

2014 年 1 月，意大利大学科研部向部长理事会提交了《意大利国家研究计划 2014—2020》，该计划将在未来 7 年每年提供 9 亿欧元的研究资助，共计 63 亿欧元，用以重振意大利的研究，鼓励研究人员成长和自主从事研究。该计划围绕国家发展所面临的 11 个重大"社会挑战"而制定。③

**加拿大**

为加强研究能力，1997 年加拿大联邦政府设立创新基金，5 年内每年投入 11.8 亿加元。1999 年 11 月 30 日至 12 月 2 日，加拿大在渥太华召开了首届加拿大创新会议，讨论了加拿大最新科技发展问题。2000—2001 年度，加拿大联邦政府对科技的投入高达 66.8 亿加元，达到历史新高，占加拿大政府总预算的比重也上升到 4.3%。加拿大全社会的研发投入也有大幅度提高，从 1999—2000 年度的 139 亿加元升至 2000—2001 年度的 165 亿加元，年增幅高达 18.7%。④

1999 年 6 月，加拿大联邦议会工业委员会发表了第一份科技报

---

① 中国驻意大利使馆科技处：《意大利发布 2011—2013 年国家研究计划》，《意大利科技简报》2011 年第 5 期。
② 中国驻意大利使馆科技处：《意大学科研部发布"国家技术集群"计划》，《意大利科技简报》2012 年第 6 期。
③ 中国驻意大利使馆科技处：《意大利新〈国家研究计划〉每年为研究拨款 9 亿欧元》，《意大利科技简报》2014 年第 2 期。
④ 刘刚：《2001 年加拿大科技发展综述》，《全球科技经济瞭望》2002 年第 5 期。

告《研究资助：强化创新资源》，对改进科技计划、提高科研效率、追求实效等提出了16条建议。2000年4月发表了第二份科技报告《生产力和创新：一个繁荣和竞争的加拿大》，提出了36条科技发展建议。2001年6月，加拿大联邦议会工业、科学和技术委员会向议会提交了一份名为《加拿大21世纪创新议程》的报告，分析加拿大科技发展面临的问题，提出了面向21世纪的18条科技发展建议，主要内容是推动科技成果转化和知识传播，建立更多的研究与开发密集型企业，增加对非营利机构和大学的科研投入等。

2002年2月，加拿大政府发布《加拿大创新战略》，明确提出在改善知识成就、提高技能、改善创新环境和强化社会团体作用四个方面的长远目标、近期目标和政府优先工作。希望通过10年的努力，使其研发水平从当时世界排位第14名进入前5名，实现产品和服务在世界上具有竞争力的目标。[1] 其主旨文件是工业部发表的《追求卓越：投资于民众、知识和机遇》，提出了知识效能、人才技能、创新环境和社区创新四个方面的规划和目标。强调优先支持生产系统、IT和通信、能源、环境、交通、农业食品、健康、文化产品等领域。[2]

由于加拿大全球竞争力排名下降，2005年加拿大政府对科技政策进行适时调整，从强调可持续发展到可持续发展与增强国家竞争能力并重。2005年9月，加拿大工业部长大卫·爱默生宣布，为促进创新和新技术的运用，加拿大政府将推出"技术商业计划"，以取代实施多年的"加拿大技术伙伴计划"，鼓励更多企业参与技术创新，向中小企业倾斜，由政府和企业共同承担创新风险，加快研究成果的商业化。[3]

---

[1] 李铄：《2002年加拿大科技发展综述》，《全球科技经济瞭望》2003年第3期。
[2] 吴言荪、王鹏飞：《加拿大创新战略研究》，《重庆大学学报》2007年第1期。
[3] 刘辉、李铄、牛强：《2005年加拿大科技发展综述》，《全球科技经济瞭望》2006年第5期。

2006年12月，加拿大国家研究理事会出台题为"为加拿大服务的科技"2006—2010年科技新战略，目的在于继续支持对国家具有重要意义领域的科学技术，将科技广泛运用于社会和经济发展方面，主要措施是提高工业要害部门的竞争力和社区经济的生存力，加强科技创新机制建设，为加拿大未来的卫生与健康、可持续能源、环境保护等优先领域的发展作出重要贡献。[①]

2007年5月，加拿大政府发布国家中长期科技发展战略《让科学技术成为加拿大优势》，确立了未来政府促进科技进步和发展的原则及策略，提出"推进卓越、突出重点、鼓励合作、强化责任"的基本方针，明确加拿大的三大核心优势是企业创新优势、知识优势和人才优势，确定四个重点发展领域为环境保护、能源资源、生命科技和信息通信技术，强调科技进步与经济发展的紧密结合，通过科技引领建设一个可持续的、有竞争力的、有独特优势的加拿大。[②]

2009年1月，为应对国际金融危机和经济衰退，加拿大政府实施"经济行动计划"，分直接经济刺激阶段和创新驱动经济增长阶段。在第一阶段，主要采用降低税费、增加公共开支、提供就业机会等方式；在2011年开始的第二阶段，更强调通过创新驱动增长，主要采取加大研发投入、加强研发人才培养、支持产业创新、促进研发成果商业化、加强科研基础设施建设等措施。[③]

加拿大政府在2011年预算中宣布实施数字经济战略，增加财政投入支持数字技术研究和信息通信产业发展。

2011年10月，加拿大科技创新委员会发布《创新加拿大：口号到行动》，针对以往政府支持企业创新资助计划存在的问题，提

---

[①] 王蓉芳：《2006年加拿大科技发展综述》，《全球科技经济瞭望》2007年第2期。

[②] 《十年决策——世界主要国家（地区）宏观科技政策研究》，科学出版社2014年版，第267页。

[③] 裴瑞敏、胡智慧：《加拿大"经济行动计划"成效及其科技创新政策分析》，《全球科技经济瞭望》2014年第12期。

出建立独立的工业创新委员会、整合创新资助计划、改革国家研究理事会、加大风险资本支持力度等措施。①

（三）发展科学技术在我国具有突出的战略地位

新中国成立以来，党和国家高度重视科学技术发展。1949年9月《中国人民政治协商会议共同纲领》明确提出，要"努力发展自然科学，以服务于工业农业和国防建设。奖励科学的发现和发明，普及科学知识"。1956年1月党中央提出"向科学进军"的伟大口号，强调努力改变我国在经济上和科学文化上的落后状况，迅速达到世界上的先进水平。1961年7月党中央同意了国家科委党组、中国科学院党组拟订的《关于自然科学研究机构当前工作的十四条意见（草案）》，该意见当时被誉为"科技宪法"，明确了科学研究机构出成果、出人才的根本任务。1978年3月召开全国科学大会，喊出了"科学技术是生产力"的响亮口号，提出了发展科学技术的规划和措施。1982年9月党的十二大报告第一次把发展科学技术列为国家经济发展的战略重点，指出四个现代化的关键是科学技术的现代化。1985年3月发布《中共中央关于科学技术体制改革的决定》，强调经济建设必须依靠科学技术，科学技术工作必须面向经济建设，要从我国的实际出发，对科学技术体制进行改革。1989年12月召开国家科学技术奖励大会，提出"要坚持科学技术工作面向经济建设，经济建设依靠科学技术的战略方针。"1995年5月颁发《中共中央　国务院关于加速科学技术进步的决定》，首次提出在全国实施科教兴国的战略；随后召开全国科学技术大会，号召全党和全国人民投身于实施科教兴国战略的伟大事业，加速全社会的科技进步，为胜利实现我国现代化建设的第二步和第三步战略目标而努力奋斗。1999年8月召开全国技术创新大会，强调进一步实施科教兴国战略，建设国家知识创新体系，加速科技成果向现实生产力转化。2006年1月召开了新世纪第一次全国科学技术大

---

① 陈勇：《加拿大科技政策和科技发展回顾》，《全球科技经济瞭望》2012年第52期。

会，部署实施《国家中长期科学和技术发展规划纲要（2006—2020年）》，强调加强自主创新，建设创新型国家。2012年7月召开全国科技创新大会，深刻分析我国科技工作面临的新形势、新任务，部署落实中共中央、国务院《关于深化科技体制改革 加快国家创新体系建设的意见》，强调建设创新型国家是全党全社会的共同任务，要加大科技投入，发挥政府在科技发展中的引导作用，加快形成多元化、多层次、多渠道的科技投入体系，实现2020年全社会研发经费占国内生产总值2.5%以上的目标。2016年5月召开全国科技创新大会，强调在我国发展新的历史起点上，要把科技创新摆在更加重要位置，坚持走中国特色自主创新道路；明确我国科技事业发展的目标是，到2020年时使我国进入创新型国家行列，到2030年时使我国进入创新型国家前列，到新中国成立100年时使我国成为世界科技强国。

我国相继制定了一系列科学技术发展战略规划，大力推动科学技术事业发展进步，催生了以人工合成胰岛素、"两弹一星"、杂交水稻（南优2号）、"银河"巨型计算机系统、"神舟"飞船等为代表的一大批先进科技成果，极大地提高了我国的综合国力。新时代以来，我国大力实施创新驱动发展战略，着力建设创新型国家，取得了丰硕成果，天宫、蛟龙、天眼、悟空、墨子、大飞机等重大科技成果相继问世。目前，在人工智能、智联网、金融科技等方面，中国已经走在了世界前列。

为了系统地引导科学技术为国家建设服务，1956年12月中共中央、国务院颁发了新中国第一个中长期科技规划，即《1956—1967年科学技术发展远景规划》，确定了"重点发展，迎头赶上"的方针和今后12年科技发展的主要目标，对项目、人才、基地、体制进行了统筹安排。1963年12月中共中央、国务院批准《1963—1972年科学技术发展规划纲要》，确定了"自力更生，迎头赶上"发展科学技术的方针，提出了"科学技术现代化是实现农业、工业、国防和科学技术现代化的关键"的观点，作出了重点项目规划，事业发展规划，农业、工业、资源调查、医药卫生等方面的专业规划及技术科学规划、基础科学规划等，设立了1800多个项目和课题，还制定了12条具体措施。1978年10月中共中央转发了《1978—1985年全国科学技术发展规划纲要》，提出了"全面安排，突出重点"的方针，明确了奋斗目标、重点科学技术研究项目、科学研究队伍和机构、具体措施、关于规划的执行，确定了8个重点发展领域和108个重点研究项目，为新时期国民经济和科学技术的基本方针政策奠定了理论基础。1983年2月开始编制《1986—2000年科学技术发展规划》[①]，规划贯彻"科学技术必须面向经济建设，经济建设必须依靠科学技术"的基本方针，强调突出重点，发展具有我国特色的科学技术体系，提出500多个科技项目，确定了优先发展6个新兴技术领域。1986年3月启动实施了"高技术研究发展计划（863计划）"，坚持战略性、前沿性和前瞻性，以前沿技术研究发展为重点，统筹部署高技术的集成应用和产业化示范，旨在提高我国自主创新能力，充分发挥高技术引领未来发展的先导作用。1986年1月1日，中共中央、国务院通过一号文件《关于一九八六年农村工作的部署》，批准实施"星火计划"，旨在依靠科技进步、振兴农村经济，普及科学技术、带动农民致富。1988年8月中共中央、国务院批准实施"火炬计划"，旨在发展中国高新技术产业，促进高新技术成果商品化、高新技术商品产业化和高新技术产业国际化。1991年12月国务院审议通过了《国家中长期科学技术发展纲领》和《1991—2000年科学技术发展十年规划和"八五"计划纲要》。《纲领》全面总结我国科技事业发展的成就、经验和教训，阐明了我国中长期科技发展的战略目标、方针、政策和发展重点；《纲要》进一步选择了带有全局性、方向性、紧迫性的27个领域（行业），对中长期的重大科技任务进行了详细分析。1994年5月由国家计委、国家科委共同组织，并成立部际协调领导小组，开始

---

① 参见1983年《政府工作报告》。

启动编制《全国科技发展"九五"计划和到 2010 年长期规划纲要》（1998 年经国家科教领导小组讨论后未对外正式发布）。1997 年 6 月 4 日，国家科技领导小组第三次会议决定制定和实施"国家重点基础研究发展计划"（"973 计划"），旨在解决国家战略需求中的重大科学问题，以及对人类认识世界将会起到重要作用的科学前沿问题，提升我国基础研究自主创新能力，为国民经济和社会可持续发展提供科学基础，为未来高新技术的形成提供源头创新。2001 年 5 月国家计委和科技部联合发布《国民经济和社会发展第十个五年计划科技教育发展专项规划（科技发展规划）》，在"面向、依靠、攀高峰"的基础上，提出了"有所为、有所不为，总体跟进、重点突破，发展高科技、实现产业化，提高科技持续创新能力、实现技术跨越式发展"的指导方针，并在"促进产业技术升级"和"提高科技持续创新能力"两个层面进行战略部署。2006 年 2 月国务院发布《国家中长期科学和技术发展规划纲要（2006—2020 年）》，确定了指导方针、发展目标和总体部署，重点领域及其优先主题，重大专项，前沿技术，基础研究，科技体制改革与国家创新体系建设，若干重要政策和措施，科技投入与科技基础条件平台，人才队伍建设等；提出到 2020 年，全社会研究开发投入占国内生产总值的比重提高到 2.5% 以上，力争科技进步贡献率达到 60% 以上，对外技术依存度降低到 30% 以下，本国人发明专利年度授权量和国际科学论文被引用数均进入世界前 5 位。2006 年 10 月科技部发布《国家"十一五"科学技术发展规划》，确定了未来五年我国科技发展的总体思路，提出要基本建立适应社会主义市场经济体制、符合科技发展规律的国家创新体系，形成合理的科学技术发展布局，力争在若干重点领域取得重大突破和跨越发展，R&D 投入占 GDP 的比重达到 2%，使我国成为自主创新能力较强的科技大国，为进入创新型国家行列奠定基础。2011 年 7 月科技部发布《国家"十二五"科学和技术发展规划》，确立了总体目标：自主创新能力大幅提升，科技竞争力和国际影响力显著增强，重点领域核心关键技术取得重大突破，为加快经济发展方式转变提供有力支撑，基本建成功能明确、结构合理、良性互动、运行高效的国家创新体系，国家综合创新能力世界排名由目前第 21 位上升至前 18 位，科技进步贡献率力争达到 55%，创新型国家建设取得实质性进展；提出研发投入强度大幅提高，全社会研发经费与国内生产总值的比例提高到 2.2%；对未来五年我国科技发展和自主创新的战略任务进行了部署。2016 年 5 月中共中央、国务院印发《国家创新驱动发展战略纲要》，提出到 2020 年进入创新型国家行列，基本建成中国特色国家创新体系；到 2030 年跻身创新型国家前列，发展驱动力实现根本转换；到 2050 年建成世界科技创新强国，成为世界主要科学中心和创新高地。要按照"坚持双轮驱动、构建一个体系、推动六大转变"进行布局，构建新的发展动力系统。切实加大对基础性、战略性和公益性研究稳定支持力度，完善稳定支持和竞争性支持相协调的机制。2016 年 7 月国务院发布《"十三五"国家科技创新规划》，提出了总体目标：国家科技实力和创新能力大幅跃升，创新驱动发展成效显著，国家综合创新能力世界排名进入前 15 位，迈进创新型国家行列，有力支撑全面建成小康社会目标实现；强调发挥好财政科技投入的引导激励作用和市场配置各类创新要素的导向作用，优化创新资源配置，引导社会资源投入创新，形成财政资金、金融资本、社会资本多方投入的新格局；研究与试验发展经费投入强度达到 2.5%，基础研究占全社会研发投入比例大幅提高。

为了奖励在科学技术进步活动中做出突出贡献的公民、组织，调动科学技术工作者的积极性和创造性，加速科学技术事业的发展，提高综合国力，国务院于 1978 年 12 月 28 日发布《中华人民共和国发明奖励条例》，于 1979 年 11 月 21 日发布《中华人民共和国自然科学奖励条例》（两个条例 1984 年 4 月 25 日第 1 次修订，1993 年 6 月 28 日第 2 次修订）。1984 年 9 月 12 日国务院发布《中华人民共和国科学技术进步奖励条例》（1993 年 6 月 28 日修订）。

1999年5月国务院发布《国家科学技术奖励条例》（2003年12月20日第1次修订，2013年7月18日第2次修订，2020年10月7日第3次修订）。根据《国家科学技术奖励条例》，国务院设立了五项国家科学技术奖：国家最高科学技术奖，国家自然科学奖，国家技术发明奖，国家科学技术进步奖，中华人民共和国国际科学技术合作奖，每年举行一次国家科学技术奖励大会。但哲学社会科学尚无国家级奖励。

我国成立了专门的科学技术管理机构。1949年11月，新中国成立不久，中国科学院便正式成立；1955年6月，中国科学院学部成立。1956年5月，成立了国家科学规划委员会和国家技术委员会，1958年11月第一届全国人大常委会决定将其合并为科学技术委员会，成为主管全国科技事业发展、制定科技方针政策的职能机构。1970年6月中央决定撤销科学技术委员会，其后与中国科学院合并；1977年9月再度恢复科学技术委员会，1978年改为国家科学技术委员会。根据1998年3月10日九届全国人大一次会议通过的《关于国务院机构改革方案的决定》，国家科学技术委员会更名为中华人民共和国科学技术部。2018年3月，根据十三届全国人大一次会议批准的国务院机构改革方案，批准重新组建中华人民共和国科学技术部，即将科学技术部、国家外国专家局的职责整合，重新组建科学技术部，作为国务院组成部门，并管理国家自然科学基金委员会。国家自然科学基金委员会经国务院于1986年2月14日正式批准成立，依法管理国家自然科学基金，主要资助自然科学基础研究，负责资助计划、项目设置和评审、立项、监督等组织实施工作。

2018年以前，国家对于哲学社会科学无专门管理机构，主要由中宣部、教育部、新闻出版署（国家新闻出版广电总局）、中国社会科学院等机构承担相关职责。哲学社会科学研究规划和项目资助管理，由中宣部下属的成立于1991年6月的全国哲学社会科学规划办公室负责。根据中共中央《关于加快构建中国特色哲学社会科学的意见》，2018年1月，中央决定成立全国哲学社会科学工作领导小组，下设全国哲学社会科学工作办公室，由全国哲学社会科学规划办公室扩充职能建成。全国哲学社会科学工作办公室为全国哲学社会科学工作领导小组的办事机构，负责处理领导小组日常工作。主要职责是：1. 负责督促落实中央关于哲学社会科学工作的决策部署，分析研判全国哲学社会科学发展状况并提出工作建议。2. 负责组织制定国家哲学社会科学发展战略和中长期规划，研究制定实施有关专项规划。3. 负责联系协调全国哲学社会科学队伍和研究力量，组织实施哲学社会科学创新工程、人才工程等相关工作。4. 负责联系协调全国性社会科学学术社团，加强对社团建设和重大活动的指导管理。5. 负责组织开展国家高端智库建设工作，协调推动中国特色新型智库建设。6. 负责管理国家社会科学基金，组织基金项目评审和成果转化应用等工作。7. 负责完成中央宣传部、全国哲学社会科学工作领导小组交办的其他事项。[①]

目前，我国经济社会发展进入了一个新的阶段。经济增长依靠低成本资源和高强度生产要素的投入已到了一个相对极限的地步，要继续推进经济社会可持续发展，必须调整经济结构，转变经济发展方式。实现集约型经济增长方式，主要依靠科技进步和提高劳动者的素质来推动。科技创新是提高社会生产力和综合国力的战略支撑，在这个更多地依靠科技进步和创新推动经济社会发展的历史新阶段，必须把加快科技发展放在更加突出的战略地位。2012年11月党的十八大报告提出，到2020年实现全面建成小康社会的宏伟目标，实现经济持续健康发展，科技进步对经济增长的贡献率大幅上升，进入创新型国家行列。要加快形成新的经济发展方式，着力增强创新驱动发展新动力，更多依靠科技进步推动经济增长。为此，要大力实施创新驱动发展战略，坚持走中国特色自主创新道路，深化科技体制改革，加快建设国家创新体系。2013年11月党

---

① http://www.nopss.gov.cn/n1/2018/1226/c220819-30488974.html.

的十八届三中全会通过的《中共中央关于全面深化改革若干重大问题的决定》提出,要加快转变经济发展方式,加快建设创新型国家,推动经济更有效率、更加公平、更可持续发展。要整合科技规划和资源,完善政府对基础性、战略性、前沿性科学研究和共性技术研究的支持机制。2016年3月十二届全国人大四次会议审查通过《中华人民共和国国民经济和社会发展第十三个五年规划纲要》,强调实施创新驱动发展战略,提出要发挥科技创新在全面创新中的引领作用,加强基础研究,强化原始创新、集成创新和引进消化吸收再创新,着力增强自主创新能力,为经济社会发展提供持久动力。要深化科技管理体制改革,尊重科学研究规律,推动政府职能从研发管理向创新服务转变,改革科研经费管理制度,深化中央财政科技计划管理改革;完善科技成果转化和收益分配机制,实施科技成果转化行动;构建普惠性创新支持政策体系,增加财政科技投入,重点支持基础前沿、社会公益和共性关键技术研究,激励企业增加研发投入。2017年11月党的十九大报告强调:加快建设创新型国家。创新是引领发展的第一动力,是建设现代化经济体系的战略支撑。要瞄准世界科技前沿,强化基础研究,实现前瞻性基础研究、引领性原创成果重大突破。加强应用基础研究,拓展实施国家重大科技项目,突出关键共性技术、前沿引领技术、现代工程技术、颠覆性技术创新,为建设科技强国、质量强国、航天强国、网络强国、交通强国、数字中国、智慧社会提供有力支撑。加强国家创新体系建设,强化战略科技力量。深化科技体制改革,建立以企业为主体、市场为导向、产学研深度融合的技术创新体系,加强对中小企业创新的支持,促进科技成果转化。倡导创新文化,强化知识产权创造、保护、运用。培养造就一大批具有国际水平的战略科技人才、科技领军人才、青年科技人才和高水平创新团队。2020年10月党的十九届五中全会通过的《中共中央关于制定国民经济和社会发展第十四个五年规划和二〇三五年远景目标的建议》提出,坚持创新驱动发展,全面塑造发展新优势。坚持创新在我国现代化建设全局中的核心地位，把科技自立自强作为国家发展的战略支撑，面向世界科技前沿、面向经济主战场、面向国家重大需求、面向人民生命健康，深入实施科教兴国战略、人才强国战略、创新驱动发展战略，完善国家创新体系，加快建设科技强国。为此，要强化国家战略科技力量，提升企业技术创新能力，激发人才创新活力，完善科技创新体制机制。

**（四）我国科学技术财政投入存在一定问题**

新中国成立特别是改革开放以来，我国科学技术事业取得举世瞩目的成就。但是长期来看，我国科学技术总体水平同发达国家相比，还存在较大差距，有的领域差距还相当大。[1] 产生差距的原因是多方面的，其中一个重要原因就是起引导和支撑作用的财政科技投入方面，长期存在投入总量不足、投入强度不高、投入结构不尽合理、投入方式不够科学、管理体制不够健全、经费使用效益不高等问题。

科技投入是科技创新的物质基础，是科技持续发展的重要前提和根本保障。改革开放以前，我国科学技术财政投入（或称科学研究财政投入，2007 年以前该部分财政支出科目为"科学研究"，之后为"科学技术"。一般也被称作财政科技投入）总量较小，增长也十分缓慢，不少年份还呈下降趋势。改革开放以后特别是 1983 年以来，我国科学技术财政投入有了较快的增长，但与我国科技事业的大发展和全面建设社会主义现代化国家的重大需求相比，与发达国家和新兴工业化国家相比，还是存在较大的差距。

以研究与开发经费为例，近年我国国内支出总额快速增长，已居世界前列，增长率超过发达国家的水平，研发财政投入占财政支出的比重也已接近发达国家水平。比如：2017 年，全社会 R&D 支出达到 17606.1 亿元，比 2012 年增长 70.9%；全社会 R&D 支出占

---

[1] 至 2018 年，中国"国家创新能力排名从 2012 年第 20 位升至第 17 位"，仍然较为靠后。《2018 年全国科技工作会议在京召开》，http：//www.most.gov.cn/ztzl/qgkjgzhy/2018/2018zxdt/201801/t20180111_ 137646.htm.

GDP 比重为 2.15%，超过欧盟 15 国 2.1% 的平均水平。[①] 2018 年全国共投入 R&D 经费 19677.9 亿元，比上年增加 2071.8 亿元，增长 11.8%；R&D 经费投入强度（与国内生产总值之比）为 2.19%，比上年提高 0.04 个百分点。[②] 2019 年 R&D 经费支出 21737 亿元，比上年增长 10.5%，与国内生产总值之比为 2.19%，其中基础研究经费 1209 亿元。[③] 但是从长期来看，我国 R&D 经费国内支出总额占 GDP 的比重低于世界平均水平，与发达国家相比差距较大。比如：我国 2001 年 R&D 经费支出首次突破 1000 亿元，占 GDP 的比重达到 1.1% 的历史最高水平，[④] 而同年美国为 2.76%，英国为 1.9%，法国为 2.2%。研究与开发的财政投入规模偏小，增长速度低于发达国家水平，占全部研究与开发经费比重较低，占 GDP 的比重比发达国家低了许多。我国科技人员人均研究与开发经费、全国人均研究与开发经费、人均研究与开发的财政投入等都与发达国家有很大差距。此外，基础研究投入较少，自然科学基金占基础研究的比例也比较低；地方投入不足，地区投入不平衡；经费投入结构不尽合理；研究与开发的财政投入稳定增长机制尚未形成；经费管理缺乏规范制度和科学方法；科学研究低水平重复多，创新性不强，优秀成果不多。科技投入绩效还不高，绩效评价方法不太科学，等等。

上述情况说明我国科学技术的财政投入虽然取得了不小的成绩和进步，但也存在一些问题，需要研究解决。我们必须从增强国家自主创新能力和核心竞争力出发，增加财政科技投入，优化投入结构，完善管理制度，着力加强科技基础条件平台建设，为科技发展

---

[①] 《2018 年全国科技工作会议在京召开》，http：//www.most.gov.cn/ztzl/qgkjgzhy/2018/2018zxdt/201801/t20180111_137646.htm.
[②] 《2018 年全国科技经费投入统计公报》。
[③] 《中华人民共和国 2019 年国民经济和社会发展统计公报》。
[④] 科技部部长徐冠华 2003 年 1 月 6 日在全国科技工作会议上的讲话，《深入贯彻十六大精神　加速国家创新体系建设　为全面建设小康社会做出新贡献》，http：//www.most.gov.cn/ztzl/qgkjgzhy/2003/ldjh/200605/t20060509_32044.htm.

创造良好的条件，提供充分的保障。

（五）**研究的意义**

科学技术是经济增长和社会进步的内在动力，人类社会的进步，总是伴随着科学技术的发展。马克思明确指出："劳动生产力是随着科学和技术的不断进步而不断发展的。"[①] 马克思的这一论断已经为不断发展的社会实践所证实。科学技术的飞速发展并向现实生产力迅速转化，改变生产力中劳动者、劳动资料和劳动对象诸要素，成为推动生产力发展的关键性和主导性因素。在当今知识经济时代，科学技术日益成为生产力发展和经济增长的决定性因素，也就是说，生产力发展和经济增长主要靠的是科学技术的力量。此外，随着经济全球化进程的不断深入，科技产业的发展已经成为经济发展的强大推动力，它的发展对传统产业改造、新兴产业发展、产业优化升级、经济跨越式发展产生至关重要的作用。因此，现代社会各国政府都高度重视科学技术，通过政府财政直接投入支持和引导科学技术的发展。对于我国而言，积极发挥财政促进科技发展的作用，不仅是实施"科教兴国"战略、创新驱动发展战略，加强国家创新体系建设，构建中央地方两级创新体系的内在要求；更是引领经济发展新常态，推动供给侧结构性改革，发展壮大新动能，加快制造强国建设，不断增强经济创新力和竞争力的必然要求，因此研究我国科学技术财政投入具有非常重要的现实意义。

新中国成立以来，我国从一个科学技术一穷二白的国家变成具有国际影响力的科技大国，财政投入起到了至为关键的作用。如标志我国科技大国地位的载人航天工程，从 1992 年开始实施，到 2005 年完成神舟六号飞船发射任务，经费一共花了 200 亿元人民币，之后再到 2013 年完成神舟十号的任务，又花费约 190 亿元人民币。[②] 没有国家财政投入的支持，这是根本无法办到的。为什么

---

[①] 《马克思恩格斯文集》第五卷，人民出版社 2009 年版，第 698 页。
[②] 《中国载人航天总经费目前约 390 亿元》，《人民日报》2012 年 6 月 25 日。

国家必须对科学技术进行财政投入？我国财政科技投入的现状怎样？具体到规模、强度、结构、管理如何？如何改进投入机制，确定适当规模，形成合理结构，进行科学管理，提高使用效益？我国财政科技投入的政策是什么？政策效果如何？有什么问题和不足？国外的财政科技投入政策怎样、有哪些成功的经验和可资借鉴的教训？等等，在努力建设创新型国家的今天，这些问题的研究显得尤为重要和迫切，在理论上必须加以阐明，而提出的对策建议在实践中将有助于完善我国财政科技投入政策。正如美国国家科学技术委员会所强调的，根据新时代的要求，我们必须认真分析科研投入、集体制定优先领域。①

本书着重研究并尝试解决上述问题，研究成果将为经费投入部门主要是财政部门、经费使用单位科学确定科学技术投入增长率和总体规模，调整并形成合理的投入结构包括负担结构、使用结构和分配结构，形成科学有效的经费管理体制机制，合规高效使用经费并推动生产高质量的研究成果等，提供决策参考和学理支撑，同时还将有助于推动财政支出、经费管理、支出效益、科技创新支持体系等领域的学术研究。

## 二 研究综述

西方学者在经济学研究领域处于前沿地位，在财政理论和政策研究方面亦是如此。20 世纪 30—50 年代以来，政府支出问题和决策问题开始成为经济学家关注的重要对象，马斯格雷夫（R. A. Musgrave）、鲍温（H. R. Bowen）、布坎南（J. M. Buchanan）和萨缪尔森（P. A. Samuelson）是这方面的先行者并卓有建树。在财政理论方面，西方学者提出的外部效应理论、公共物品理论、公共选

---

① 美国国家科学技术委员会：《面向 21 世纪的科学》，科学技术文献出版社 2005 年版，第 3 页。

择理论、公共支出增长理论、公共收入理论等构成西方财政学（公共经济学）的基础理论，是我们研究财政问题的分析工具；经济增长理论和公共政策理论等与财政理论交融，为财政问题研究提供了新的视角。在财政政策方面，当代西方学者主要分析了政府各项开支和收入，探讨了财政政策与宏观调控、经济增长之间的关系。Hockley（1992）分析了美国、澳大利亚、日本和欧洲的财政政策，包括政府支出和税收。Sandford（1984）对英国政府收支及其控制作了经济分析。Itō（2007）分析了亚太国家包括中国公共财政面临的问题和挑战。Hyman（2005）论述了收支平衡并提供了财政政策的分析工具。Semmler（2008）探讨了财政政策包括各种政府开支，以及对经济增长的效应等。

具体到财政科技投入方面，早期西方经济学家研究指出科学技术对于社会福利、经济增长具有重要作用，政府对于科学技术的投入是必要的。约翰·穆勒（1991）认为科学研究工作对于国家和人类具有重大价值，政府需要对科研工作人员给予补偿。萨伊（1963）指出科学的进展是社会幸福的增进，支持科学发展作为一种公共消费是必要的。阿瑟·刘易斯（1983）指出，知识积累是经济增长的近因，不发达国家的一个主要缺点是技术研究投入不够；工业国家对研究的投入主要是私人利益集团，政府仅填空补缺，而不发达国家基本上完全依靠政府。当代西方学者主要阐述了有关国家的科技政策，政府与科技之间的关系，以及财政对于科技的支持。Shapira（2003）对美国和欧洲支持科技创新的财政政策以及项目进行了评估。Jasanoff（1997）论述了政府和科技的关系，对不同政府的科技政策进行了比较研究。Barfield（1982）分析了从福特政府到里根政府的美国科技政策，重点阐述了政府对R&D的支持。Kraemer（2006）论述了在开放系统中美国政府推动科技创新，利用科学知识和资源增进经济福利和全球竞争力的问题。Delanghe（2009）系统考察了第二次世界大战后欧洲的科技政策，分析了科学政策与创新政策的紧张关系以及国家、欧洲和全球孰优先的困境。Sun、

Zedtwitz 和 Simon（2008）对中国 R&D 总体投入进行了研究。Guellec 和 Dominique（2001）分析了政府公共 R&D 投入对企业 R&D 的效应。Bai（2003）分析了 R&D 对中国产业的效应。Helfenstein（2008）对中国 R&D 投入进行了国际比较分析。Ulku（2005）、Hornung（2002）探讨了 R&D 投入与经济增长的关系。Hong（2003）等就 R&D 的评估进行了研究。特别需要指出的是经济合作与发展组织（OECD）是研究 R&D 投入最多、最深入的国际组织。1964 年 OECD 编撰了《为调查研究与开发（R&D）活动所推荐的标准规范》（即《弗拉斯卡蒂手册》）。《弗拉斯卡蒂手册》系统地论述了 R&D 活动的基本定义和基本准则、统计范围、统计方法、各种分类的详尽的说明和统计调查的案例等，为实施 R&D 活动统计调查的国际标准化和规范化奠定了基础。

我国学者借鉴西方财政理论，结合中国财政实际提出自己的理论和观点，在财政科技投入及政策研究方面取得了一些成果。从时间上看，2005 年之前财政科技投入的研究成果较少，2006 年以后研究成果呈爆发式增长。从研究的重点来看，主要集中于财政科技投入现状、问题与对策，促进科技创新的财政政策，科技金融、财税政策与科技创新，财政科技投入与经济增长的关系，财政科技投入或支出的绩效评价，财政分权与科技创新的关系，财政科技投入对企业科技创新的影响，地方财政科技投入，R&D 经费投入现状与对策、财政科技投入的国际比较，等等。

比如：马大勇（2018），方东霖（2012）指出，当前我国财政科技投入存在着投入总量不足、强度不大、增长机制不稳定、投入结构不合理、投入方式不科学、管理体制不健全等问题，为此提出了相应的改进建议。王小利（2005），罗介平、李丽萍（2004），乔桂银（2004）指出，我国整体科技投入存在投入规模小、结构不合理、企业科技投入不足和研发能力弱、科技成果专利化商品化率不高等主要问题，提出了改善财政科技投入政策的思路，如调整财政支持范围、实施政府采购、建立资金支出体系等。唐思慧（2017），张明喜（2016）认为，财政对基础研究投入总量偏少，强度偏低，应加大财政对基础研究的投入总量，完善投入方式，提高投入占比。寇铁军、孙晓峰（2007），彭鹏、李丽亚（2003）阐述了政府干预科技事业的基本动因，通过分析我国财政科技投入的总量、结构，指出财政科技投入中存在的问题，进而提出财政科技投入的政策选择。刘春节、刘世玉（2006）对政府科技投入的规模和结构进行了分析。刘凤朝、孙玉涛（2007）分析了政府科技投入对其他科技投入的挤入挤出效应。魏杰、徐春骐（2006）对我国科学研究经费投入的总量与结构进行了分析，提出增加投入总量、优化结构的对策建议。韩霞（2007），王旭东（2005）论述了我国科技投入体制的优势和不足，提出完善科技投入体制及经费管理模式的建议。郑振涛（2002）认为制约我国科技投入的主要因素是生产力水平、劳动者素质和体制性障碍。

马学（2007）着重分析了财政支持科技自主创新的动因即科技的公共产品属性、科技创新的高风险性和战略性，指出财政支持科技的途径即财政科技投入、税收激励政策、政府采购政策和风险投资。苏盛安、赵付民（2005）定量测算了政府科技投入对我国技术进步的贡献率。丛树海（2008）强调了科技对经济社会发展的重要意义，分析了我国公共科技投入的规模、结构，并进行了国际比较，提出公共科技支出绩效评价方法，论述了促进科技发展的财政政策包括政府科技投入政策。房汉廷、张缨（2007）系统描述了1978—2006年我国支持科技创新财税政策的演化轨迹，分析了各阶段的政策效力。辜胜阻、王敏（2012）提出完善财税政策体系，以支持创新型国家建设。张玉喜、赵丽丽（2015）实证分析科技金融投入对科技创新的作用，指出短期内科技金融投入与科技创新之间呈显著正相关关系，然而长期看科技金融投入对科技创新的作用效果并不明显。

祝云、毕正操（2007），张顺（2006），韩振海（2004）研究指出科技投入对国民经济增长具有重要的推动作用。凌江怀、李成、李熙（2012），师萍、韩先锋、任海云（2010）指出经济增长和财政科技投入存在长期的均衡关系，提高财政科技投入的效率，能够有效推动经济内生集约增长。裴璐（2005）分析了我国政府科技投入与 GDP 的长期动态均衡关系。

王刚、池翔（2014）对我国构建财政科技支出绩效评价体系的必要性作了分析，指出我国财政科技支出绩效评价体系的构建难点。田时中、田淑英、钱海燕（2015）构建了财政科技支出项目绩效评价指标体系，介绍了三种评价方法。张缨（2005）对我国科技投入绩效评价体系进行了研究，勾勒了绩效评价体系基本框架，设计了绩效目标方案，构建了绩效指标体系。岳洪江（2008）通过对社会科学研究投入产出进行建模分析了社会科学研究效率。

周克清、刘海二、吴碧英（2011）认为财政分权能够提高地方财政科技投入水平。肖广岭（2007）阐述了科技投入相关概念，重点考察了上海市区县和北京海淀区等市县财政科技投入及管理状况，进行了比较分析。刘军民（2009）从财政科技投入、税收优惠、政府采购、财务制度以及收入分配制度完善等多方面提出了进一步改进企业自主创新的扶持政策的具体建议。

陈实、孙晓芹（2013）对我国财政科技投入中的 R&D 经费的分离统计进行了分析。师萍、张蔚虹（2008）分析了我国 R&D 经费投入的现状及绩效，论述了我国 R&D 投入包括企业 R&D 投入的制度支持。

韩霞（2007）提出构建和完善有效的科技投入管理机制。孙红梅、师萍、杨华（2006）指出了我国科技项目管理中存在的问题，提出了改进措施。

贾康（2006）分析了国际科技投入的新趋势，阐述了我国科技投入的现状、成效、问题，说明了科技投入需求和政府的供给能力，提出构建和完善多元化的科技投入体系和科技投入管理模式。莫燕、刘朝马（2003）对我国科技投入结构进行了分析，并进行了国际比较。吴松强、蔡婷婷（2015）概括了美国财政科技投入的经验及对我国的启示。曾梓梁、胡志浩（2006）对中外政府研发投入总量、占 GDP 的比重、占财政支出的比重进行了国际比较。

我国学者对于西方国家科技政策、科技投入的研究，除对美国、日本的研究相对较强外，对其他西方国家的研究比较薄弱，仅有少量文章发表。[①]

综观而言，国内已有研究取得了较大成绩，但还存在一些不足和问题：如对研究与开发（R&D）投入、科技投入的研究较多，而专门对财政科技投入的研究较少[②]；对财政科技投入的规模、结构以及绩效分析的较多，对财政科技投入的管理分析的较少；指出投入问题并提出对策建议的较多，对政策沿革、影响因素、决策机制、政策评论的较少；对财政数据分析的较多，对相关经济学理论及财政理论阐述的较少；对财政现象分析的较多，对深层原因剖析的较少；分时分阶段分省市研究的较多，对整个新中国及长时间跨度研究的较少；对投入机制研究的较多，对管理体制研究的较少，等等。有的研究引用数据陈旧、不全面；由于使用统计口径和指标不同，不少研究成果的结论还相互矛盾；有的规范分析缺乏必要的理论和现实依据等。本书力图在已有研究的基础上，弥补不足，有所创新。

---

① 笔者 2020 年 1 月 1 日通过中国知网搜索关于各国"科技政策"（按"篇名"）的文章，统计结果为：关于美国的有 225 篇，关于日本的有 135 篇，关于英国的有 57 篇，关于德国的有 33 篇，关于法国的有 24 篇，关于加拿大的有 9 篇，关于意大利的有 6 篇。通过中国知网搜索关于各国"科技投入"（按"篇名"）的文章，统计结果为：关于美国的有 26 篇，关于日本的有 5 篇，关于英国的有 3 篇，关于加拿大的有 2 篇，关于德国的有 1 篇，关于法国的有 1 篇，关于意大利的有 1 篇。同时通过万方数据知识服务平台进行搜索。1982 年以来，关于各国"科技政策"（按"全部"）的文章，统计结果为：关于美国的有 193 篇，关于日本的有 99 篇，关于英国的有 52 篇，关于德国的有 39 篇，关于法国的有 13 篇，关于加拿大的有 9 篇，关于意大利的有 3 篇。关于各国"科技投入"（按"全部"）的文章，统计结果为：关于美国的有 116 篇，关于日本的有 79 篇，关于德国的有 19 篇，关于英国的有 18 篇，关于法国的有 11 篇，关于加拿大的有 4 篇，关于意大利的有 3 篇。

② 笔者 2021 年 1 月 31 日按"主题"搜索中国知网，研究 R&D 投入的成果约 0.71 万篇，研究科技投入的成果约 1.22 万篇，而研究财政科技投入的成果只有 0.09 万篇。

## 三 主要观点

我国科学技术财政投入有力地促进了科学技术的发展，面对新时代、新要求，投入工作仍须改进完善。

1. 长期来看，我国科学技术财政投入的规模较小，由于它对提高整体科技实力的重要性及对其他科技投入的带动效应，增加投入是必然趋势。目前，投入规模已达到较高水平。

2. 科学技术财政投入占财政总支出的比重波动较大，占 GDP 的比重相对较低，必须进一步提高科学技术财政投入的强度。

3. 我国研究与开发（R&D）经费增长速度较快，研究与开发总量已居世界前列，但研究与开发经费占 GDP 的比重，以及研究与开发经费中政府投入的比重都较西方主要发达国家低，需要进一步提高研究与开发经费的强度和政府投入的比重。

4. 中央和地方科学技术财政投入比例不协调，地方政府科学技术财政投入比重相对较低，要进一步加强地方特别是中西部地区的科学技术财政投入。

5. 我国研究与开发经费中政府投入比例较低，基础研究和应用研究投入较少，而试验发展投入偏高，必须增加对基础研究和应用研究的投入。

6. 要建立和完善全国科学技术财政投入协调机制，避免交叉重复投入。

7. 要加强科技立法，弥补立法空白，提高立法层次，建立科学规范的科学技术财政投入管理制度。

8. 要开辟新的资助方式，建立多渠道、更加符合科学研究规律、有利于激发科研单位及科研人员积极性的资助体系和管理体制。

9. 我国科技论文的引用率与世界强国有较大差距，要瞄准科技前沿，占领科技制高点，努力提高科技论文的水平和质量。

10. 要进一步增强专利意识，改进科技成果转化运用体制，建立激励科学家积极转化科技成果的有效机制和完善成果评价奖励机制，发展技术交易市场，推动科技成果的转化应用。

## 四 基本概念与研究方法

### （一）基本概念

有几个基本概念需要厘清：科学技术、科学（科学技术）研究、科学（科学技术）研究投入、科学（科学技术）研究财政投入、研究与开发（R&D）投入。

**科学技术**包括科学和技术两个方面。根据《现代汉语词典》的定义，科学是反映自然、社会、思维等的客观规律的分科的知识体系，技术是人类认识自然和利用自然的过程中积累起来并在生产劳动中体现出来的经验和知识。[①] 根据《辞海》的定义，科学是关于自然、社会和思维的知识体系，技术泛指根据生产实践经验和自然科学原理而发展成的各种工艺操作方法与技能，广义的还包括相应的生产工具和其他物质设备，以及生产的工艺过程或作业程序、方法。[②] 科学主要是基础研究，重在解决理论问题；技术主要是应用研究，重在将科学的成果运用于实践，解决实际问题。换言之，技术是科学在生产中的运用。科学技术一般简称科技。

**科学（科学技术）研究**是指为了增进知识包括关于人类文化和社会的知识以及利用这些知识去发明新的技术而进行的系统的创造性工作。广义的科学研究包括技术发展，即科学技术研究。科学技术研究概指科学研究和技术发展。根据联合国教科文组织《关于科技统计国际标准化的议案》的原则，科学技术活动定义为：与各科学技术领域（即自然科学、工程和技术、医学、农业科学、社会科学及人文科学）中科技知识的产生、发展、传播和应用密切相关的

---

① 中国社会科学院语言研究所词典编辑室：《现代汉语词典》，商务印书馆2016年版，第735、617页。
② 辞海编纂委员会：《辞海》缩印本，上海辞书出版社1990年版，第1965、758页。

系统的活动。这些活动包括研究与开发（R&D）、科技教育与培训（STET）及科技服务（STS）。我国在联合国教科文组织定义的基础上，结合我国国情界定我国科技活动包括研究与开发、研究与开发成果应用及与研究与开发活动相关的技术推广与科技服务活动。本书"科学研究"取其广义，等同于"科学技术研究"。科学研究一般简称科研。

**科学（科学技术）研究投入**指全社会对科学技术研究的投入，简称科研投入或科技投入，它包括政府、企业、高等学校、科研院所、非营利机构和国外机构等主体对科学技术研究的投入。广义的科技投入还包括科技人力投入、科技设施投入和科技信息投入。[①] 科学研究投入一般简称科研投入；科学技术研究投入一般称作科学技术投入，简称科技投入。

**科学（科学技术）研究财政投入**指国家财政在科学技术研究方面的投入。根据我国财政对科学研究支出的划分标准，它包括科技三项费用、科学事业费、科研基建费及其他科研事业费。科学技术研究财政投入一般称作科学技术财政投入，简称财政科技投入。

作为新中国财政支出的一个重要科目的"科学研究"，不仅包括国家财政对科学研究的投入，也包括对技术发展的投入。在2007年设置"科学技术"科目以前，财政科技投入一直使用"科学研究"科目几十年，因此，关于2007年以前的数据沿用"科学研究"这一科目名称，2007年以后使用新科目名称"科学技术"。

为全面、准确、清晰地反映政府收支活动，进一步提高财政管理水平和财政资金使用效益，逐步完善与社会主义市场经济相适应的公共财政管理框架，1999年财政部开始启动政府收支分类改革，2004年形成《政府收支分类改革方案（征求意见稿）》，2006年8月形成《政府收支分类改革方案》，报国务院批准从2007年1月1日起全面实施政府收支分类改革。为集中反映国家对科学技术的投

---

[①] 肖广岭等：《市县科技投入论》，科学出版社2007年版，第1页。

入情况,取消原"科学研究"科目,设置了"科学技术"① 类级科目,并要求现行科技三项费用统一在科学技术类中反映。该科目分设9款:科学技术管理事务、基础研究、应用研究、技术研究与开发、科技条件与服务、社会科学、科学技术普及、科技交流与合作、其他科学技术支出。

按照财政部的规定,该科目只反映科技部门的支出、原科技三项费用和科学事业费安排的支出三块;原有其他行政事业费安排的科技支出在本部门对应的功能科目反映。

**研究与开发(R&D)投入**指全社会对为增加知识的总量(其中包括增加人类、文化和社会方面的知识),以及运用这些知识去创造新的应用而进行的系统的、创造性的活动的投入,包括基础研究、应用研究和试验发展等科学技术活动的投入。可见,研究与开发(R&D)投入是科学(科学技术)研究投入中的一部分,也是最主要的部分。在我国,研究与开发又称为研究与试验发展。研究与开发一般简称研发。

**(二)研究方法**

本书试图建立一个比较科学、合理的系统分析框架。首先,对科学技术财政投入从理论上进行分析,主要阐述相关的公共物品理论、公共选择理论、公共支出增长理论和经济增长理论等,据此说明政府为什么要对科学技术进行投入,如何决策,投入状况及投入效果怎样,等等。其次,立足于理论分析,依次从科学技术财政投入的规模、结构、管理和绩效等方面进行实证分析,既阐明取得的成效,也指出存在的问题。最后,针对科学技术财政投入存在的问题,提出相应的对策建议。

---

① "科学技术"支出范围包括科技系统所属行政事业单位的支出,及原"科技三项费用"、科技部门归口管理的"科学事业费"支出,不包括不属于科技部门归口管理的科研事业单位的相关支出。各部门归口管理科研事业单位,凡使用原"科学事业费""科技三项费用"的,列入"科学技术"类;由"基本建设支出""部门事业费"科目开支的,列入本部门的功能分类科目。

总之，本书按照历史—现状—问题—对策的研究思路，运用理论与实际相结合、定量分析与定性分析相结合、规范分析与实证分析相结合、历史比较与国际比较相结合的方法，对我国科学技术财政投入进行了多角度、多层次的深入分析，得出了比较全面、客观、新颖的结论。

相关数据主要来自以下几个方面：

中国方面的数据主要来源于《中国财政年鉴》（1992—2018 年）、《中国科技统计年鉴》（1991—2019 年）、《中国统计年鉴》（1981—2018 年），同时参考了我国政府机关或相关机构网站，包括财政部、科技部、国家统计局、中国科技统计网、新华网资料频道等。

外国方面的数据主要来源于 Organization for Economic Co-operation and Development（OECD）、National Science Foundation，United States（NSF）及相关国家和地区统计年鉴等。

## 五　全书结构和主要内容

本书主要从科学技术财政投入的现状及存在问题入手，运用公共物品理论、公共选择理论、公共支出增长理论和经济增长理论等相关经济学理论，建立科学技术财政投入宏观分析框架，对我国科学技术财政投入的规模、结构、管理和绩效等进行深入研究，试图提出我国科学技术财政投入的适度增长率和总体规模，合理的投入结构包括负担结构、使用结构和分配结构，科学规范高效的管理制度和办法，绩效优化途径和科学实用的绩效评价办法，以及其他相关对策建议。

第一章，导论。阐述研究的背景与研究的意义，提出相关问题，界定研究对象，对国内外已有相关研究作出综述，概述主要观点，厘清有关概念，说明研究方法和资料来源，列明全书结构和主要内容。

第二章，科学技术财政投入的理论分析。介绍有关经济学及财政学理论，如公共物品理论、公共选择理论、公共支出增长理论、经济增长理论等,为分析科学技术财政投入提供理论依据。

第三章,科学技术财政投入的规模。首先对科学技术财政投入的绝对规模进行分析;其次对科学技术财政投入占财政支出、GDP等的比重的相对规模进行分析;再次对科学技术财政投入进行弹性分析;最后就相关数据进行国际比较。通过分析指出在投入规模方面存在的问题,并分析影响科学技术财政投入规模的因素,进而提出在投入规模方面的改进建议。

第四章,科学技术财政投入的结构。首先分析科学技术财政投入的负担结构,主要是中央财政和地方财政的投入情况;其次分析科学技术财政投入的使用结构,包括科技三项费用、科学事业费、科研基建费和其他科研事业费的分配情况,基础研究、应用研究和试验发展等研究类别的分配情况;再次分析科学技术财政投入的分配结构,包括在企业、研究机构、高等学校和其他机构等研究部门的分配情况;最后进行国际比较。通过分析指出投入结构方面存在的问题,并分析影响科学技术财政投入结构的因素,进而提出在投入结构方面的改进建议。

第五章,科学技术财政投入的管理。以国家科技立法和部门规章及管理实践为依据,分析我国科学技术财政投入体制、管理制度、资助方式、经费管理等,并同国外管理制度和管理方法进行比较,指出经费管理方面存在的问题,提出加强经费管理规范化建设的改进建议。

第六章,科学技术财政投入的绩效。分析科学技术财政投入在带动其他科技投入、产出成果、对经济增长的贡献等方面的效益;论述成果转化情况;探讨绩效评价的原则、内容、方法等;对投入绩效进行国际比较,指出我国科学技术财政投入绩效上存在的不足,进而提出提高绩效方面的改进建议。

第七章,结论。概括指出我国科学技术财政投入在规模、结构、管理和绩效方面存在的不足和问题,提出相关对策建议。

# 第二章　科学技术财政投入的理论分析

　　经济学研究社会包括个人、企业和政府如何配置自己的稀缺资源。① 在市场经济体制下，市场对资源配置起着主导性和决定性的作用，在市场失灵的领域，由政府进行配置。

　　财政是一种政府配置资源的经济活动，财政收入是政府的最大资源。政府的财政收入是有限的，是一种稀缺资源，政府配置面临选择，即如何配置这种资源，或者说如何安排财政支出？而决定选择的主要因素是效率与公平。科学技术财政投入问题，无疑是一个典型的经济学问题，就是政府如何有效率地为科学技术配置财政资金。

　　我们先从理论上对科学技术及其财政投入进行分析和说明。

　　马克思、恩格斯对科学技术非常重视，运用辩证唯物主义和历史唯物主义对科学技术的产生、本质、体系、作用、发展，以及与资本的关系作了论述，对本书研究具有指导意义。

　　马克思、恩格斯认为，科学建立在实践基础上，"科学是实验的科学，科学就在于用理性方法去整理感性材料"②，"感性（见费

---

　　① "经济学研究社会如何管理自己的稀缺资源。"［美］曼昆：《经济学原理》，北京大学出版社 2009 年版，第 3 页；"经济学研究我们社会中的个人、厂商、政府和其他组织如何进行选择，以及这些选择如何决定社会资源的使用。"［美］约瑟夫·E. 斯蒂格利茨：《公共部门经济学》，中国人民大学出版社 2005 年版，第 10 页。

　　② 马克思、恩格斯：《神圣家族，或对批判的批判所做的批判》，人民出版社 1958 年版，第 163 页。

尔巴哈）必须是一切科学的基础。科学只有从感性意识和感性需要这两种形式的感性出发，因而，只有从自然界出发，才是现实的科学"①，技术是科学的运用，科学发展是技术进步的重要推动力，科学革命导致技术革命。

马克思"把科学首先看成是历史的有力的杠杆，看成是最高意义上的革命力量"②，科学技术的发展必然引起生产方式的变革，也必然引起生产关系的变革。

马克思提出科学是生产力的思想，科学技术渗透到生产力的各个要素之中，对生产力的发展产生巨大的推动作用。科学与技术的结合推动了产业革命。新技术带来劳动生产率的提高，从而缩短生产过程，加速资本周转，增加剩余价值量，并提高剩余价值率。因此，资本家为了剥削更多的超额剩余价值，必然会不断加大对科学技术研究的投入，目的就在于通过科学技术的进步来获取更多的财富。但科学与资本结合起来，就成为资本家统治的工具。

经济学相关理论为科学技术财政投入实践提供了一种比较合理的解释。

## 一 公共物品理论与科学技术财政投入

科学技术产品及其创造过程的科学研究，是由市场还是由政府提供？提供多少？为什么如此？公共物品理论从一个视角做出了解释。

### （一）公共物品理论

公共物品理论是财政学或公共经济学的基本理论。

生产资料和生活资料是人类社会赖以存在和发展的基本条件。人类社会开始经济活动以后，用于交换的生产资料和生活资料称为商品，之后商品延展到服务。人类社会需要各种商品和服务，这些

---

① 马克思：《1844 年经济学哲学手稿》，人民出版社 1985 年版，第 85 页。
② 弗·恩格斯：《马克思墓前悼词草稿》，《马克思恩格斯全集》第 19 卷，人民出版社 1963 年版，第 372 页。

商品和服务在经济学上称为经济物品。

经济物品有多种分类方法①，根据需求主体和供给渠道不同，经济物品可以分为私人物品、公共物品和混合物品。私人物品是由市场提供，用来满足个人需要的商品和服务，比如衣服、食品、汽车。公共物品是由政府部门——公共部门提供，用来满足社会公共需要的商品和服务，比如路灯、义务教育、国防；混合物品（准公共物品）是由政府部门或市场提供，用来满足社会公共需要或私人需要的商品和服务，比如桥梁、公路、电视频道。

根据经济物品是否具有排他性和竞争性，同样可以将经济物品分为私人物品、公共物品和混合物品或准公共物品。排他性是指个人可以被排除在消费某种商品和服务的利益之外，当消费者为某种商品和服务付钱购买之后，他人就不能享用此种商品和服务所带来的利益；竞争性是指消费者的增加将引起生产成本的增加，每多提供一件或一种商品和服务，都要增加生产成本。非排他性是指一些人享用一种商品和服务所带来的利益而不能排除其他人同时从中获益；非竞争性是指消费者的增加不引起生产成本的增加，或者说，提供经济物品的边际成本为零。②

私人物品是既具有排他性又具有竞争性的物品，比如一种食品，一个人消费就可以排除其他人消费，并减少其他人的使用，每增加一件就相应增加成本。公共物品是既具有非排他性又具有非竞争性的物品，这又称为纯公共物品，比如国防，一个公民获得国防的安全利益，并不排除其他人获得，也无法排除；而且也不减少其他人获得，多一个人获得，增加的成本几乎为零。③ 混合物品是指

---

① 如萨缪尔森的两分法，分为公共物品和私人物品；巴泽尔的三分法，分为公共物品、混合物品和私人物品；曼昆的四分法，分为私人物品、公共物品、公有资源和自然垄断物品。

② 陈共：《财政学》，中国人民大学出版社2012年版，第14页。

③ 萨缪尔森将公共物品定义为这样一种产品：每一个人对这种物品的消费并不导致减少其他人对这种物品的消费。Paul A. Samuelson, The Pure Theory of Public Expenditure, *The Review of Economics and Statistics*, Volume 36, Issue 4 (Nov., 1954), p. 387.

具有排他性但不具有竞争性的物品，比如一座桥梁，在不过分拥挤的情况下，多一辆车通行并不影响其他车通行，而且增加一辆车通行并不增加边际成本，但如果相当拥挤，设置岗亭栏杆，就可以排除部分车辆通行，因而具有排他性；或者不具有排他性但具有竞争性的物品，比如海洋中的鱼，无法或很难阻止某些人捕捞，具有非排他性，但一些人捕捞会减少其他人的捕捞，增加捕捞是要增加成本的。但划分的界线并不那么精确，而是模糊的。

公共物品没有排他性，无法阻止人们使用这些物品，任何人都可以免费享受这些物品的利益。这种有价值但无价格的物品，具有外部性。

外部性是指"一个人的行为对旁观者福利的影响"，"当一个人从事一种影响旁观者福利，而对这种影响既不付报酬又得不到报酬的活动时，就产生了外部性。如果对旁观者的影响是不利的，就称为负外部性；如果这种影响是有利的，就称为正外部性。"[1] 我们对公共物品的研究往往要和外部性结合起来。"受外部性影响的市场结果是，低效率的资源配置。"[2]

（二）科学研究的属性

科学技术作为产品是社会公共需要，是一种经济物品。它往往是同创造生产的科学研究联系在一起的。"科学研究是一种社会公共需要"[3]，同样是一种经济物品。科学技术及科学研究属于哪类经济物品呢？科学技术及科学研究一般被认为是公共物品。如果深入分析，我们会发现不能笼统言之。

根据研究工作的目的、任务和方法不同，科学研究通常划分为以下几种类型：基础研究、应用研究和试验发展。

从自然科学来说，基础研究是指认识自然现象、揭示自然规

---

[1] ［美］曼昆：《经济学原理》，北京大学出版社2009年版，第199页。
[2] ［美］约瑟夫·E. 斯蒂格利茨：《公共部门经济学》，中国人民大学出版社2005年版，第182页。
[3] 陈共：《财政学》，中国人民大学出版社2012年版，第84页。

律，获取新知识、新原理、新方法的研究活动。主要包括：科学家自主创新的自由探索和国家战略任务的定向性基础研究；对基础科学数据、资料和相关信息系统地进行采集、鉴定、分析、综合等科学研究基础性工作。① 从社会科学来说，基础研究，一般指侧重于探索和认识事物本质特征、运动规律及发展趋势的学理性研究。其特点是：意在阐明学理；属于学术理论研究；通常表现为提出概念、范畴及逻辑体系；重在回答"是什么""为什么""如何变化"；主要作用是推动理论创新和学科发展；具有思辨性和长远效应。②

基础研究产生的新知识、新原理、新方法，属于一般性知识，难于申请专利，一个人使用不能排除其他人使用，因此不具有排他性；一个人使用也不会减少其他人的使用，使用者的增加并不引起生产成本的增加，在消费中没有竞争性，因此"基础研究的确是一种公共物品"③，而且是一种纯公共物品。

从自然科学来说，应用研究是针对某一具体的实际应用目标而进行的科学实验和技术研究；或者说是为特定的应用目的所进行的技术发展性研究。从社会科学来说，应用研究，一般指侧重于解决现实问题的对策性研究。其特点是：具有特定的实际目的或应用目标以及指向明确的应用范围和领域；属于问题对策研究；通常表现为指出问题、分析问题，提出解决问题的对策、路径和方法；重在回答"怎么办"；主要作用是解决经济社会发展中的具体问题；具有针对性、时效性和可操作性。④

应用研究侧重于具体的实际应用目标，主要表现为技术的进步，或者为对策性建议，在没有成为专利性应用技术前，其研究成

---

① 《国家"十一五"基础研究发展规划》，www.most.gov.cn。
② 《国家社科基金后期资助项目申报问答》，http://www.nopss.gov.cn/n/2014/0103/c234662-24018164.html。
③ ［美］曼昆：《经济学原理》，北京大学出版社2009年版，第236页。
④ 《国家社科基金后期资助项目申报问答》，http://www.nopss.gov.cn/n/2014/0103/c234662-24018164.html。

果同样不具有排他性，也不具有竞争性，因此在某种程度上可以说应用研究也是一种纯公共物品。应用研究成果成为专利性技术后，虽然不具有竞争性，但具有排他性，就是一种准公共物品。

试验发展是指利用从基础研究、应用研究和实际经验所获得的现有知识，为产生新的产品、材料和装置，建立新的工艺、系统和服务，以及对已产生和建立的上述各项作实质性的改进而进行的系统性工作。试验发展在社会科学领域较少。

试验发展有非常明确的具体目的，成果更多地表现为专利技术，虽然不具有竞争性，但具有排他性，是一种准公共物品。

对科学（科学技术）研究进行细致区分的目的在于通过分析这种经济物品的不同种类，从而选择具有效率的提供方式。

综合而言，科学技术是纯公共物品或准公共物品，这就决定了科学技术的供给主体主要是政府，即政府对于支持科学研究负有主要责任。但由于政府供给不足、供给效率低下等原因，企业、非营利组织也是科学技术的供给主体，它们也对科学技术研究进行投入。

### （三）科学技术及科学研究的提供

"国家财政的基本职能——公共物品的供应、实现分配的正义以及实施宏观政策。"[①] "公共物品的提供方式是确定政府提供公共物品规模和财政支出规模的基本依据。"[②] 公共物品的提供方式至关重要。

公共物品为什么需由政府部门或公共部门来提供而不能由市场提供，这是由公共物品的特点以及市场和政府不同的运行机制决定的。

1. 私人物品一般由市场提供

私人物品具有排他性，一个消费者购买某物品后，就排除其他

---

[①] ［美］詹姆斯·M. 布坎南、理查德·A. 马斯格雷夫：《公共财政与公共选择》，中国财政经济出版社2000年版，第47页。

[②] 陈共：《财政学》，中国人民大学出版社2008年版，第42页。

人对于该物品的使用权；又因为具有竞争性，每消费一件物品会减少其他人的消费，每增加一件物品须相应增加成本。这种由私人使用、成本随数量增加的物品一般由市场来提供。但是为了收入分配的公平，政府有时候也提供私人物品。

2. 纯公共物品一般由政府提供

假设公共物品由市场提供，由于公共物品具有非竞争性，增加一个消费者的边际成本为零，如果公共物品按边际成本定价，私人部门就得不到利润，更罔谈最大利润。因此，私人部门大多不愿主动提供纯公共物品。而且由于公共物品具有非排他性，一个消费者使用公共物品并不排除他人使用，消费者就不会主动花钱购买这种物品，而等着其他人购买后免费搭车使用。免费搭车现象造成公共物品一般不由私人部门提供。但公共物品甚至纯公共物品有时也能由市场、非营利组织提供。

政府的性质及其运行机制正可以弥补市场的不足，解决市场一般不能提供纯公共物品的难题。政府是一个国家为维护和实现特定的公共利益，建立的以暴力工具为后盾的政治统治和社会管理组织。政府行为一般以公共利益为服务目标，行为范围主要是公共领域。政府的社会公共服务职能，决定政府有向全体社会成员提供公共服务、满足公共需要的义务，以实现社会目标，完善社会管理。

政府是一个公共权力机构，拥有向全体社会成员征税的权力。通过税收政府取得财政收入，才有能力向社会成员提供公共物品。如此看来，政府"免费"提供公共物品，其实是有成本的，社会成员通过纳税对公共物品付费了。但各人纳税额不等，享受政府提供的公共服务却大致相同。

3. 准公共物品由政府或市场提供，也可混合提供

准公共物品兼具公共物品和私人物品的特征，因此既可以由政府提供，也可以由市场提供，还可以由二者共同提供。

由谁提供，成本与效益是重要的影响因素。比如，公路、桥梁

等准公共物品多一个通行者并不增加成本，因此不具有竞争性，但具有排他性，设置收费站，就可以排除一些人通过。收费还是免费，这要比较税收成本、税收效率损失与收费成本、收费效率损失。如果免费，社会效益能够最大化，可是要通过征税弥补，征税会有征管成本和缴纳成本，还有一定的税收效率损失。如果收费，不仅限制了一些人的使用，形成消费损失，影响社会效益，产生收费效率损失，而且建立收费设施和支付收费人员工资，也会产生收费成本。

由谁提供，物品的外部性是重要的影响因素。外部效应大，则政府提供多一些；外部效应小，则市场提供多一些。比如，教育、公共卫生是一种外部效应很大的物品，一般由政府提供。

其实，大多数准公共物品都具有较大的外部性，主要由政府提供，政府一般采取授权经营、政府参股、政府补助等方式提供。但为了提高公共物品的使用效益，同时为减轻政府负担，往往也会采取混合提供的方式。

现实中，公共物品由私人提供也是有例可循的。比如早期英国港口的灯塔就是政府授权由私人修建并收费；美国存在私人办监狱的现象；在我国，企业贷款修建公路并通过收费还贷也是私人提供公共物品的例子。这类情况还有待进一步研究。

公共物品最终如何提供，既有经济效率考虑，需要比较收益和成本，还有社会效益考虑，在某种程度上说，这甚或是一个政治问题，受政治决策程序影响。

科学研究三种不同的类型，提供者有所不同。

1. 基础研究的提供

基础研究是为了获得关于事物和现象的新知识而进行的实验性或理论性研究，不以任何专门或特定的应用或使用为目的。其成果以科学论文和科学著作为主要形式。

加强基础研究是提高原始性创新能力、积累智力资本的重要途径，是跻身世界科技强国的必要条件，是建设创新型国家的动力和源泉。我国政府一直高度重视基础研究。

基础研究作为纯公共物品，主要由政府提供。一种是政府直接提供，一般采取经费投入的方式；另一种是采取税收优惠、政府采购的方式。一些公益性基金和大学也提供少量基础研究。

2. 应用研究的提供

应用研究是为了确定基础研究成果可能的用途，或是为达到预定目标而采取的新方法或新途径。其成果形式以科学论文、专著、原理性模型或发明专利为主。

企业以追求利润为目标，其研究投入一般都有特定的目的，主要用于开发新产品，以便申请并获得专利，或者生产新产品，或者直接转让专利获利。因此，企业投入应用研究和试验发展较多，而投入基础研究较少。

应用研究作为纯公共物品，大多由政府提供；作为准公共物品，既可由企业提供，也可由政府提供，谁提供得多，各国不一样，从大多数情况看，还是由企业提供的多一些。

3. 试验发展的提供

试验发展是为产生新的产品、材料和装置，建立新的工艺、系统和服务而进行的研究性工作。其成果形式主要是专利、专有技术、新产品原型或样机。

企业科学研究活动最重要最直接的就是试验发展。试验发展作为混合物品或准公共物品，企业是其主要提供者，同时政府、大学和科研机构也提供。

无疑，政府是公共物品特别是纯公共物品的主要提供者。需要研究的是，政府在公共物品的提供上，如何与市场形成有效率的组合，以及政府提供的范围，财政支出的规模和结构，政府提供的成本和效益，以及政府决策程序等问题。

从我国政府的政策和实践来看，政府高度重视科学研究，而且把支持科学研究作为政府的一项重要财政职能，财政支持科学研究的力度越来越大。我国财政对科学研究全面提供资金支持，其中重点对基础研究、应用研究提供支持，对试验发展也提供相应支持。但从资金来源看，试验发展和应用研究的资金提供主体是企业。

## 二 公共选择理论与科学技术财政投入

公共选择理论是运用经济分析方法研究政府决策的方式和过程的一种理论。

运用经济分析方法对我国公共支出决策进行考察很有必要。具体到本书，需要分析科学技术投入是否应该增长，增长多少为宜，增长领域为何，重点方向是什么，以及这些政策是如何确定的，等等。诚然，公共选择理论提供了一种新的研究方法。

什么是公共选择理论？美国经济学家丹尼斯·缪勒给出了一个比较权威的定义："公共选择可以被定义为对非市场决策的经济研究，或者简单地说是经济学在政治学中的应用。公共选择的主题就是政治学的主题：国家理论、选举规则、选民行为、党派政治、官僚体制等等。然而，公共选择的方法却是经济学的方法。像经济学一样，公共选择的基本行为假定是，人是一个自私的、理性的、效用最大化者。"[1] 在英文文献中，"公共选择"一般就是指公共选择理论。美国经济学家萨缪尔森和诺德豪斯在《经济学》中说，公共选择理论是一种研究政府决策方式的经济学和政治学。公共选择理论考查不同选举机制的运作方式，指出没有一种理想的机制能够将所有的个人偏好综合为一种社会选择；研究当国家干预不能提高经济效率或收入再分配存在不公平时所产生的政府失灵；还研究国会议员的短视，严格预算约束的缺乏，以及为竞选提供资金所导致的政府失灵等问题。[2]

---

[1] ［美］丹尼斯·缪勒：《公共选择》，上海三联书店1993年版，第1页。
[2] ［美］保罗·萨缪尔森、威廉·诺德豪斯：《经济学》，人民邮电出版社2008年版，第281页。

公共选择理论产生于公共财政理论。瑞典经济学家维克塞尔提出的政治自愿交易学说和一致性原则，以及林达尔提出的公共物品理论是公共选择理论的重要渊源。

公共物品的特征是公共选择的基础。由于公共物品具有非排他性和非竞争性，使它在消费中产生免费搭车的问题，造成市场不能提供或只能提供少量公共物品。由于市场无法解决这一问题，人们便寻求非市场的方法，政府是一个很好的选择。

作为理性"经济人"的个人依据其偏好，在成本—效益分析基础上进行决策，而政府部门，又是如何决策的呢？公共选择理论进行了分析。

### （一）公共选择理论的主要内容

公共选择理论有一个基本的认识，即政治活动的主体是理性"经济人"，"政治交易，在各个层次上，基本上都与经济交易相当"[①]。

公共选择理论认为，人类社会由两个市场组成，一个是经济市场，另一个是政治市场。在经济市场上活动的主体是消费者（需求者）和厂商（供给者），其交易对象是私人物品；在政治市场上活动的主体是选民、利益集团（需求者）和政治家、官员（供给者），其交易对象是公共物品。在经济市场上，人们通过货币选票来选择能给其带来最大满足的私人物品；在政治市场上，人们通过政治选票来选择能给其带来最大利益的公共物品、政治家、政策法案和法律制度等。前一类行为是经济决策，后一类行为是政治决策，个人在社会活动中主要就是做出这两类决策。在经济市场和政治市场上活动的是同一个人，没有理由认为同一个人会根据两种完全不同的行为动机进行活动。[②]

---

① [美]詹姆斯·M. 布坎南、戈登·塔洛克：《同意的计算——立宪民主的逻辑基础》，中国社会科学出版社2000年版，第273页。

② 方福前：《公共选择理论——政治的经济学》，中国人民大学出版社2000年版，第2页。

公共选择理论认为，政治市场的一个需求者——选民——是理性的"经济人"，是否投票，投谁的票，选民都将进行比较选择，以符合自身最大利益。但是，投票需要收集信息，收集信息会产生成本，而每个选民都清楚投票远期收益是不确定的，况且自己的一票在众多的选票中影响甚微，因此理性的选民会不去投票。而现实中许多选民还是去投票，"更有可能的是""出于一种作为民主社会成员的责任感"[①]。另一个需求者——特殊利益集团——在政府决策过程中，一是通过向缺乏信息的选民提供对自己有利的信息来影响选举，二是通过游说政府官员或议员作出对自己有利的决策或议案。

政治市场的供给者——政治家和政党——也是理性人，从事政治活动的目的同样是追求自身利益的最大化，即获得政治支持最大化，具体体现就是获得选票最大化。为此，他们制定为大多数选民所欢迎、能给自身赢得选票的政策。可是，因为成本关系，普通选民难于表达自己的偏好，特殊利益集团却乘机提供对己有利的信息，并给出对政治家和政党受益的条件，最终，政治家和政党制定出对特殊利益集团有利的政策。政治市场的另一个供给者是政府官员，他们作为公共政策的执行人，同样是效用最大化的追求者。官员的效用函数包括获得的薪金、所在机构或职员的规模、社会名望、额外所得、权力和地位等变量。这些变量与预算拨款规模呈正相关关系。因此，追求效用最大化的官员也必然是预算最大化的追求者。在政治市场上，官员与政治家是提供服务与服务需求的关系，他们之间的利益趋向一致，在扩大预算规模上"不谋而合"，导致公共支出不断膨胀。

公共选择理论认为，在民主社会里，典型的公共选择方式是投票。不同的投票规则对于集体选择的结果和个人偏好的满足程度影

---

① [美] 理查德·A. 马斯格雷夫、佩吉·B. 马斯格雷夫：《财政理论与实践》，中国财政经济出版社 2003 年版，第 93 页。

响不一样。一致同意规则能使全体选民的偏好得到最大满足，是实现帕累托最优的唯一途径，但它的决策成本较高，缺乏决策效率，甚至可能没有结果；多数同意规则更常被采用，它的决策成本较低，也比较有效率，但会使一部分选民得到满足而另一部分选民利益受损，甚至产生"多数人暴政"。

公共选择理论认为，政府规模增长或公共支出预算增长，还有以下解释：一是在多数同意规则下，利益集团的存在是政府支出增长的原因。利益集团为了自身利益，会采取游说等方式，促使政府或议会通过对其有利的政策，从而扩大了公共支出增长。研究证明，一个国家的利益集团越多，政府支出规模就越大。二是政府利用纳税人在课税中不知道税负加重了，以及在公共支出中只看到其带来的利益而不知税收成本产生的财政幻觉，扩大公共支出规模。三是政府有增强自身影响和权力的冲动，往往导致政府开支过度增长，必然造成持久性的财政赤字。

### （二）科学技术财政投入的政策选择

"公共物品支出通过政治程序决定。"[①] 财政政策的制定就是一个公共选择问题，决定公共物品的配置。

按照公共选择理论的解释，一方面，政治家通过制定使公共物品产量最大化的预算，来满足选民对公共物品的需要，从而提高其声誉，保证他将来再次当选。另一方面，政府官员也极力扩大本部门预算规模，以获得效用最大化的资源。双方从各自利益最大化动机出发的政策一致性，导致公共支出预算规模不断膨胀。

根据我国中央部门预算编制流程，科学技术支出预算编制实行"二上二下"的基本流程。"一上"：部门编报预算建议数。部门编制预算从基层预算单位编起，并提供与预算需求相关的基础数据和相关资料；然后层层审核汇总，由一级预算单位审核汇编成部门预

---

① ［美］约瑟夫·E. 斯蒂格利茨：《公共部门经济学》，中国人民大学出版社2005年版，第13页。

算建议数，上报财政部。"一下"：财政部下达预算控制数。对各部门上报的预算建议数，由财政部科教和文化司进行初审，由预算司审核、平衡，在财政部内部按照规定的工作程序反复协商、沟通，最后由预算司汇总成中央本级预算初步方案报国务院，经批准后向各部门下达预算控制限额。"二上"：部门上报预算。部门根据财政部门下达的预算控制限额，编制部门预算草案上报财政部，基本支出的"目"级科目由部门根据自身情况在现行相关财务制度规定内自主编制。"二下"：财政部批复预算。财政部在对各部门上报的预算草案审核后，汇总成按功能编制的本级财政预算草案和部门预算，报国务院审批后，再报全国人大常委会预算工作委员会和财经委员会审核，最后提交全国人民代表大会审议，在人代会批准草案后一个月内，财政部预算司统一向各部门批复预算，各部门应在财政部批复本部门预算之日起15日内，批复所属各单位的预算，并负责具体执行。

科学技术支出每年由基层单位编制预算建议数，无外乎三种情况：减少、持平、增加。从实践看，选择增加预算是常态，只是增长率大小不等而已。对于科学技术支出预算编制，如果运用公共选择理论，考察其中科研工作者、全国人民代表大会代表、全国政协委员、预算部门官员等的行为，虽然不一定完全切合中国实际，也不一定完全准确，但会得到一种新角度的解释和一些有益的启示，作为学术上的探索也无不可。比如，在2011年全国人民代表大会和全国政协会议上，增加科研经费、加快自主创新引起广泛关注，部分专家代表提出研发经费急需增加。[1] 2017年全国人大代表王志学提出，"我们需要采取更加有力的措施，推动全社会R&D投入特别是中央财政科技投入保持合理的增速。"[2] 2018年全国人大代表、中国科学院高能物理研究所所长王贻芳提出，中央政府要持续加

---

[1]《从1.8%到2.2%研发经费如何增长？》，《人民日报》2011年3月9日。
[2]《科技投入应与建设科技强国目标匹配》，《科技日报》2017年3月8日。

大对基础科学研究的投入,并鼓励地方政府加大对基础科学研究的投入。① 2019 年全国人大代表、腾讯董事会主席兼首席执行官马化腾在向全国人大提交的《关于充分发挥社会力量 加强中国关键核心技术与基础科学研究的建议》中提出,从国家层面推动关键核心技术与基础科学研究投入多元化,除中央财政加大投入,鼓励地方、企业、公益基金、个人等社会力量多管齐下。②

对于这种专家、科技界代表的意见和媒体公开呼吁,涉及的管理部门官员和主管领导等都不会无动于衷,在制定有关政策时当有不同程度的反应。

## 三 公共支出增长理论与科学技术财政投入

政府提供公共物品的主要手段是编制和执行公共支出预算,公共支出经费来源于财政收入(包括税收收入、国有资产收益、国债收入和收费收入以及其他收入等),科学技术财政投入是众多公共支出中的一种。

公共支出又称财政支出,是指政府为了履行其职能而支出的费用。"公共支出反映着政府的政策选择。政府一旦决定供应哪些产品和服务、生产多少、产品质量如何,公共支出就代表着执行这些政策的成本。"③

现代政府的职能日益扩大,公共支出的总量也不断增长。

### (一) 公共支出的规模

公共支出的规模是衡量公共需要满足程度的重要指标。

测度公共支出的规模有两种视角:一是绝对规模,二是相对规模。

---

① 《王贻芳代表:增加基础科学研究投入》,《人民日报》海外版 2018 年 3 月 20 日, http://www.cas.cn/zt/hyzt/2018lh/2018lhzkyzs/201803/t20180320_4638971.shtml.

② 《马化腾:强化基础科学的普及和教育力度》,新浪财经,2019 年 3 月 4 日,https://finance.sina.com.cn/china/gncj/2019-03-04/doc-ihsxncvf9659529.shtml.

③ [英] C. V. 布朗、P. M. 杰克逊:《公共部门经济学》第 4 版,中国人民大学出版社 2000 年版,第 100 页。

公共支出的绝对规模是指财政年度内国家财政的总支出，包括购买性支出和转移性支出、中央财政支出和地方财政支出等。公共支出的绝对规模越大，表明政府活动的范围越大。购买性支出的绝对数量大体上反映了公共部门提供公共物品的规模，转移性支出的绝对数量反映了政府从事收入再分配活动的规模。

公共支出的相对规模是指当年公共支出数量与当年国内生产总值（GDP）或当年国民生产总值（GNP）的比值。公共支出的相对规模对于表现政府在整个经济中的地位和作用具有重要意义：一是反映了财政对 GDP 的实际使用和支配规模；二是反映了通过资源配置对社会再生产规模和结构的影响力；三是反映了财政对宏观经济运行的调控能力。

反映公共支出的规模及其变化的指标还有：公共支出增长率，即公共支出比上期公共支出增长的百分比；公共支出增长弹性系数，即公共支出增长率与 GDP 增长率之比；公共支出增长边际倾向，即公共支出增长额与 GDP 增长额之比。

表 2 - 1 反映了我国 1975—2015 年公共支出的规模及其变化。

表 2 - 1　　　　我国公共支出的规模及其变化　　　单位：亿元；%

| 年份 | 公共支出（Ⅰ） | 公共支出增长率 | GDP（Ⅱ） | Ⅰ/Ⅱ |
| --- | --- | --- | --- | --- |
| 1975 | 820.88 | 26.4 | 3039.5 | 27.0 |
| 1980 | 1228.83 | 49.7 | 4587.6 | 26.8 |
| 1985 | 2004.25 | 63.1 | 9098.9 | 22.0 |
| 1990 | 3083.59 | 53.9 | 18872.9 | 16.3 |
| 1995 | 6823.72 | 121.3 | 61339.9 | 11.1 |
| 2000 | 15886.50 | 132.8 | 100280.1 | 15.8 |
| 2005 | 33930.28 | 113.6 | 187318.9 | 18.1 |
| 2010 | 89874.16 | 164.9 | 413030.3 | 22.8 |
| 2015 | 175877.77 | 95.7 | 685506.0 | 25.7 |

注：（1）公共支出增长率是比较前一个五年，1970 年公共支出为 649.41 亿元。
（2）表中数据经过四舍五入处理，下同。
资料来源：《中国财政年鉴 2016》，中国财政杂志社，2016 年，第 348—350 页。

从表 2-1 可以看出，我国公共支出的绝对规模在 20 世纪 70 年代偏小，但相对规模较大；随着改革开放的推进，我国经济发展驶入快车道，国内生产总值快速增长，财政收入增长也较快，因此公共支出增长率大幅提高，每五年有 50% 左右的增长，但相对规模呈下降趋势；90 年代中期以后，公共支出加速增长，每五年增长在 110% 至 165%，相对规模也逐渐提升。

（二）公共支出的增长

历史地看，公共支出总体上呈增长态势。公共支出为什么会不断增长，有几种经济学理论进行了解释。

1. 瓦格纳法则

在资本主义经济早期，因提倡经济自由化，政府对经济、社会、文化发展干预较少，公共支出规模较小，占 GDP 的比重也比较低。随着资本主义发展，经济问题日趋复杂，经济危机时有发生，政府不得不加强对经济的干预；为了促进社会稳定和发展，政府通过转移支付向广大民众特别是低收入群体提供基本生活保障和社会保障，导致政府财政支出日益膨胀。也正是由于经济发展，财政收入增加，政府才有能力扩大公共支出。

19 世纪 80 年代，德国经济学家阿道夫·瓦格纳对一些欧洲国家、日本、美国的公共支出的增长情况做了考察，研究公共支出不断膨胀的现象，提出了财政支出扩张论，后人称之为"瓦格纳法则"。瓦格纳法则的基本含义是：当国民收入增长时，公共支出会以更大比例增长，随着人均收入水平的提高，公共支出占 GDP 的比重也相应提高。

瓦格纳法则解释了公共支出扩张的原因。他认为，现代工业的发展推动了社会进步，社会进步必然导致国家活动的扩张，从而造成公共支出的膨胀。具体而言，公共支出增长有政治和经济两方面的因素。所谓政治因素，是指随着经济的工业化，不断扩张的市场以及市场主体之间的关系变得越来越复杂，需要相应的商业法律和契约进行调整，建立管理制度和设立司法组织成为必要，政府活动增加需要扩大公共支出。所谓经济因素，是指工业化推动城市化，人口居住更加密集，产生了拥挤等外部性问题，需要政府进行干预和管理。而对于公共支出在教育、娱乐、文化、医疗和福利等方面的增长，瓦格纳将其归因于收入需求弹性，即随着实际收入的提高，公共支出会快于GDP的增长。

诚然，随着资本主义经济的发展，原来由私人部门进行的活动、提供的服务，逐渐转由政府或其他公共部门办理；人口增加、城市发展、社会管理职责增加、社会矛盾激化、国家对外扩张，使得政府在行政、司法、经济管理、社会协调、军队建设等方面的支出不断扩大；由于一些大型公共产品建设的需要，或调节经济活动的需要，政府参与投资、调控必须投入更多的财力；随着国民收入的增加，政府对教育、文化、福利等方面的投入也会大幅增加。

当然，实践证明，公共支出占GDP比重的上升不是无止境的，上升到一定比例后会相对稳定下来。

2. 皮科克和威斯曼理论

英国经济学家皮科克和威斯曼在分析1890—1955年英国公共部门成长情况的基础上，提出导致公共支出增长的内在因素和外在因素，并且认为外在因素是公共支出增长超过GDP增长速度的主要原因。他们认为，政府喜欢多支出，公民在享受公共服务时却不愿多纳税，税收是对政府公共支出扩张的限制。正常情况下，随着经济发展，收入不断增长，在税率不变的情况下，税收会相应增长，公共支出也就随GDP一同增长，这是内在因素。一旦发生外部危机，比如战争、灾荒或社会动乱，政府将被迫提高税率，增加公共支出以应对危机，公民也会接受税负的提高。从而使公共支出上升到较高水平，且会替代私人支出，这被称为替代效应。可是危机结束后，公共支出并不会回到危机发生以前的水平，尤其是战后会积累大量的债务，公共支出会持续较高水平，即产生规模效应。总之，每一次危机之后，都会导致公共支出提高到一个新的水平，这就是外部因素。皮科克和威斯曼的理论又被称为替代—规模效应理论。

### 3. 马斯格雷夫和罗斯托的经济发展阶段论

美国经济学家马斯格雷夫和罗斯托提出了经济发展阶段论，用以解释公共支出增长的原因。他们认为，在经济增长和发展的早期阶段，公共投资在社会总投资中占有较高比重，公共部门的主要任务是为经济发展提供社会基础设施，如道路、交通系统、环境卫生系统、法律与秩序、医疗和教育，以及其他用于人力资本的投资等。这些基础投入是经济起飞所必需的。在发展的中期阶段，政府投资继续增加，但此时公共投资只是对私人投资增长的补充。一旦经济发展达到成熟阶段，公共支出将从基础设施支出转向不断增加的教育、医疗和福利服务的支出，而且这些方面支出的增长将大大超过其他方面支出的增长，也会快于 GDP 的增长速度，从而导致整个公共支出规模的膨胀。

从公共支出微观环境考察，公共部门产出（包括公共物品和服务）水平的提高、公共部门产出活动方式的改变、公共部门产出质量的提高、要素价格的提高、支出使用者收入的提高、服务环境的变化（或使用者环境的变化、使用成本的提高）、人口的增长等，都会导致公共支出增长。

### 4. 官僚行为增长理论

美国经济学家尼斯克南认为，政府机构规模越大，官僚们的权力越大，就像企业追求利润最大化一样，官僚总是竭力追求机构规模的最大化，从而导致财政支出规模不断扩大，甚至使财政支出规模超出了公共物品最优产出水平所需的支出水平。官僚们努力说服立法官员，扩大其机构的预算规模。

该理论认为，由于官僚机构通常拥有提供公共物品的垄断权，又制造或获有特殊信息，因此使得批准预算的机构相信它们确定的产出水平是合理的，从而实现预算规模的最大化。官僚机构一般通过两种方式来扩大其预算规模：一是千方百计让各方相信它们确定的产出水平是必要的；二是利用低效率的生产技术来增加生产既定的产出量所必需的投入量（增加预算、附加福利、工作保障，减少工作负荷等）。这时的效率损失不是由于官僚服务的过度提供，而是由于投入的滥用所致。官僚机构就是从产出和投入两个方面证明其行为的合法性，促使议会或政府批准其日益扩大的预算，从而造成财政支出规模不断膨胀。

**（三）科学技术财政投入增长原因的解释**

1978 年以来我国国内生产总值不断增长，而财政支出、财政科技投入并没有持续以更大比例增长，而且增长并不稳定；财政支出、财政科技投入占国内生产总值的比例还在下降，下降一直持续到 1996 年，之后才开始上升；财政科技投入占财政支出的比例也大致呈现相同的变化规律，只是低点在 2000 年。①

因此，用上述理论来分析改革开放以来我国财政支出增长的原因，有一定的合理性，但又不尽然。我国财政支出占 GDP 的比重在 20 世纪 90 年代中期以前，呈下降状态，与上述理论关于随着经济的发展公共支出应快于 GDP 的增长的结论有所不符。其实这无外乎两个直接原因，一是公共支出增长过缓，二是 GDP 增长较快。

科学技术财政投入作为财政支出的重要部分，其变动情况必然受到整个财政支出变动的影响。同样，如果用上述理论来解释科学技术财政投入的增长，既有合理的一面，也有不尽科学的一面，其中有中国自身的国情原因。② 总的说来，公共支出增长理论还是为分析科学技术财政投入增长提供了一种新的解释角度和方法。

改革开放 40 多年来，我国经济快速发展，国内生产总值增长很快，已居世界第二，财政收入相应得到大幅提高，为公共支出包括科学技术投入增长打下了坚实基础。以前，我国经济增长主要依赖生产要素的增加，但生产要素增加不仅有极限，而且边际效用在

---

① 财政支出占 GDP 的比重，1979 年为 31.3%，以后逐渐下降，1996 年降到 11.1%。
② 赵志耘解释造成这一现象的"外生因素是经济管理体制的变化"，即由过去高度集中的计划管理体制向社会主义市场经济体制过渡，财政支出比率不断下降；"根本原因在于税收限制"，税收收入占 GDP 的比率多年持续下降。赵志耘：《财政支出经济分析》，中国财政经济出版社 2002 年版，第 139 页。

减弱。要进一步推动经济增长，就必须更多地依靠科学技术创新，因此，国家对发展科学技术十分重视，科学研究投入增长也较快。要建成中国特色社会主义现代化强国，科学技术也必须居于世界前列，加大科学技术投入，推动科学技术进一步发展，是目前的一项重要任务。

## 四　经济增长理论与科学技术财政投入

经济增长是经济学研究的重要论题。西方经济增长理论大致可以划分为古典经济增长理论、新古典经济增长理论和新经济增长理论。

### （一）古典经济增长理论

英国古典经济学家是研究经济增长的先驱。亚当·斯密在《国民财富的性质和原因的研究》中最早论述了经济增长的问题。他认为，经济增长的主要动力在于劳动分工，技术进步引起收益递增，资本积累促进劳动分工和技术进步。

马尔萨斯在《人口原理》中提出了人口理论。他认为，人口和产出的均衡点是收入恰好维持最低生活水平，一旦经济增长将带来人口增长。随着人口不断攀升，若不进行预防性的人口控制，将对自然资源产生极大消耗，经济水平就不能提高到维持生存水平之上，经济增长会陷于停滞，甚至引发经济倒退。

李嘉图在《政治经济学与赋税原理》中提出了报酬递减规律。他认为，在土地上增加投资，得到的回报会不断减少，从而消除了资本积累的动力，资本积累的停止必将导致经济停止增长。

马歇尔关于经济增长的论述对新经济增长理论影响较大。他认为，收益递增与完全竞争相容。分工并不必然排斥竞争，无论是在因内部经济引起收益递增的产业，还是在由外部经济引起收益递增的产业，竞争性行业结构均可以存在。

熊彼特提出"创新理论"，所谓创新就是建立一种新的生产函数，把一种关于生产要素和生产条件的"新组合"引入生产体系，创新是企业家的特有职能。他认为，创新刺激投资，进而引起信贷扩张，推动经济产出增加。经济增长不是由外生因素引起的，而是由内生因素即生产要素和生产条件的"新组合"引起的。"创新理论"的最大特色，就是强调创新或技术进步是经济系统的内生变量，创新在经济增长中具有决定性的作用，经济增长是一种创造性破坏过程。

英国经济学家哈罗德发表《关于动态理论的一篇论文》（1939年）、《走向动态经济学》（1948年），开创性地提出了经济增长模型；美国经济学家多马发表《资本扩张、增长率和就业》（1946年），提出了类似的经济增长模型，一般合称哈罗德—多马模型。在此模型中，区分了"内生变量"和"外生变量"，外生变量给定了四个：储蓄率、资本—产出比、劳动力增长率和技术进步的速度；经济增长率等于储蓄率除以资本—产出比（$G = s/v$，$G$：经济增长率，$s$：储蓄率，$v$：资本—产出比），经济增长率随储蓄率增加而提高，随资本—产出比扩大而降低，经济的增长路径是不稳定的。

（二）新古典经济增长理论

美国经济学家索洛相继发表两篇文章：《对经济增长理论的贡献》（载《经济学季刊》1956年2月号）和《技术变化与总生产函数》（载《经济学与统计学评论》1957年8月号），提出了索洛模型；澳大利亚经济学家斯旺发表《经济增长和资本积累》（1956年），提出自己的增长模型。二者一般合称索洛—斯旺模型，奠定了新古典经济增长理论。其他新古典经济增长模型还有拉姆齐—卡斯—库普曼斯模型和戴蒙德世纪交替模型。

索洛模型以资本边际收益递减、完全竞争经济和外生技术进步及其收益不变为其理论假设。当外生的技术水平以固定比率增长时，经济将在平衡增长路径上增长；当外生的技术水平固定不变时，经济将趋于停滞。因此，技术进步是经济增长的主要决定因素。这与哈罗德—多马模型关于技术进步是促进经济增长的外在因素是相同的。

在索洛1956年提出的模型中，生产的投入要素只有资本和劳动，唯一的自变量是人均资本。1957年他提出全要素生产率分析方法，并应用这一方法检验其模型时，发现资本和劳动的投入只能解释12.5%左右的产出，另外87.5%的产出无法用资本和劳动的投入来解释。于是，索洛用外生的技术进步对那部分不是来自劳动和资本投入的产出"余数"做了说明。但索洛的解释不能令人满意，经济学家试图把索洛余值内生化，促使了内生增长理论的提出。

### （三）新经济增长理论（内生增长理论）

鉴于索洛余值，之后的经济增长理论围绕如何将技术内生化展开研究。

美国经济学家阿罗在其经济增长模型中率先将技术变量内生化，提出技术进步或生产率的提高是资本积累的副产品，是厂商生产经验积累的结果。厂商通过积累生产经验不仅可以提高本厂的劳动生产率，其他厂商也可以通过"学习"来提高劳动生产率，知识外溢导致整个生产率的提高。因此，技术进步是由经济系统本身决定的，是内生变量。其不足之处在于，内生的技术进步不足以推动经济稳定增长，要实现经济稳定增长，还必须借助外生的一定的人口增长率。所以阿罗模型还不是真正的内生增长模型。

日本经济学家宇泽弘文1961年建立了一个包括物质生产部门和人力生产部门的两部门经济增长模型。在该模型中，人力生产部门生产函数具有线性的规模收益不变的形式，可以抵消物质生产部门要素边际效益的递减，从而保证经济平衡增长。但是，如果人口或劳动力自然增长率不大于零，技术进步的作用就很难发挥，经济同样不可能实现持续增长。

20世纪80年代中期以来，以罗默和卢卡斯为代表的经济学家提出了新经济增长理论，又称内生增长理论。

新经济增长理论的重要创新是把新古典增长模型中的"劳动力"的定义扩大为人力资本投资，即人力不仅包括绝对的劳动力数量和该国所处的平均技术水平，而且包括劳动力的教育水平、生产技能训练和相互协作能力的培养，等等，统称为"人力资本"。

美国经济学家罗默 1986 年发表《收益递增与长期增长》，在理论上第一次提出了技术进步内生增长模型。他认为，内生的技术进步是经济增长的唯一原因。知识分为专业化知识和一般知识，专业化知识产生"内在经济效应"，给个别厂商带来垄断利润；一般知识产生"外在经济效应"，使全社会获得规模经济效应。这样，知识通过"内在经济效应"和"溢出效应"，促使经济增长。

美国经济学家卢卡斯 1988 年发表《论经济发展的机制》，提出了人力资本溢出模型。他认为，全经济范围内的外部性是由人力资本的溢出效应产生的，这种外部性的大小可以用全社会人力资本的平均水平来衡量。知识内含于人力资本中，劳动者接受正规教育能促进经济增长。在卢卡斯模型中，经济可以实现无限增长。

研究与开发（R&D）模型是内生增长模型一个新的分支，主要揭示 R&D 对于经济增长的作用。此类模型主要包括：罗默的知识驱动模型，提出 R&D 活动推动技术进步，促使中间产品和最终产品增加，导致物质资本积累和经济增长；格罗斯曼—赫尔普曼模型，提出产品质量提高引发经济持续增长；新熊彼特模型，提出经济增长速度取决于创新速度、研发人力投入和创新规模。

总的来看，大多数新经济增长理论家都认为内生的技术进步是经济实现持续增长的决定因素。新经济增长理论充分重视知识的作用，将技术进步完全内生化，认为经济增长的原动力是知识积累，而资本的积累不再是经济增长的关键。新经济增长理论鼓励新知识的积累以及知识在经济中的广泛运用，促进了高新技术革命的发展，促使了知识经济时代的到来。

（四）科学技术与经济增长

经济发展历史证明，促使经济增长的基本因素主要是技术、劳动和资本。随着科学技术的显著发展，技术进步对经济增长的贡献越来越大，正如美国经济学家斯蒂格利茨等所说，"经济增长整个过程的关键因素是技术进步"①。技术进步的贡献度，可以从产出的增长率中扣除劳动投入和资本投入贡献的增长以外的剩余中求出。技术进步主要是使劳动生产率得到提高，并使已定的劳动量和资本的应用度进一步提高，同时创造新的有利投资机会。

"现代科技革命的特点是，在科学、技术和生产一体化的基础上，科学在它与生产的相互关系中起主导作用。"②

"经济研究已经清楚地表明，技术是经济长期增长的一个最重要的决定因素。"③

科学技术对经济增长具有重要的推动作用，那么支撑科技进步的科技投入，对于经济增长的促进作用也是不言自明的。换言之，政府扩大对科学研究的供给即增加财政科技投入可以有效地促进经济增长。

科技投入对于经济增长的贡献率，是经济学研究的一个重要问题。具体到科学技术财政投入对经济增长有多大贡献率，也是财政学研究者们关注的一个重要课题。

## 五 小结

通过上述理论阐析，我们对科学技术和科学研究的属性、作用，以及科学技术财政投入增长原因和增长机制等有了更深入的认识。

依据公共物品理论，科学技术及科学研究一般被认为是公共物品，细加分析，基础研究是一种纯公共物品，应用研究有的是纯公共物品，有的是准公共物品，试验发展都是准公共物品（混合物品）。基础研究主要由政府提供，应用研究和试验发展一般由企业

---

① ［美］约瑟夫·E. 斯蒂格利茨、卡尔·E. 沃尔什：《经济学》，中国人民大学出版社 2005 年版，第 430 页。
② ［美］罗伯特·M. 索洛等：《经济增长因素分析》，商务印书馆 1991 年版，第 342 页。
③ ［美］乔治·泰奇：《研究与开发政策的经济学》，清华大学出版社 2002 年版，第 1 页。

和政府混合提供，企业提供的份额更多一些。

依据公共选择理论，政治家对扩大公共物品供给、增加公共支出预算有兴趣，或者说存在利益驱动。科学技术财政投入增长，可以从公共选择理论得到一定合理的解释。

依据公共支出增长理论，公共支出增长的原因在于：随着人均收入的提高、政府活动的扩张，公共支出占 GDP 的比重也相应提高；外部危机会使公共支出提高到一个新的水平；公共支出随经济发展而增长，公共支出的重点领域随经济发展的不同阶段而有所不同。科学技术财政投入的增长，从公共支出增长理论也可以得到一种新的解释。

依据经济增长理论，科学技术是经济增长的重要因素。从古典经济增长理论到新古典经济增长理论，再到新经济增长理论，科学技术实现从经济增长的外生变量到内生变量的转变。

总之，公共物品理论、公共选择理论、公共支出增长理论和经济增长理论，为我们分析科学技术及科学技术财政投入提供了新的视角和理论依据，具有一定的学术价值。但需要明确的是，这些西方经济学理论不一定完全符合中国科学技术财政投入的实际，也难于准确分析相关问题，应有所甄别。

# 第三章 科学技术财政投入的规模

科学技术是经济发展和社会变革的重要推动力量，科学技术是国家政策关注的重点，也是财政政策的重心之一。科学技术财政投入作为政府资金在全部科学技术投入中占有重要地位，对其他社会投入起着较强的引导作用。规模适宜的科学技术财政投入，不仅对于推动科学技术发展能够起到积极的促进作用，而且因投入产出比较高，受到财政部门和科研部门的高度重视。

从历史看，我国科学技术财政投入总量较小，跟我国科学发展的要求比，跟西方发达国家的投入水平比，还有较大差距。长期以来，增加科学技术财政投入已成为学术界和财政部门的共识，但增加到多大规模适宜，需要深入研究。下面从科学技术财政投入的绝对规模、相对规模和弹性系数等方面来进行分析。

## 一 绝对规模

绝对规模是指一定时期内政府对于科学技术的投入总额，包括中央政府的投入和地方政府的投入。

科学技术财政投入直接体现为一个国家对科学技术的投入程度，同时反映一个国家的经济实力和科技实力，尤其反映一个国家对科学技术的重视程度，以及一个国家科学技术持续发展的潜力。科学技术财政投入必须达到一定的规模和强度，才能有力地支撑国家科学技术的持续发展。

（一）基本情况

新中国成立伊始，我国政府对科学技术相当重视，但科学技术财政投入总量较小，1953年政府科学研究（"科学研究"为2007年以前财政支出分类科目）投入仅0.56亿元。在计划经济时代，政府的科学研究投入实际上也就是全国的科学研究投入。这既与当时我国经济基础薄弱、国力财力有限有关，也是与当时科技人才匮乏、研究机构较少、研究能力较弱的基本情况相适应的。"全国科学技术人员不超过5万人，其中专门从事科学研究工作的不超过500人，专门的科学研究机构只有30多个。"[1]

根据统计，2006年中国的科技人力资源达到3850万人，研发人员全时当量达109万人年，这在世界上，一个名列第一，一个名列第二。[2] 该年科学研究财政投入为1688.5亿元。

2015年，中国科技人力资源增长到8640万人，研发人员全时当量达375.9万人年。[3] 该年科学技术财政投入为7005.8亿元。

"一五"时期科学研究财政投入经费为14.37亿元，"十五"时期增长到4925.27亿元，是"一五"时期的342.7倍。"十二五"时期增长到30042.3亿元，是"一五"时期的2090.6倍。

表3-1　国家财政用于科学技术的支出统计（1953—2018年）

单位：亿元；%

| 年份 | 合计 | 年增长率 | 科技三项费用 | 科学事业费 | 科研基建费 | 其他科研事业费 |
| --- | --- | --- | --- | --- | --- | --- |
| 1953 | 0.56 | | 0.27 | | 0.29 | |

---

[1] 宋健主编：《现代科学技术基础知识：干部选读》，科学出版社1994年版，第448页。
[2] 《科技部等四部委就建设创新型国家答中外记者问》，http://www.gov.cn/zwhd/2006-03/10/content_224202.htm。
[3] 《我国科技人力资源规模层次及国际比较》，http://www.sohu.com/a/239663175_468720。

续表

| 年份 | 合计 | 年增长率 | 科技三项费用 | 科学事业费 | 科研基建费 | 其他科研事业费 |
| --- | --- | --- | --- | --- | --- | --- |
| 1954 | 1.22 | 117.9 | 1.10 | | 0.12 | |
| 1955 | 2.13 | 74.6 | 1.92 | | 0.21 | |
| 1956 | 5.23 | 145.5 | 3.53 | | 1.70 | |
| 1957 | 5.23 | 0 | 2.98 | | 2.25 | |
| 1958 | 11.24 | 114.1 | 7.25 | | 3.99 | |
| 1959 | 19.15 | 70.4 | 12.33 | | 6.82 | |
| 1960 | 33.81 | 76.6 | 22.68 | | 11.13 | |
| 1961 | 19.49 | -42.4 | 15.54 | | 3.95 | |
| 1962 | 13.73 | -29.6 | 10.62 | | 3.11 | |
| 1963 | 18.61 | 35.5 | 13.85 | | 4.76 | |
| 1964 | 24.27 | 30.4 | 17.62 | | 6.65 | |
| 1965 | 27.17 | 11.9 | 20.27 | | 6.90 | |
| 1966 | 25.06 | -7.8 | 19.26 | | 5.80 | |
| 1967 | 15.35 | -38.7 | 13.56 | | 1.79 | |
| 1968 | 14.80 | -3.6 | 11.29 | | 3.51 | |
| 1969 | 24.15 | 63.2 | 10.74 | 0.07 | 4.56 | 8.78 |
| 1970 | 29.96 | 24.1 | 14.78 | 1.68 | 4.05 | 9.45 |
| 1971 | 37.68 | 25.8 | 19.95 | 2.50 | 4.27 | 10.96 |
| 1972 | 36.10 | -4.2 | 18.71 | 3.44 | 4.49 | 9.46 |
| 1973 | 34.59 | -4.2 | 19.41 | 5.09 | 3.07 | 7.02 |
| 1974 | 34.65 | 0.2 | 20.59 | 7.13 | 3.05 | 3.88 |
| 1975 | 40.31 | 16.3 | 24.59 | 9.49 | 2.67 | 3.56 |
| 1976 | 39.25 | 2.6 | 21.65 | 10.34 | 4.17 | 3.09 |
| 1977 | 41.48 | 5.7 | 22.35 | 11.64 | 3.90 | 3.59 |
| 1978 | 52.89 | 27.5 | 25.47 | 15.46 | 6.66 | 5.30 |
| 1979 | 62.29 | 17.8 | 28.41 | 18.60 | 9.40 | 5.88 |
| 1980 | 64.59 | 3.7 | 27.57 | 19.63 | 11.27 | 6.12 |
| 1981 | 61.58 | -4.7 | 24.12 | 21.45 | 10.46 | 5.55 |
| 1982 | 65.29 | 6.0 | 26.38 | 22.37 | 11.17 | 5.37 |
| 1983 | 79.10 | 21.2 | 35.51 | 25.13 | 11.90 | 6.56 |

续表

| 年份 | 合计 | 年增长率 | 科技三项费用 | 科学事业费 | 科研基建费 | 其他科研事业费 |
|---|---|---|---|---|---|---|
| 1984 | 94.72 | 19.7 | 42.32 | 30.09 | 14.74 | 7.57 |
| 1985 | 102.59 | 8.3 | 44.35 | 32.00 | 18.83 | 7.41 |
| 1986 | 112.57 | 9.7 | 49.63 | 34.56 | 20.30 | 8.08 |
| 1987 | 113.79 | 1.1 | 50.60 | 29.50 | 22.87 | 10.82 |
| 1988 | 121.12 | 6.4 | 54.05 | 35.65 | 19.70 | 11.72 |
| 1989 | 127.87 | 5.6 | 59.13 | 38.45 | 17.91 | 12.38 |
| 1990 | 139.12 | 8.8 | 63.48 | 44.44 | 17.47 | 13.73 |
| 1991 | 160.69 | 15.5 | 73.32 | 54.15 | 18.40 | 14.82 |
| 1992 | 189.26 | 17.8 | 89.41 | 57.16 | 24.55 | 18.14 |
| 1993 | 225.61 | 19.2 | 106.56 | 65.59 | 33.95 | 19.51 |
| 1994 | 268.25 | 18.9 | 114.22 | 87.90 | 36.06 | 30.07 |
| 1995 | 302.36 | 12.7 | 136.02 | 96.86 | 38.00 | 31.48 |
| 1996 | 348.63 | 15.3 | 155.01 | 109.66 | 48.55 | 35.41 |
| 1997 | 408.86 | 17.3 | 189.97 | 127.12 | 42.74 | 49.03 |
| 1998 | 438.60 | 7.3 | 189.90 | 151.92 | 47.28 | 49.50 |
| 1999 | 543.85 | 24.0 | 272.80 | 168.06 | 52.89 | 50.10 |
| 2000 | 575.62 | 5.8 | 277.22 | 189.03 | 61.52 | 47.85 |
| 2001 | 703.26 | 22.2 | 359.64 | 223.08 | 63.37 | 57.17 |
| 2002 | 816.22 | 16.0 | 398.60 | 269.85 | 69.99 | 77.78 |
| 2003 | 975.54 | 19.5 | 416.64 | 300.79 | 111.06 | 147.05 |
| 2004 | 1095.34 | 12.3 | 483.98 | 335.93 | 95.90 | 179.53 |
| 2005 | 1334.91 | 21.9 | 609.69 | 389.14 | 112.50 | 223.58 |
| 2006 | 1688.50 | 26.5 | 779.94 | 483.36 | 134.40 | 290.80 |
| 2007 | 2135.7 | 26.5 | | | | |
| 2008 | 2611.0 | 22.3 | | | | |
| 2009 | 3276.8 | 25.5 | | | | |
| 2010 | 4196.7 | 28.1 | | | | |
| 2011 | 4797.0 | 14.3 | | | | |
| 2012 | 5600.1 | 16.7 | | | | |
| 2013 | 6184.9 | 10.4 | | | | |

续表

| 年份 | 合计 | 年增长率 | 科技三项费用 | 科学事业费 | 科研基建费 | 其他科研事业费 |
|---|---|---|---|---|---|---|
| 2014 | 6454.5 | 4.4 | | | | |
| 2015 | 7005.8 | 8.5 | | | | |
| 2016 | 7760.7 | 10.8 | | | | |
| 2017 | 8383.6 | 8.0 | | | | |
| 2018 | 9518.2 | 13.5 | | | | |
| "一五"时期 | 14.37 | | 9.8 | | 4.57 | |
| "二五"时期 | 97.42 | | 68.42 | | 29 | |
| 1963—1965 | 70.05 | | 51.74 | | 18.31 | |
| "三五"时期 | 109.32 | | 69.63 | 1.75 | 19.71 | 18.23 |
| "四五"时期 | 183.33 | | 103.25 | 27.65 | 17.55 | 34.88 |
| "五五"时期 | 260.50 | | 125.45 | 75.67 | 35.4 | 23.98 |
| "六五"时期 | 403.28 | | 172.68 | 131.04 | 67.1 | 32.46 |
| "七五"时期 | 614.47 | | 276.89 | 182.6 | 98.25 | 56.73 |
| "八五"时期 | 1146.17 | | 519.53 | 361.66 | 150.96 | 114.02 |
| "九五"时期 | 2315.56 | | 1084.90 | 745.79 | 252.98 | 231.89 |
| "十五"时期 | 4925.27 | | 2268.55 | 1518.79 | 452.82 | 685.11 |
| "十一五"时期 | 13908.7 | | | | | |
| "十二五"时期 | 30042.3 | | | | | |

注：(1) 1953—1968 年"科技三项费用"包括"科学事业费"。(2) 表中数据经过四舍五入处理。

资料来源：《中国财政年鉴 2007》《中国科技统计年鉴 2019》。

科学技术财政投入的绝对规模在 1985 年首次突破 100 亿元，20 世纪 90 年代以后特别是 21 世纪以来，增长非常巨大，1993 年超过 200 亿元，1999 年超过 500 亿元，2004 年超过 1000 亿元，2012 年超过 5000 亿元，2018 年超过 9500 亿元，可见随着国家财政收入的增长，科学技术财政投入也得到了大幅度增长，且呈加速增长态势（见表 3-1、图 3-1）。

**（二）绝对规模分析**

我国科学技术财政投入的绝对规模不断上升，从 1953 年的

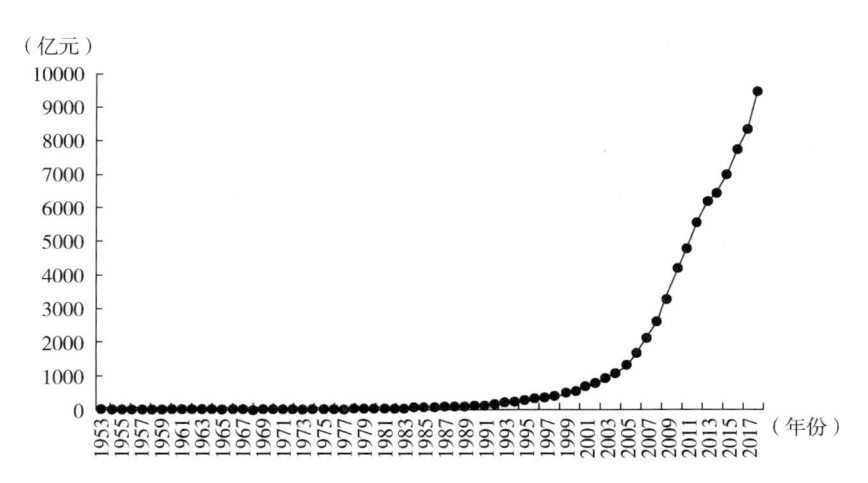

图 3-1 科学技术财政投入的增长

0.56 亿元，增长到 2018 年的 9518.2 亿元，名义增长了 16995.8 倍。其中科技三项费用从 1953 年的 0.27 亿元增长到 2006 年的 779.94 亿元，名义增长了 2887.7 倍；科学事业费从 1969 年的 0.07 亿元增长到 2006 年的 483.36 亿元，名义增长了 6904.1 倍；科研基建费从 1953 年的 0.29 亿元增长到 2006 年的 134.4 亿元，名义增长了 462.4 倍。可以看出，我国科学技术财政投入不仅绝对规模的增长巨大，而且增长速度更是惊人，即使有物价上涨因素，绝对规模的增长仍然相当可观，足见我国政府对科学技术是极其重视的。

我们再以可比价格来比较。科学技术财政投入 1978 年为 52.89 亿元，2018 年为 9518.2 亿元，名义上 2018 年是 1978 年的 179.96 倍。但以 2018 年可比价格换算，1978 年的真实价值为 356.99 亿元，因此用可比价格比较，2018 年我国科学技术财政投入是 1978 年的 26.66 倍。[1]

---

[1] 根据国家统计局发布的"国家数据"（http://data.stats.gov.cn/easyquery.htm?cn=C01），1978 年我国名义 GDP 为 3678.7 亿元，2018 年名义 GDP 为 919281.1 亿元，2018 年国内生产总值指数为 3703（1978 年=100），计算出 2018 年国内生产总值真实价值为 136222.26 亿元（1978 年可比价格），计算出 2018 年国内生产总值价格指数为 6.75（1978 年=1），并计算出 1978 年国内生产总值平减指数为 0.15，按照某年科学技术财政投入真实价值（2018 年可比价格）=当年科学技术财政投入名义值÷当年国内生产总值平减指数（2018 年=1）的公式，从而计算出 1978 年科学技术财政投入真实价值为 356.99 亿元（2018 年可比价格）。

根据科学技术财政投入数量，我们可以将其大致划分为几个阶段：

1953—1957 年共 5 年，各年在 6 亿元以下。属于起步阶段，财政科技投入总量非常有限，除 1957 年外，年增长幅度较大。

1958—1977 年共 20 年，各年在 10 亿元至 50 亿元之间，变动幅度为 40 亿元。处于计划经济时期，国家经济规模和财政收入都有限，财政科技投入总量仍然较少，但年变动起伏较大，如 1958 年增长 114%，1961 年下降 42%。

1978—1984 年共 7 年，各年在 50 亿元至 100 亿元之间，变动幅度为 50 亿元。进入改革开放时期，经济加速发展，但财政科技投入总量仍然不大。

1985—1992 年共 8 年，各年在 100 亿元至 200 亿元之间，变动幅度为 100 亿。经济持续增长，财政收入较快增长，除 1987 年外，财政科技投入稳步增长。

1993—1998 年共 6 年，各年在 200 亿元至 500 亿元之间，变动幅度为 300 亿元。经济快速发展，财政收入稳步增长，除 1998 年外，财政科技投入均为两位数增长。

1999—2003 年共 5 年，各年在 500 亿元至 1000 亿元之间，变动幅度为 500 亿元。经济持续发展，财政收入持续增长，除 2000 年外，财政科技投入快速增长。

2004—2011 年共 8 年，各年在 1000 亿元至 5000 亿元之间，变动幅度为 4000 亿元。经济高速发展，财政收入高速增长，财政科技投入高速增长。

2012—2018 年共 7 年，各年在 5000 亿元至 10000 亿元之间，变动幅度为 5000 亿元。经济增长速度放缓，财政收入增长同样趋缓，财政科技投入继续增长，但有起伏。

从 1954 年至 2018 年的 65 年间，我国财政科技投入名义年平均增长率为 19.64%。

由此可以看出，我国科学技术财政投入每六七年有一个较大等级的增加，而且等级内级距越来越大，显示我国科学技术财政投入力度不断增强。比较特殊的是10亿元到50亿元的规模,保持了长达20年,即从1958年至1977年,这种情况跟此阶段我国政治形势和经济状况有很大关系。而1978年改革开放以后,随着经济快速发展,财政收入显著增加,财政科技投入增长相对平稳,不像之前起伏那么大,名义年平均增长率为14.45%。从绝对数额来说,2000年后增长巨大。

## 二 相对规模

相对规模是指科学技术财政投入总额与其他相关经济指标的比例关系,主要包括科学技术财政投入占全部财政支出的比重和占GDP的比重。科学技术财政投入的相对规模体现了科学技术支出在财政支出以及国民经济中的分量和地位。

### (一) 占财政支出的比重

科学技术财政投入占全部财政支出的比重,反映了一个财政年度内政府用于科学技术所消耗的资源数量与政府用于提供全部公共物品所消耗的公共资源总量之间的比例关系。

从表3-2可以看出,1953年至2018年,除1953—1958年这6年科学研究财政投入占公共财政支出的比重维持在3%以下外,其他年份科学研究财政投入占比大多保持在3%—6%,但只有1964年超过6%,平均为4.3%。可见我国科学技术财政投入占公共财政支出的比重保持在一定范围内,并未出现异常大的波动。

表3-2　　　　　1953—2018年国家财政科技投入　　　单位:亿元;%

| 年　份 | 国家公共财政支出(A) | 国家财政科技拨款(B) | 中央 | 地方 | B/A |
|---|---|---|---|---|---|
| 1953 | 219.2 | 0.6 | | | 0.3 |
| 1954 | 244.1 | 1.2 | | | 0.5 |
| 1955 | 262.7 | 2.1 | | | 0.7 |

续表

| 年 份 | 国家公共财政支出（A） | 国家财政科技拨款（B） | 中央 | 地方 | B/A |
|---|---|---|---|---|---|
| 1956 | 298.5 | 5.2 | | | 1.7 |
| 1957 | 296.0 | 5.2 | | | 1.7 |
| 1958 | 400.4 | 11.2 | | | 2.7 |
| 1959 | 543.2 | 19.2 | | | 3.5 |
| 1960 | 643.7 | 33.8 | | | 5.2 |
| 1961 | 356.1 | 19.5 | | | 5.5 |
| 1962 | 294.9 | 13.7 | | | 4.5 |
| 1963 | 332.1 | 18.6 | | | 5.5 |
| 1964 | 393.8 | 24.3 | | | 6.1 |
| 1965 | 460.0 | 27.2 | | | 5.8 |
| 1966 | 537.7 | 25.1 | | | 4.6 |
| 1967 | 439.8 | 15.4 | | | 3.5 |
| 1968 | 357.8 | 14.8 | | | 4.1 |
| 1969 | 525.9 | 24.2 | | | 4.6 |
| 1970 | 649.4 | 30.0 | | | 4.6 |
| 1971 | 732.2 | 37.7 | | | 5.1 |
| 1972 | 765.9 | 36.1 | | | 4.7 |
| 1973 | 808.8 | 34.6 | | | 4.3 |
| 1974 | 790.3 | 34.7 | | | 4.4 |
| 1975 | 820.9 | 40.3 | | | 4.9 |
| 1976 | 806.2 | 39.3 | | | 4.9 |
| 1977 | 843.5 | 41.5 | | | 4.9 |
| 1978 | 1122.1 | 52.9 | | | 4.8 |
| 1979 | 1281.8 | 62.3 | | | 4.9 |
| 1980 | 1228.8 | 64.6 | | | 5.3 |
| 1981 | 1138.4 | 61.6 | | | 5.4 |
| 1982 | 1230.0 | 65.3 | | | 5.3 |
| 1983 | 1409.5 | 79.0 | | | 5.6 |
| 1984 | 1701.0 | 94.7 | | | 5.6 |

续表

| 年 份 | 国家公共财政支出（A） | 国家财政科技拨款（B） | 中央 | 地方 | B/A |
|---|---|---|---|---|---|
| 1985 | 2004.3 | 102.6 | | | 5.1 |
| 1986 | 2204.9 | 112.6 | | | 5.1 |
| 1987 | 2262.2 | 113.8 | | | 5.0 |
| 1988 | 2491.2 | 121.1 | | | 4.9 |
| 1989 | 2823.8 | 127.9 | | | 4.5 |
| 1990 | 3083.6 | 139.1 | 97.6 | 41.6 | 4.5 |
| 1991 | 3386.6 | 160.7 | 115.4 | 45.3 | 4.7 |
| 1992 | 3742.2 | 189.3 | 133.6 | 55.7 | 5.1 |
| 1993 | 4642.3 | 225.6 | 167.6 | 58.0 | 4.9 |
| 1994 | 5792.6 | 268.3 | 199.0 | 69.3 | 4.6 |
| 1995 | 6823.7 | 302.4 | 215.6 | 86.8 | 4.4 |
| 1996 | 7937.6 | 348.6 | 242.8 | 105.8 | 4.4 |
| 1997 | 9233.6 | 408.9 | 273.9 | 134.0 | 4.4 |
| 1998 | 10798.2 | 438.6 | 289.7 | 148.9 | 4.1 |
| 1999 | 13187.7 | 543.9 | 355.6 | 188.3 | 4.1 |
| 2000 | 15886.5 | 575.6 | 349.6 | 226.0 | 3.6 |
| 2001 | 18902.6 | 703.3 | 444.3 | 258.9 | 3.7 |
| 2002 | 22053.2 | 816.2 | 511.2 | 305.0 | 3.7 |
| 2003 | 24650.0 | 944.6 | 609.9 | 335.6 | 3.8 |
| 2004 | 28486.9 | 1095.3 | 692.4 | 402.9 | 3.8 |
| 2005 | 33930.3 | 1334.9 | 807.8 | 527.1 | 3.9 |
| 2006 | 40422.7 | 1688.5 | 1009.7 | 678.8 | 4.2 |
| 2007 | 49781.4 | 2135.7 | 1044.1 | 1091.6 | 4.3 |
| 2008 | 62592.7 | 2611.0 | 1287.2 | 1323.8 | 4.1 |
| 2009 | 76299.9 | 3276.8 | 1653.3 | 1623.5 | 4.2 |
| 2010 | 89874.2 | 4196.7 | 2052.5 | 2144.2 | 4.7 |
| 2011 | 109247.8 | 4797.0 | 2343.3 | 2453.7 | 4.4 |
| 2012 | 125953.0 | 5600.1 | 2613.6 | 2986.5 | 4.4 |
| 2013 | 140212.1 | 6184.9 | 2728.5 | 3456.4 | 4.4 |

续表

| 年 份 | 国家公共财政支出（A） | 国家财政科技拨款（B） | 中央 | 地方 | B/A |
|---|---|---|---|---|---|
| 2014 | 151785.6 | 6454.5 | 2899.2 | 3555.4 | 4.3 |
| 2015 | 175877.8 | 7005.8 | 3012.1 | 3993.7 | 4.0 |
| 2016 | 187755.2 | 7760.7 | 3269.3 | 4491.4 | 4.1 |
| 2017 | 203085.5 | 8383.6 | 3421.5 | 4962.1 | 4.1 |
| 2018 | 220904.1 | 9518.2 | 3738.5 | 5779.7 | 4.3 |

资料来源：《中国财政年鉴2007》《中国科技统计年鉴（1991—2019）》。

从图 3-2 可见，科学技术财政投入占公共财政支出的比重，从 1953 年开始陡然上升，到 1964 年达到顶点（6.1%）；然后开始下降，不过时间不长，到 1967 年触底（3.5%）；之后又开始了一个长达 17 年的大增长周期，到 1983 年、1984 年达到相对高点（5.6%）；其后又开始长达 16 年的下降周期，到 2000 年达到相对低点（3.6%）；其后又开始长达 10 年的缓慢上升，到 2010 年达到相对高点（4.7%）；之后又逐渐下降，但维持在 4% 以上。

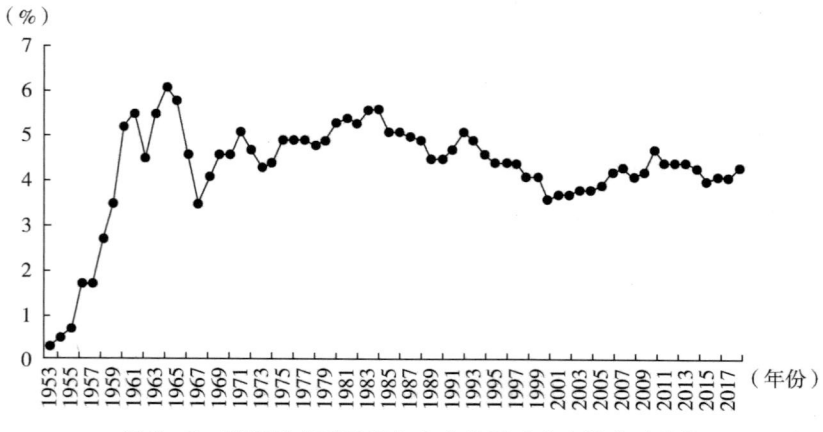

图 3-2 科学技术财政投入占公共财政支出的变动趋势

## （二）占 GDP 的比重

科学技术财政投入占 GDP 的比重，反映了一个财政年度内政府用于科学技术所消耗的资源数量与全国创造的生产总值之间的比例关系。

我国科学技术财政投入占 GDP 的比重，1953 年为最低，只有 0.07%；其后开始快速增长，到 1960 年达到历史最高水平，即 2.3%；之后开始下降，1962 年为 1.18%；然后经过反弹，又再次下降，到 1968 年低至 0.85%；随后再次反弹，并小幅波动，从 1969 年到 1986 年长达 18 年维持在 1.09%—1.53%；1987 年开始下降到 1% 以下，经过十年持续下降后，到 1996 年降到 0.49%；然后又开始缓慢回升，到 2009 年长达 13 年，也未能上升至平均水平 1% 以上，直到 2010 年才上升为 1.02%，之后除 2011 年外至 2018 年基本上保持在 1% 及以上（见表 3-3 及图 3-3）。1953—2018 年，我国科学技术财政投入占 GDP 的比重平均值为 0.98%。

表 3-3　　国家财政用于科学技术的支出与有关指标的比例

单位：亿元；%

| 年份 | 科学技术支出 | 年增长率 | 国内生产总值 | 科学技术支出占比 |||
|---|---|---|---|---|---|---|
| | | | | 占国内生产总值比重 | 占财政支出（含债务）比重 | 占财政支出（不含债务）比重 |
| 1953 | 0.56 | | 824.4 | 0.07 | 0.25 | 0.26 |
| 1954 | 1.22 | 117.9 | 859.8 | 0.14 | 0.5 | 0.50 |
| 1955 | 2.13 | 74.6 | 911.6 | 0.23 | 0.79 | 0.81 |
| 1956 | 5.23 | 145.5 | 1030.7 | 0.50 | 1.71 | 1.75 |
| 1957 | 5.23 | 0 | 1071.4 | 0.49 | 1.72 | 1.77 |
| 1958 | 11.24 | 114.1 | 1312.3 | 0.85 | 2.75 | 2.81 |
| 1959 | 19.15 | 70.4 | 1447.5 | 1.33 | 3.46 | 3.53 |
| 1960 | 33.81 | 76.6 | 1470.1 | 2.30 | 5.17 | 5.25 |
| 1961 | 19.49 | -42.4 | 1232.3 | 1.58 | 5.31 | 5.47 |
| 1962 | 13.73 | -29.6 | 1162.2 | 1.18 | 4.5 | 4.66 |
| 1963 | 18.61 | 35.5 | 1248.3 | 1.49 | 5.48 | 5.60 |
| 1964 | 24.27 | 30.4 | 1469.9 | 1.65 | 6.08 | 6.16 |
| 1965 | 27.17 | 11.9 | 1734.0 | 1.57 | 5.83 | 5.91 |

续表

| 年份 | 科学技术支出 | 年增长率 | 国内生产总值 | 占国内生产总值比重 | 占财政支出（含债务）比重 | 占财政支出（不含债务）比重 |
|---|---|---|---|---|---|---|
| 1966 | 25.06 | -7.8 | 1888.7 | 1.33 | 4.63 | 4.66 |
| 1967 | 15.35 | -38.7 | 1794.2 | 0.86 | 3.47 | 3.49 |
| 1968 | 14.8 | -3.6 | 1744.1 | 0.85 | 4.11 | 4.14 |
| 1969 | 24.15 | 63.2 | 1962.2 | 1.23 | 4.59 | 4.59 |
| 1970 | 29.96 | 24.1 | 2279.7 | 1.32 | 4.61 | 4.61 |
| 1971 | 37.68 | 25.8 | 2456.9 | 1.53 | 5.15 | 5.15 |
| 1972 | 36.1 | -4.2 | 2552.4 | 1.41 | 4.71 | 4.71 |
| 1973 | 34.59 | -4.2 | 2756.2 | 1.26 | 4.27 | 4.28 |
| 1974 | 34.65 | 0.2 | 2827.7 | 1.23 | 4.38 | 4.38 |
| 1975 | 40.31 | 16.3 | 3039.5 | 1.33 | 4.91 | 4.91 |
| 1976 | 39.25 | 2.6 | 2988.6 | 1.31 | 4.87 | 4.87 |
| 1977 | 41.48 | 5.7 | 3250.0 | 1.28 | 4.92 | 4.92 |
| 1978 | 52.89 | 27.5 | 3678.7 | 1.44 | 4.76 | 4.71 |
| 1979 | 62.29 | 17.8 | 4100.5 | 1.52 | 4.89 | 4.86 |
| 1980 | 64.59 | 3.7 | 4587.6 | 1.41 | 5.33 | 5.26 |
| 1981 | 61.58 | -4.7 | 4935.8 | 1.25 | 5.52 | 5.41 |
| 1982 | 65.29 | 6.0 | 5373.4 | 1.22 | 5.66 | 5.31 |
| 1983 | 79.1 | 21.2 | 6020.9 | 1.31 | 6.12 | 5.61 |
| 1984 | 94.72 | 19.7 | 7278.5 | 1.30 | 6.13 | 5.57 |
| 1985 | 102.59 | 8.3 | 9098.9 | 1.13 | 5.56 | 5.12 |
| 1986 | 112.57 | 9.7 | 10376.2 | 1.09 | 4.83 | 5.11 |
| 1987 | 113.79 | 1.1 | 12174.6 | 0.93 | 4.65 | 5.03 |
| 1988 | 121.12 | 6.4 | 15180.4 | 0.80 | 4.48 | 4.86 |
| 1989 | 127.87 | 5.6 | 17179.7 | 0.74 | 4.21 | 4.53 |
| 1990 | 139.12 | 8.8 | 18872.9 | 0.74 | 4.03 | 4.51 |
| 1991 | 160.69 | 15.5 | 22005.6 | 0.73 | 4.21 | 4.74 |
| 1992 | 189.26 | 17.8 | 27194.5 | 0.70 | 4.31 | 5.06 |
| 1993 | 225.61 | 19.2 | 35673.2 | 0.63 | 4.27 | 4.86 |

续表

| 年份 | 科学技术支出 | 年增长率 | 国内生产总值 | 占国内生产总值比重 | 占财政支出（含债务）比重 | 占财政支出（不含债务）比重 |
|---|---|---|---|---|---|---|
| 1994 | 268.25 | 18.9 | 48637.5 | 0.55 | 4.26 | 4.63 |
| 1995 | 302.36 | 12.7 | 61339.9 | 0.49 | 3.92 | 4.43 |
| 1996 | 348.63 | 15.3 | 71813.6 | 0.49 | 3.77 | 4.39 |
| 1997 | 408.86 | 17.3 | 79715.0 | 0.51 | 3.67 | 4.43 |
| 1998 | 438.6 | 7.3 | 85195.5 | 0.51 | 3.34 | 4.06 |
| 1999 | 543.85 | 24.0 | 90564.4 | 0.60 | 3.6 | 4.12 |
| 2000 | 575.62 | 5.8 | 100280.1 | 0.57 | 3.28 | 3.62 |
| 2001 | 703.26 | 22.2 | 110863.1 | 0.63 | 3.36 | 3.72 |
| 2002 | 816.22 | 16.0 | 121717.4 | 0.67 | 3.32 | 3.70 |
| 2003 | 975.54 | 19.5 | 137422.0 | 0.69 | 3.5 | 3.96 |
| 2004 | 1095.34 | 12.3 | 161840.2 | 0.68 | 3.29 | 3.85 |
| 2005 | 1334.91 | 21.9 | 187318.9 | 0.71 | 3.53 | 3.93 |
| 2006 | 1688.50 | 26.5 | 219438.5 | 0.77 |  | 4.18 |
| 2007 | 2135.7 | 26.5 | 270232.3 | 0.79 |  | 4.29 |
| 2008 | 2611.0 | 22.3 | 319515.5 | 0.82 |  | 4.17 |
| 2009 | 3276.8 | 25.5 | 349081.4 | 0.94 |  | 4.29 |
| 2010 | 4196.7 | 28.1 | 413030.3 | 1.02 |  | 4.67 |
| 2011 | 4797.0 | 14.3 | 489300.6 | 0.98 |  | 4.39 |
| 2012 | 5600.1 | 16.7 | 540367.4 | 1.04 |  | 4.45 |
| 2013 | 6184.9 | 10.4 | 595244.4 | 1.04 |  | 4.41 |
| 2014 | 6454.5 | 4.4 | 643974.0 | 1.00 |  | 4.25 |
| 2015 | 7005.8 | 8.5 | 689052.1 | 1.02 |  | 3.98 |
| 2016 | 7760.7 | 10.8 | 743585.5 | 1.04 |  | 4.13 |
| 2017 | 8383.6 | 8.0 | 827121.7 | 1.01 |  | 4.13 |
| 2018 | 9518.2 | 13.5 | 919281.1 | 1.04 |  | 4.31 |

注：从2006年起实行债务余额管理，国家财政预决算不再反映债务还本支出。

资料来源：《中国财政年鉴2007》《中国财政年鉴2017》《中国统计年鉴2018》，国家统计局"国家数据"（http：//data.stats.gov.cn/easyquery.htm? cn = C01）。

图 3-3 科学技术财政投入占 GDP 比重的变化

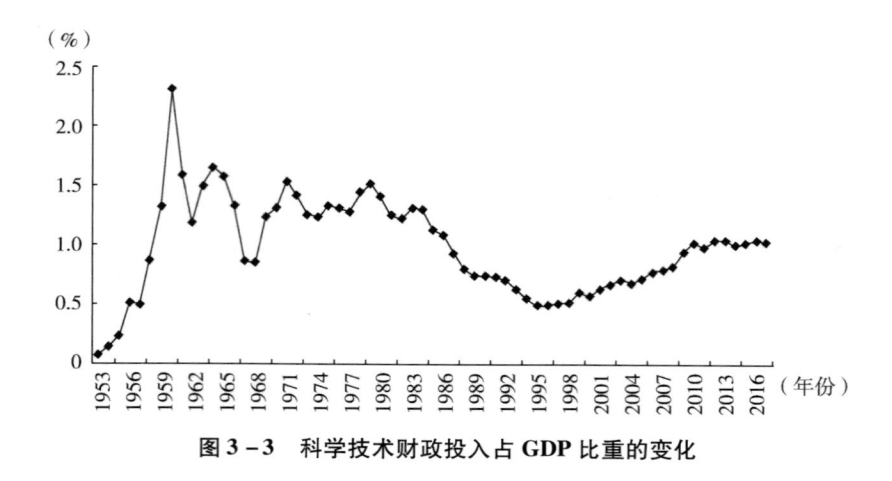

为最大限度地推动经济增长,我国科学技术财政投入占 GDP 的比重,应不低于 1953—2018 年约 1% 这一平均水平。

## 三 弹性分析

科学技术财政投入的弹性是指一个财政年度中科学技术财政投入的增长速度与其他经济指标的增长速度的对比,主要是同财政支出增长率和 GDP 增长率的比较。如果弹性系数大于 1,说明科学技术财政投入的增长速度快于其他经济指标的增长速度;如果弹性系数小于 1,说明科学技术财政投入的增长速度慢于其他经济指标的增长速度;如果弹性系数等于 1,说明科学技术财政投入的增长速度和其他经济指标的增长速度同步。

### (一) 增长率

1993 年通过的《中华人民共和国科学技术进步法》规定:国家逐步提高科学技术经费投入的总体水平;国家财政用于科学技术经费的增长幅度,应当高于国家财政经常性收入的增长幅度。全社会科学技术研究开发经费应当占国内生产总值适当的比例,并逐步提高。

1995 年 5 月中共中央、国务院出台的《关于加速科学技术进步的决定》提出：增大财政科技投入。中央和地方每年财政科技投入的增长速度要高于财政收入的年增长速度，一些经济较发达地区，科技投入的增长幅度要更大一些。

2006 年 2 月国务院印发的《实施〈国家中长期科学和技术发展规划纲要（2006—2020 年）〉的若干配套政策》提出大幅度增加科技投入。建立多元化、多渠道的科技投入体系，全社会研究开发投入占国内生产总值的比例逐年提高，使科技投入水平同进入创新型国家行列的要求相适应。确保财政科技投入的稳定增长。各级政府把科技投入作为预算保障的重点，年初预算编制和预算执行中的超收分配，都要体现法定增长的要求。2006 年中央财政科技投入实现大幅度增长，在此基础上，"十一五"期间财政科技投入增幅明显高于财政经常性收入增幅。

从科学技术财政投入的年增长率看，从 1954 年到 2018 年，年增长率在 100% 以上的只有 3 年，即 1954 年、1956 年、1958 年；年增长率在 60%—80% 的有 4 年，即 1955 年、1959 年、1960 年、1969 年；年增长率在 20%—40% 的有 14 年；年增长率在 10%—20% 的有 19 年；年增长率在 10% 以下的有 17 年；负增长的有 8 年，除 1961 年、1962 年、1981 年外，其余年份都发生在"文化大革命"期间（见表 3-4）。1954—2018 年年平均增长率为 19.64%；改革开放以来，即 1978—2018 年年平均增长率为 14.45%。

表 3-4　科学技术财政投入及年增长率情况（按降序排列）

单位：亿元；%

| 年份 | 投入数额 | 年增长率 | 年份 | 投入数额 | 年增长率 |
| --- | --- | --- | --- | --- | --- |
| 1956 | 5.23 | 145.5 | 2011 | 4797 | 14.3 |
| 1954 | 1.22 | 117.9 | 2018 | 9518.2 | 13.5 |
| 1958 | 11.24 | 114.1 | 1995 | 302.36 | 12.7 |
| 1960 | 33.81 | 76.6 | 2004 | 1095.34 | 12.3 |
| 1955 | 2.13 | 74.6 | 1965 | 27.17 | 11.9 |

续表

| 年份 | 投入数额 | 年增长率 | 年份 | 投入数额 | 年增长率 |
| --- | --- | --- | --- | --- | --- |
| 1959 | 19.15 | 70.4 | 2016 | 7760.7 | 10.8 |
| 1969 | 24.15 | 63.2 | 2013 | 6184.9 | 10.4 |
| 1963 | 18.61 | 35.5 | 1986 | 112.57 | 9.7 |
| 1964 | 24.27 | 30.4 | 1990 | 139.12 | 8.8 |
| 2010 | 4196.7 | 28.1 | 2015 | 7005.8 | 8.5 |
| 1978 | 52.89 | 27.5 | 1985 | 102.59 | 8.3 |
| 2006 | 1688.5 | 26.5 | 2017 | 8383.6 | 8 |
| 2007 | 2135.7 | 26.5 | 1998 | 438.6 | 7.3 |
| 1971 | 37.68 | 25.8 | 1988 | 121.12 | 6.4 |
| 2009 | 3276.8 | 25.5 | 1982 | 65.29 | 6.0 |
| 1970 | 29.96 | 24.1 | 2000 | 575.62 | 5.8 |
| 1999 | 543.85 | 24.0 | 1977 | 41.48 | 5.7 |
| 2008 | 2611 | 22.3 | 1989 | 127.87 | 5.6 |
| 2001 | 703.26 | 22.2 | 2014 | 6454.5 | 4.4 |
| 2005 | 1334.91 | 21.9 | 1980 | 64.59 | 3.7 |
| 1983 | 79.1 | 21.2 | 1976 | 39.25 | 2.6 |
| 1984 | 94.72 | 19.7 | 1987 | 113.79 | 1.1 |
| 2003 | 975.54 | 19.5 | 1974 | 34.65 | 0.2 |
| 1993 | 225.61 | 19.2 | 1957 | 5.23 | 0 |
| 1994 | 268.25 | 18.9 | 1968 | 14.8 | -3.6 |
| 1979 | 62.29 | 17.8 | 1972 | 36.1 | -4.2 |
| 1992 | 189.26 | 17.8 | 1973 | 34.59 | -4.2 |
| 1997 | 408.86 | 17.3 | 1981 | 61.58 | -4.7 |
| 2012 | 5600.1 | 16.7 | 1966 | 25.06 | -7.8 |
| 1975 | 40.31 | 16.3 | 1962 | 13.73 | -29.6 |
| 2002 | 816.22 | 16.0 | 1967 | 15.35 | -38.7 |
| 1991 | 160.69 | 15.5 | 1961 | 19.49 | -42.4 |
| 1996 | 348.63 | 15.3 | 1953 | 0.56 | |

从变动趋势来看（见图3-4），1969年以前，科学技术财政投入增长率起伏较大，1954年、1955年、1956年、1958年、1959

年、1960年、1969年为几个阶段性高点,增幅在60%以上,直至140%多;而1961年、1962年、1966年、1967年、1968年为负增长,而且降幅较大,为-3.6%至-42.4%。这说明政治、经济和社会等外界因素对科学技术财政投入影响很大。1978年以后,除1981年以外,各年均为正增长,波动虽然不如之前,但仍然不小,低的年份(1987年)为1.1%,高的年份(1978年)为27.5%;21世纪以来,低的年份(2014年)增长只有4.4%,高的年份(2010年)达到28.1%。这说明我国科学技术财政投入政策尚不稳定,未能建立起科学技术财政投入的稳定增长机制。

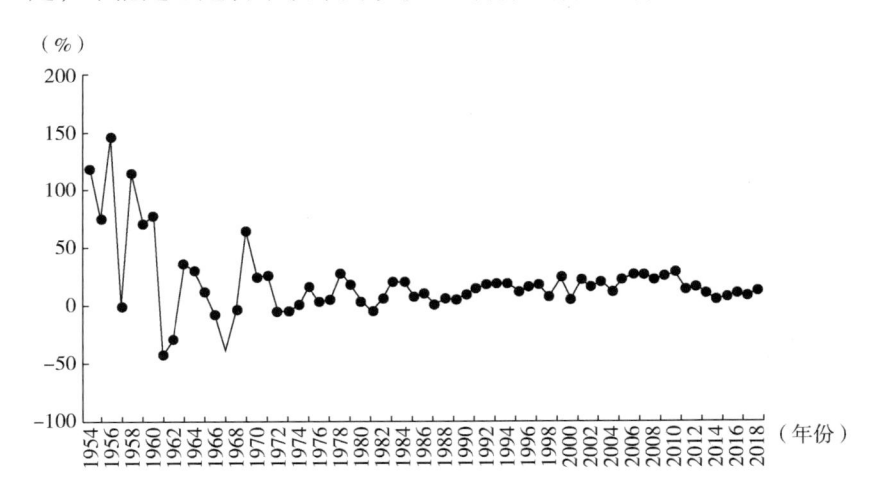

图3-4 科学技术财政投入年增长率变动趋势

## (二)弹性系数

从科学技术财政投入增长率与财政支出增长率、GDP增长率对比来看,三者基本上呈同步变动趋势,但是财政支出增长率波动幅度比GDP增长率更大,而科学技术财政投入增长率波动幅度最大(见表3-5、图3-5)。

表 3-5　　　　　　　　　　科学技术财政投入的弹性

| 年份 | A. 科学技术财政投入增长率（%） | B. 财政支出增长率（%） | C. GDP增长率（%） | A/B | A/C |
|---|---|---|---|---|---|
| 1953 |  | 27.4 | 15.6 |  |  |
| 1954 | 117.9 | 11.4 | 4.3 | 10.3 | 27.5 |
| 1955 | 74.6 | 7.6 | 6.0 | 9.8 | 12.4 |
| 1956 | 145.5 | 13.6 | 13.1 | 10.7 | 11.1 |
| 1957 | 0 | -0.9 | 4.0 | 0.0 | 0.0 |
| 1958 | 114.1 | 35.3 | 22.5 | 3.2 | 5.1 |
| 1959 | 70.4 | 35.7 | 10.3 | 2.0 | 6.8 |
| 1960 | 76.6 | 18.5 | 1.6 | 4.1 | 49.1 |
| 1961 | -42.4 | -44.7 | -16.2 | 0.9 | 2.6 |
| 1962 | -29.6 | -17.2 | -5.7 | 1.7 | 5.2 |
| 1963 | 35.5 | 12.6 | 7.4 | 2.8 | 4.8 |
| 1964 | 30.4 | 18.6 | 17.8 | 1.6 | 1.7 |
| 1965 | 11.9 | 16.8 | 18.0 | 0.7 | 0.7 |
| 1966 | -7.8 | 16.9 | 8.9 | -0.5 | -0.9 |
| 1967 | -38.7 | -18.2 | -5.0 | 2.1 | 7.7 |
| 1968 | -3.6 | -18.6 | -2.8 | 0.2 | 1.3 |
| 1969 | 63.2 | 47.0 | 12.5 | 1.3 | 5.1 |
| 1970 | 24.1 | 23.5 | 16.2 | 1.0 | 1.5 |
| 1971 | 25.8 | 12.7 | 7.8 | 2.0 | 3.3 |
| 1972 | -4.2 | 4.6 | 3.9 | -0.9 | -1.1 |
| 1973 | -4.2 | 5.6 | 8.0 | -0.8 | -0.5 |
| 1974 | 0.2 | -2.3 | 2.6 | -0.1 | 0.1 |
| 1975 | 16.3 | 3.8 | 7.5 | 4.3 | 2.2 |
| 1976 | 2.6 | -1.8 | -1.7 | -1.4 | -1.6 |
| 1977 | 5.7 | 4.6 | 8.8 | 1.2 | 0.7 |
| 1978 | 27.5 | 33.0 | 13.2 | 0.8 | 2.1 |
| 1979 | 17.8 | 14.2 | 11.5 | 1.3 | 1.6 |
| 1980 | 3.7 | -4.1 | 11.9 | -0.9 | 0.3 |

续表

| 年份 | A. 科学技术财政投入增长率（%） | B. 财政支出增长率（%） | C. GDP增长率（%） | A/B | A/C |
|---|---|---|---|---|---|
| 1981 | -4.7 | -7.5 | 7.6 | 0.6 | -0.6 |
| 1982 | 6.0 | 8.0 | 8.9 | 0.8 | 0.7 |
| 1983 | 21.2 | 14.6 | 12.1 | 1.5 | 1.8 |
| 1984 | 19.7 | 20.7 | 20.9 | 1.0 | 0.9 |
| 1985 | 8.3 | 17.8 | 25.0 | 0.5 | 0.3 |
| 1986 | 9.7 | 10.0 | 14.0 | 1.0 | 0.7 |
| 1987 | 1.1 | 2.6 | 17.3 | 0.4 | 0.1 |
| 1988 | 6.4 | 10.1 | 24.7 | 0.6 | 0.3 |
| 1989 | 5.6 | 13.3 | 13.2 | 0.4 | 0.4 |
| 1990 | 8.8 | 9.2 | 9.9 | 1.0 | 0.9 |
| 1991 | 15.5 | 9.8 | 16.6 | 1.6 | 0.9 |
| 1992 | 17.8 | 10.5 | 23.6 | 1.7 | 0.8 |
| 1993 | 19.2 | 24.1 | 31.2 | 0.8 | 0.6 |
| 1994 | 18.9 | 24.8 | 36.3 | 0.8 | 0.5 |
| 1995 | 12.7 | 17.8 | 26.1 | 0.7 | 0.5 |
| 1996 | 15.3 | 16.3 | 17.1 | 0.9 | 0.9 |
| 1997 | 17.3 | 16.3 | 11.0 | 1.1 | 1.6 |
| 1998 | 7.3 | 16.9 | 6.9 | 0.4 | 1.1 |
| 1999 | 24.0 | 22.1 | 6.3 | 1.1 | 3.8 |
| 2000 | 5.8 | 20.5 | 10.7 | 0.3 | 0.5 |
| 2001 | 22.2 | 19.0 | 10.6 | 1.2 | 2.1 |
| 2002 | 16.0 | 16.7 | 9.8 | 1.0 | 1.6 |
| 2003 | 19.5 | 11.8 | 12.9 | 1.7 | 1.5 |
| 2004 | 12.3 | 15.6 | 17.8 | 0.8 | 0.7 |
| 2005 | 21.9 | 19.1 | 15.7 | 1.1 | 1.4 |
| 2006 | 26.5 | 19.1 | 17.2 | 1.4 | 1.5 |
| 2007 | 26.5 | 23.2 | 23.1 | 1.1 | 1.1 |
| 2008 | 22.3 | 25.7 | 18.2 | 0.9 | 1.2 |
| 2009 | 25.5 | 21.9 | 9.3 | 1.2 | 2.7 |

续表

| 年份 | A. 科学技术财政投入增长率（%） | B. 财政支出增长率（%） | C. GDP增长率（%） | A/B | A/C |
|---|---|---|---|---|---|
| 2010 | 28.1 | 17.8 | 18.3 | 1.6 | 1.5 |
| 2011 | 14.3 | 21.6 | 18.5 | 0.7 | 0.8 |
| 2012 | 16.7 | 15.3 | 10.4 | 1.1 | 1.6 |
| 2013 | 10.4 | 11.3 | 10.2 | 0.9 | 1.0 |
| 2014 | 4.4 | 8.3 | 8.2 | 0.5 | 0.5 |
| 2015 | 8.5 | 15.9 | 7.0 | 0.5 | 1.2 |
| 2016 | 10.8 | 6.8 | 7.9 | 1.6 | 1.4 |
| 2017 | 8.0 | 8.2 | 11.2 | 1.0 | 0.7 |
| 2018 | 13.5 | 8.8 | 11.1 | 1.5 | 1.2 |

注：A、B、C均为名义年增长率。

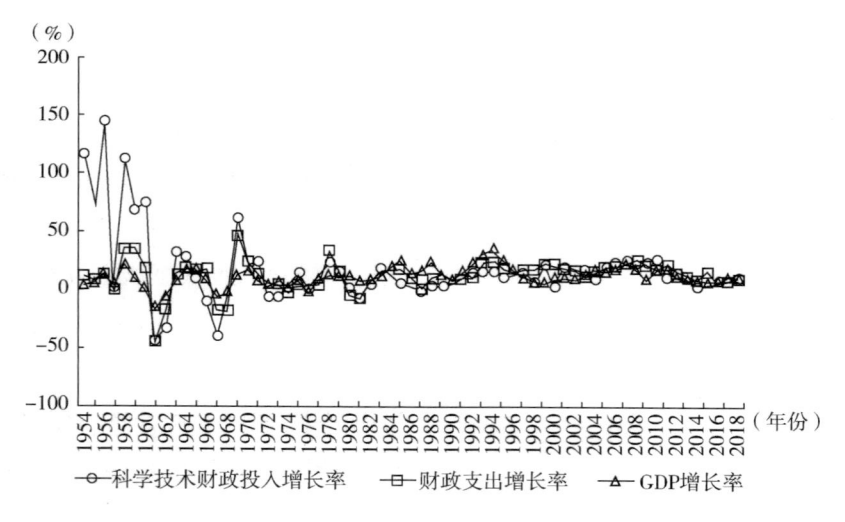

**图3-5　科学技术财政投入增长率与财政支出增长率、GDP增长率对比**

从1954年到2018年的65年间，科学技术财政投入增长率弹性系数来看，科学技术财政投入增长率比财政支出增长率高的年份有36年（包括同时下降但下降幅度不如财政支出增长率的3年），低的年份有 24 年（包括同时下降且下降幅度超过财政支出增长率的 2 年），略低但大致同步增长的有 5 年；比 GDP 增长率高的年份有 33 年，低的年份有 32 年。总的来看，科学技术财政投入平均增长率只是稍高于财政支出增长率和 GDP 增长率。而且经统计，65 年间科学技术财政投入年增长率有 29 年（1993—2018 年 26 年间有 14 年）低于财政收入年增长率，说明 1993 年《中华人民共和国科学技术进步法》和国家有关政策规定科学技术财政投入增长率应"高于"或"明显高于"财政经常性收入增长率的目标尚未实现，还需进一步加大支持力度。

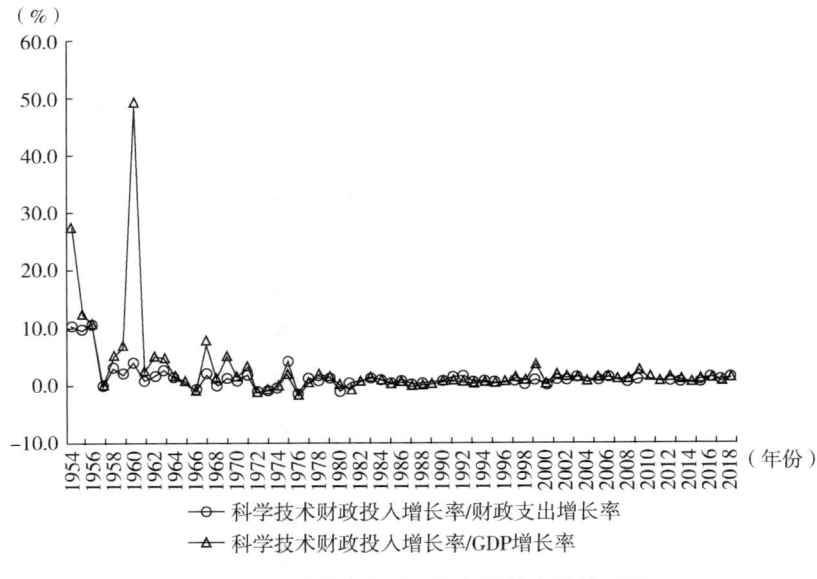

**图 3-6 科学技术财政投入增长率弹性系数**

## 四 研究与开发经费

研究与开发（R&D）经费经费反映了一国的科学研究活动状况。从我国研究与开发经费情况看，1990 年为 125.4 亿元，占 GDP 的 0.71%。此后不断增长，到 2018 年，研究与开发经费达到 19677.9

亿元，是 1990 年的 156.9 倍；1991—2018 年年平均增长 20%，其间，1991 年至 2000 年，虽然年增长率较高，但起伏较大，而且总量偏少，在 1000 亿元以下；21 世纪以来，增长较快，而且较为稳定，2001 年至 2011 年，大多年份的增长在 20% 以上，总量从 1000 亿元增长到近 9000 亿元；2012 年至今，增长率有所下降，但总量增长巨大，从 10000 多亿元增长到接近 20000 亿元（见图 3-7、图 3-8）。从全球来看，中国研究与开发经费投入总量目前仅次于美国，居世界第二位，为科技事业发展提供了强大的资金保证。

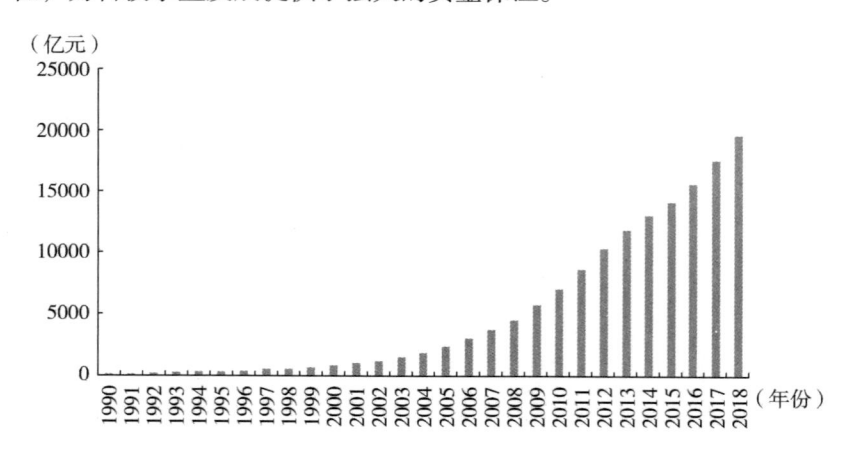

图 3-7 研究与开发经费数额

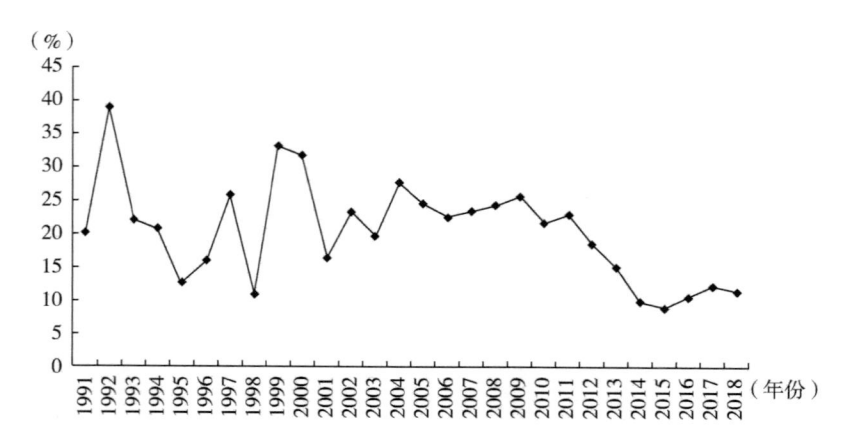

图 3-8 研究与开发经费年增长率

从研究与开发经费占 GDP 的比重来看，1990 年到 1999 年变化不大，在 0.56% 和 0.75% 之间；2000 年开始有所提高，当年为 0.89%，2001 年为 0.94%；从 2002 年开始提高到 1% 以上，一直持续到 2012 年；2013 年首次提高到 2%，但是晚了三年才实现"十一五"的规划目标，即达到 2%；2018 年提高到了 2.19%（见表 3-6、图 3-9），超过欧盟平均水平。1990 年至 2018 年平均为 1.23%。

表 3-6　我国研究与开发（R&D）投入、年增长率及其占 GDP 的比重　　单位：亿元；%

| 年份 | R&D 投入 | 年增长率 | R&D 投入/GDP |
| --- | --- | --- | --- |
| 1990 | 125.4 |  | 0.71 |
| 1991 | 150.8 | 20.3 | 0.73 |
| 1992 | 209.8 | 39.1 | 0.74 |
| 1993 | 256.2 | 22.1 | 0.70 |
| 1994 | 309.8 | 20.9 | 0.64 |
| 1995 | 348.7 | 12.6 | 0.57 |
| 1996 | 404.5 | 16.0 | 0.56 |
| 1997 | 509.2 | 25.9 | 0.64 |
| 1998 | 551.1 | 8.2 | 0.65 |
| 1999 | 678.9 | 23.2 | 0.75 |
| 2000 | 895.7 | 31.9 | 0.89 |
| 2001 | 1042.5 | 16.4 | 0.94 |
| 2002 | 1287.6 | 23.5 | 1.06 |
| 2003 | 1539.6 | 19.6 | 1.12 |
| 2004 | 1966.3 | 27.7 | 1.21 |
| 2005 | 2450.0 | 24.6 | 1.31 |
| 2006 | 3003.1 | 22.6 | 1.37 |
| 2007 | 3710.2 | 23.5 | 1.37 |
| 2008 | 4616.0 | 24.4 | 1.45 |
| 2009 | 5802.1 | 25.7 | 1.66 |

续表

| 年份 | R&D 投入 | 年增长率 | R&D 投入/GDP |
| --- | --- | --- | --- |
| 2010 | 7062.6 | 21.7 | 1.71 |
| 2011 | 8687.0 | 23.0 | 1.78 |
| 2012 | 10298.4 | 18.5 | 1.91 |
| 2013 | 11846.6 | 15.0 | 2.00 |
| 2014 | 13015.6 | 9.9 | 2.03 |
| 2015 | 14169.9 | 8.9 | 2.07 |
| 2016 | 15676.7 | 10.6 | 2.12 |
| 2017 | 17606.1 | 12.3 | 2.15 |
| 2018 | 19677.9 | 11.8 | 2.19 |

资料来源：《中国科技统计年鉴 2010》、《中国科技统计年鉴 2019》、相关年份《全国科技经费投入统计公报》。

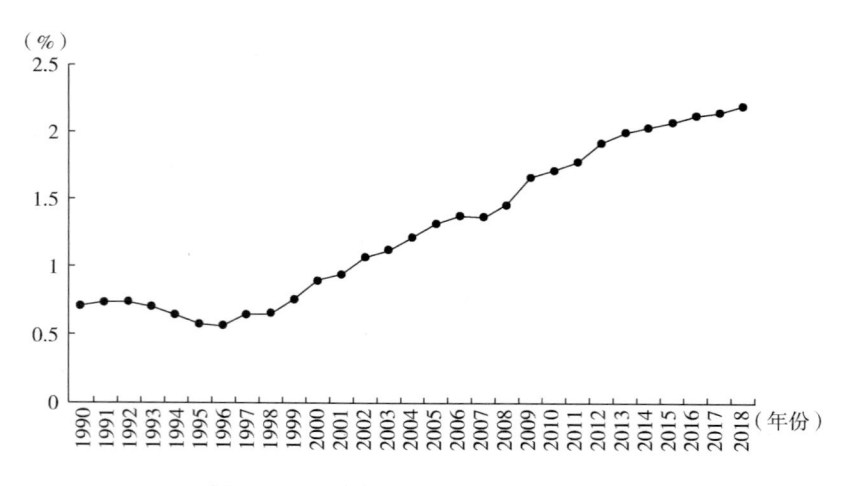

**图 3-9　研究与开发经费占 GDP 的比重**

2017 年，我国规模以上工业企业享受研发费用加计扣除减免税和高新技术企业减免税的分别达到 2.44 万家和 2.42 万家，分别是 2009 年的 3.3 倍和 3.5 倍，减免金额分别达到 570 亿元和 1062 亿元，对鼓励和引导企业开展研发创新起到了积极作用。①

---

① 国家统计局：《科技发展大跨越　创新引领谱新篇——新中国成立 70 周年经济社会发展成就系列报告之七》，发布时间：2019 年 7 月 23 日。

2006年《国家中长期科学和技术发展规划纲要（2006—2020年）》提出，到2020年，全社会研究与开发投入占国内生产总值的比重提高到2.5%以上。2011年《国民经济和社会发展第十二个五年规划纲要》提出，到2015年研究与开发经费支出占国内生产总值比重达到2.2%，这一目标未能按期实现。

毋庸讳言，长期来看，我国研究与开发经费占GDP的比重确实与发达国家还存在明显差距。2007年全世界研发经费投入占GDP的比重，平均水平是2.2%，其中美国为2.67%，日本为3.44%，[①]而我国当年为1.4%。2017年，研发投入占GDP的比重，韩国为4.55%，以色列为4.55%，日本为3.20%，德国为3.02%，美国为2.79%，法国为2.19%，英国为1.66%，加拿大为1.59%，意大利为1.35，俄罗斯为1.11%；中国为2.13%，[②]尚未达到2007年世界平均水平。

从我国研究与开发经费中政府资金来看，政府资金总量在增加，但是政府资金占整个研究与开发经费的比重却呈下降趋势，2003年为29.9%，2018年下降到20.2%（见表3-7）。此外，政府资金占整个GDP的比重较低，2003年为0.34%，2018年为0.43%。

表3-7　　　　　　研究与开发经费中政府资金　　　　单位：亿元；%

| 年份 | R&D经费（A） | 政府资金（B） | B/A |
| --- | --- | --- | --- |
| 2003 | 1539.6 | 460.6 | 29.9 |
| 2004 | 1966.3 | 523.6 | 26.6 |
| 2005 | 2450.0 | 645.4 | 26.3 |
| 2006 | 3003.1 | 742.1 | 24.7 |
| 2007 | 3710.2 | 913.5 | 24.6 |
| 2008 | 4616.0 | 1088.9 | 23.6 |

---

① 《从1.8%到2.2%　研发经费如何增长？》，《人民日报》2011年3月9日。
② OECD Data: Gross domestic spending on R&D Total, % of GDP, 2000-2018.

续表

| 年份 | R&D 经费（A） | 政府资金（B） | B/A |
|---|---|---|---|
| 2009 | 5802.1 | 1358.3 | 23.4 |
| 2010 | 7062.6 | 1696.3 | 24.0 |
| 2011 | 8687.0 | 1883.0 | 21.7 |
| 2012 | 10298.4 | 2221.4 | 21.6 |
| 2013 | 11846.6 | 2500.6 | 21.1 |
| 2014 | 13015.6 | 2636.1 | 20.2 |
| 2015 | 14169.9 | 3013.2 | 21.2 |
| 2016 | 15676.7 | 3140.8 | 20.0 |
| 2017 | 17606.1 | 3487.4 | 19.8 |
| 2018 | 19677.9 | 3978.6 | 20.2 |

资料来源：《中国科技统计年鉴2010》《中国科技统计年鉴2019》。

## 五 国家自然科学基金

国家自然科学基金于1986年设立，是国家资助自然科学研究的国家级基金，主要来源于国家财政拨款。国家自然科学基金从1986年的8000万元起步，到2019年预算已增至约330.7亿元，增长了约412倍。

2010年以来，国家自然科学基金总量增长近3倍，但年增长率并不稳定，有的年增长高达36.73%，有的年如2013年、2018年却为负增长，可见没有形成相对稳定的增长机制（见表3-8、图3-10、图3-11）。

表3-8　　　　国家自然科学基金数额及增长率　　　单位：万元；%

| 年份 | 数额 | 年增长率 |
|---|---|---|
| 2010 | 1107084.55 | |
| 2011 | 1513722.20 | 36.73 |
| 2012 | 1762433.12 | 16.43 |
| 2013 | 1701789.49 | -3.44 |

续表

| 年份 | 数额 | 年增长率 |
|---|---|---|
| 2014 | 2036359.85 | 19.66 |
| 2015 | 2354541.74 | 15.63 |
| 2016 | 2651511.39 | 12.61 |
| 2017 | 2968161.95 | 11.94 |
| 2018 | 2949795.88 | -0.62 |
| 2019 | 3306945.43 | 12.11 |

资料来源：国家自然科学基金委员会：部门预决算。2018年、2019年为部门预算数据。

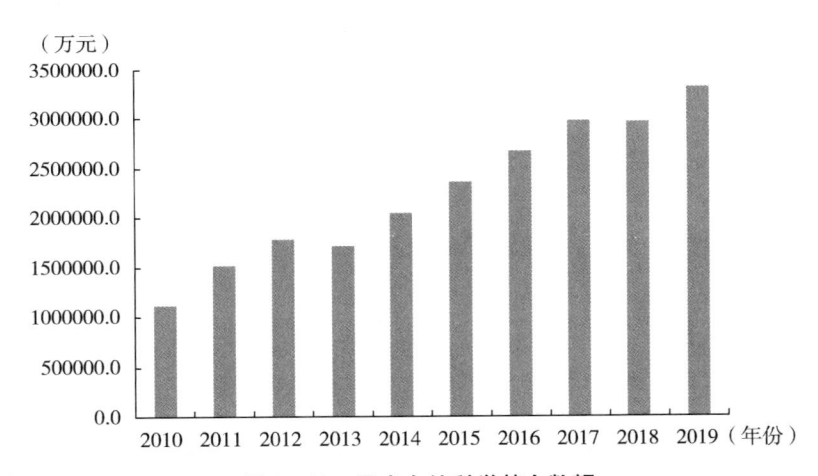

图 3-10 国家自然科学基金数额

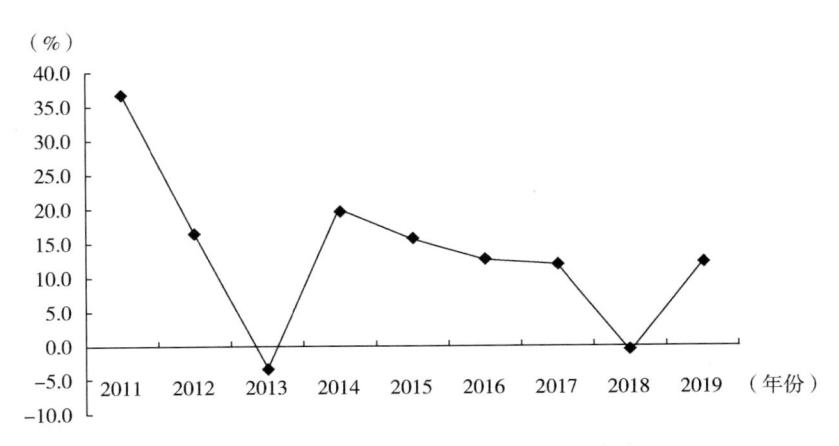

图 3-11 国家自然科学基金增长率变动情况

## 六 国家社会科学基金

国家社会科学基金于1986年设立,是国家资助哲学社会科学研究的国家级基金,主要来源于国家财政拨款。国家社会科学基金从1986年的500万元起步,到2019年预算已增至26亿元,增长了518倍。

1991年以来,国家社会科学基金总量有大幅度增长,1991年仅1300万元,2002年增长到1亿元,2012年增长到10亿元以上,2016年增长到20亿元以上,增长数额巨大。但是各年增长率却很不一样,高的年份如2002年增长66.7%,低的年份如2003年增长为0,平均增长率为21.95%。显然,国家社会科学基金也没有形成稳定的增长机制,各年的增长没有规律(见表3-9、图3-12、图3-13)。

表3-9　　　　国家社会科学基金数额及增长率　　　单位:万元;%

| 年份 | 数额 | 年增长率 | 年份 | 数额 | 年增长率 |
| --- | --- | --- | --- | --- | --- |
| 1991 | 1300 |  | 2006 | 22700.0 | 30.5 |
| 1992 | 1400 | 7.7 | 2007 | 23000.0 | 1.3 |
| 1993 | 1600 | 14.3 | 2008 | 30600.0 | 33.0 |
| 1994 | 2000 | 25.0 | 2009 | 38401.0 | 25.5 |
| 1995 | 2250 | 12.5 | 2010 | 59954.0 | 56.1 |
| 1996 | 2350 | 4.4 | 2011 | 79766.0 | 33.0 |
| 1997 | 2500 | 6.4 | 2012 | 119589.0 | 49.9 |
| 1998 | 2650 | 6.0 | 2013 | 145698.4 | 21.8 |
| 1999 | 3800 | 43.4 | 2014 | 155210.3 | 6.5 |
| 2000 | 4950 | 30.3 | 2015 | 184501.9 | 18.9 |
| 2001 | 6000 | 21.2 | 2016 | 206262.0 | 11.8 |
| 2002 | 10000 | 66.7 | 2017 | 228356.6 | 10.7 |
| 2003 | 10000 | 0 | 2018 | 243537.8 | 6.6 |
| 2004 | 12500 | 25.0 | 2019 | 259725.3 | 6.6 |
| 2005 | 17400 | 39.2 |  |  |  |

资料来源:全国哲学社会科学工作办公室。2018年、2019年为部门预算数据。

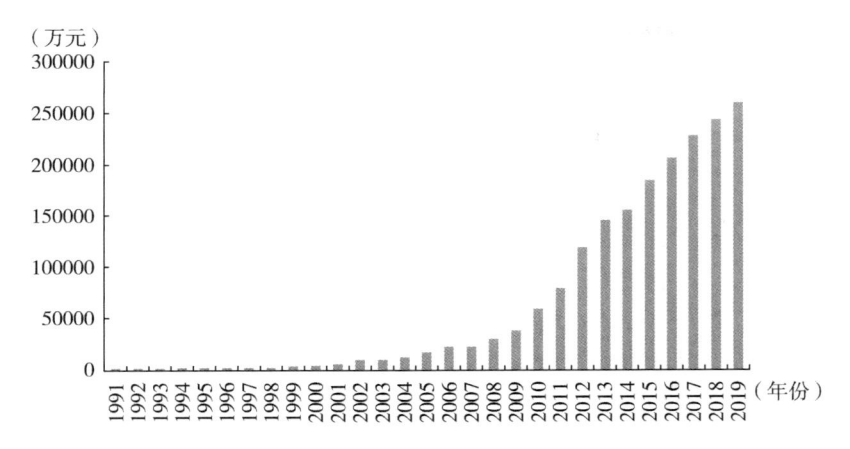

图 3-12 国家社会科学基金数额

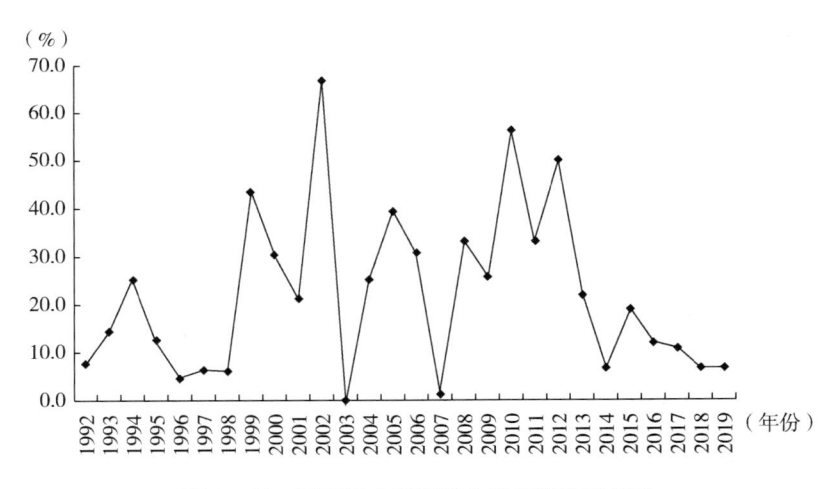

图 3-13 国家社会科学基金增长率变动情况

2010—2019 年，从总量看，国家自然科学基金是国家社会科学基金的 11—19 倍；从年增长率看，国家自然科学基金超过国家社会科学基金增长的有 5 年，低于国家社会科学基金增长的有 4 年。同样说明两个基金增长没有规律，不够稳定（见表 3-10、图 3-14、图 3-15）。

表 3-10　　　国家自然科学基金与国家社会科学基金比较

单位：万元；%

| 年份 | 自然科学基金（A） | 年增长率 | 社会科学基金（B） | 年增长率 | A/B |
|---|---|---|---|---|---|
| 2010 | 1107084.6 |  | 59954.0 | 56.1 | 18.5 |
| 2011 | 1513722.2 | 36.7 | 79766.0 | 33.0 | 19.0 |
| 2012 | 1762433.1 | 16.4 | 119589.0 | 49.9 | 14.7 |
| 2013 | 1701789.5 | -3.4 | 145698.4 | 21.8 | 11.7 |
| 2014 | 2036359.9 | 19.7 | 155210.3 | 6.5 | 13.1 |
| 2015 | 2354541.7 | 15.6 | 184501.9 | 18.9 | 12.8 |
| 2016 | 2651511.4 | 12.6 | 206262.0 | 11.8 | 12.9 |
| 2017 | 2968162.0 | 11.9 | 228356.6 | 10.7 | 13.0 |
| 2018 | 2949795.9 | -0.6 | 243537.8 | 6.6 | 12.1 |
| 2019 | 3306945.4 | 12.1 | 259725.3 | 6.6 | 12.7 |

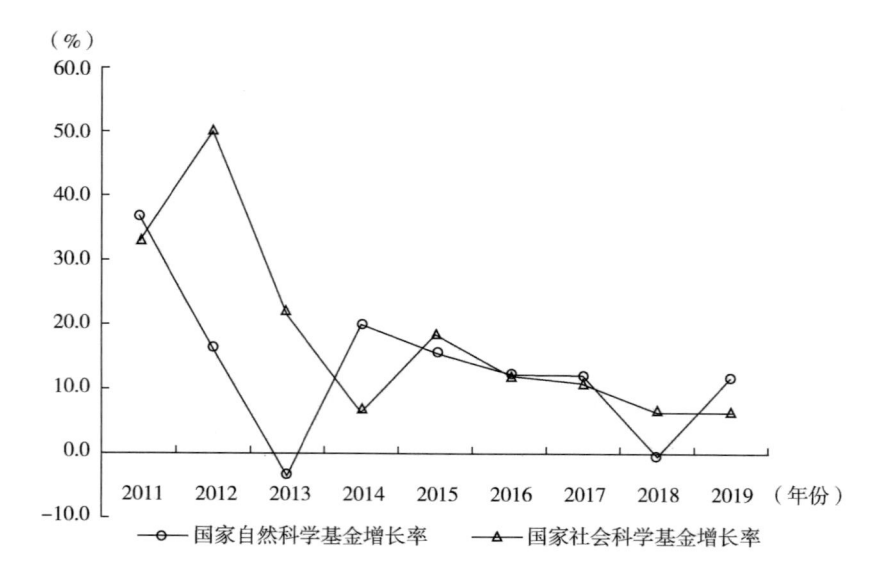

图 3-14　国家自然科学基金与国家社会科学基金年增长率比较

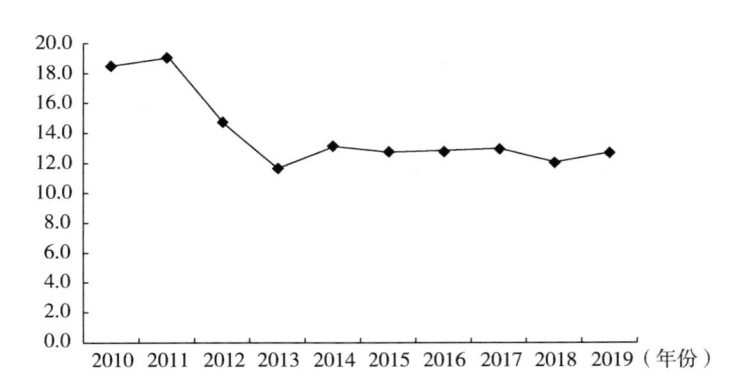

图 3-15　国家自然科学基金为国家社会科学基金倍数情况

## 七　其他部门科学技术经费

根据 2019 年 4 月公布的《科学技术部 2019 年度部门预算》，2019 年年初，科学技术部财政拨款收入总计 5657578.81 万元，包括一般公共预算拨款收入 4909140.56 万元，较 2018 年执行数增加 761365.39 万元，增幅 18.36%；一般公共预算拨款上年结转 748438.25 万元。其中科学技术支出为 5581179.3 万元，占 98.65%。

根据教育部 2019 年 4 月公布的《教育部 2019 年部门预算》，教育部 2019 年财政拨款收入总计 15957436.80 万元，包括：当年财政拨款收入 15471875.70 万元、上年结转 485561.10 万元。其中，科学技术支出为 541391.93 万元，占 3.39%。教育部科学技术项目主要面向高等学校。

根据 2019 年 4 月公布的《中国社会科学院 2019 年度部门预算》，2019 年年初，中国社会科学院财政拨款收入总计 314340.53 万元，其中，一般公共预算财政拨款收入 282841.29 万元、一般公共预算拨款上年结转 31499.24 万元。财政拨款支出总计 314340.53 万元，其中，科学技术支出为 258202.25 万元，占 82.14%。

## 八 国际比较

### (一) 中国与七国集团国家的比较

按照经济合作与发展组织 (OECD) 的标准,科学技术活动统称为研究与开发 (R&D) 活动,这和我国科学研究或科学技术研究不是等同概念。为了对同一事物进行对比,下文之中外比较(以中国与七国集团国家为例)均采用研究与开发方面的数据。

从表 3-11 来看,1991 年中国投入的 R&D 经费,比七国集团国家都少,是美国的 4.65%,但与加拿大接近;2000 年中国投入的 R&D 经费,仍然比美国、法国、德国、日本少,与英国大致相当,超过意大利、加拿大两国,提高到占美国的 10.1%;2007 年中国投入的 R&D 经费,仅比美国、日本少,为世界第三,超过英国、法国、德国、意大利、加拿大,是美国的 27.5%,是英国、法国的 2 倍多,是意大利、加拿大的 4 倍多。由此可见,中国自 20 世纪 90 年代中期以来 R&D 经费增长较快,完全改变了 R&D 经费总量较少的局面。

从 R&D 投入占 GDP 的比重来看,1990 年至 2008 年平均比重由高到低分别是:日本为 3.1%,美国为 2.6%,德国为 2.4%,法国为 2.2%,英国为 1.9%,加拿大为 1.8%,意大利为 1.1%,中国 0.9%。

2009 年之后,中国 R&D 投入占 GDP 的比重有较快的增长,2017 年已达到 2.129%,但排名仍相对靠后。从 2009 年至 2017 年七国集团国家 R&D 投入占 GDP 的比重变化不大,大多数国家有所下降,如加拿大、法国、日本、英国、美国,略有增长的是德国、意大利(见表 3-12)。

表 3-11　各国 R&D 投入及其占 GDP 的比重

单位：十亿美元；%

| 国家 | 项目 | 1990 | 1991 | 1992 | 1993 | 1994 | 1995 | 1996 | 1997 | 1998 | 1999 | 2000 | 2001 | 2002 | 2003 | 2004 | 2005 | 2006 | 2007 | 2008 |
|---|---|---|---|---|---|---|---|---|---|---|---|---|---|---|---|---|---|---|---|---|
| 中国 | R&D 投入 | | 7.51 | 8.90 | 9.81 | 10.36 | 10.45 | 11.71 | 14.63 | 16.20 | 20.68 | 27.12 | 31.70 | 39.59 | 46.98 | 57.78 | 71.21 | 86.97 | 102.52 | 114.62 |
| | GDP | 910.2 | 1029.2 | 1203.2 | 1402 | 1619 | 1833.4 | 2055.1 | 2285.8 | 2491.9 | 2720.8 | 3013.2 | 3337.3 | 3700.1 | 4157.8 | 4697.9 | 5314.9 | 6124.3 | 7119.4 | 7926.5 |
| | R&D 投入/GDP | | 0.73 | 0.74 | 0.70 | 0.64 | 0.57 | 0.57 | 0.64 | 0.65 | 0.76 | 0.90 | 0.95 | 1.07 | 1.13 | 1.23 | 1.34 | 1.42 | 1.44 | 1.45 |
| 美国 | R&D 投入 | 152.50 | 161.66 | 166.10 | 166.02 | 169.44 | 183.98 | 197.71 | 212.77 | 227.27 | 245.55 | 268.26 | 278.36 | 277.46 | 289.43 | 300.03 | 323.30 | 348.07 | 372.69 | 398.03 |
| | GDP | 5754.8 | 5943.2 | 6291.5 | 6614.3 | 7030.5 | 7359.3 | 7783.9 | 8278.9 | 8741 | 9301 | 9898.8 | 10234 | 10590 | 11089 | 11812 | 12580 | 13336 | 14011 | 14369 |
| | R&D 投入/GDP | 2.65 | 2.72 | 2.64 | 2.51 | 2.41 | 2.50 | 2.54 | 2.57 | 2.60 | 2.64 | 2.71 | 2.72 | 2.62 | 2.61 | 2.54 | 2.57 | 2.61 | 2.66 | 2.77 |
| 英国 | R&D 投入 | 19.62 | 19.36 | 19.46 | 20.64 | 21.43 | 21.85 | 22.29 | 23.14 | 23.99 | 25.90 | 27.79 | 29.19 | 30.68 | 31.11 | 32.15 | 34.10 | 36.35 | 38.79 | 41.10 |
| | GDP | 934.3 | 953.9 | 978 | 1021.7 | 1087.7 | 1144 | 1217.9 | 1307.5 | 1362.8 | 1423 | 1535.4 | 1630.5 | 1713.7 | 1777.5 | 1902.2 | 1971.3 | 2065.1 | 2131.5 | 2186 |
| | R&D 投入/GDP | 2.10 | 2.03 | 1.99 | 2.02 | 1.97 | 1.91 | 1.83 | 1.77 | 1.76 | 1.82 | 1.81 | 1.79 | 1.79 | 1.75 | 1.69 | 1.73 | 1.76 | 1.82 | 1.88 |
| 法国 | R&D 投入 | 23.32 | 24.39 | 25.42 | 26.29 | 26.74 | 27.51 | 28.16 | 28.49 | 29.29 | 30.78 | 33.00 | 35.86 | 38.16 | 36.88 | 37.98 | 39.26 | 41.02 | 42.26 | 42.86 |
| | GDP | 1005 | 1051.9 | 1090.9 | 1104.6 | 1152.7 | 1201.5 | 1240.6 | 1301.1 | 1368.7 | 1425.9 | 1534.2 | 1629.9 | 1711.2 | 1699.2 | 1766.5 | 1869.4 | 1953.4 | 2071.8 | 2121.7 |
| | R&D 投入/GDP | 2.32 | 2.32 | 2.33 | 2.38 | 2.32 | 2.29 | 2.27 | 2.19 | 2.14 | 2.16 | 2.15 | 2.20 | 2.23 | 2.17 | 2.15 | 2.10 | 2.10 | 2.04 | 2.02 |

续表

| 国家 | 项目 | 1990 | 1991 | 1992 | 1993 | 1994 | 1995 | 1996 | 1997 | 1998 | 1999 | 2000 | 2001 | 2002 | 2003 | 2004 | 2005 | 2006 | 2007 | 2008 |
|---|---|---|---|---|---|---|---|---|---|---|---|---|---|---|---|---|---|---|---|---|
| 德国 | R&D 投入 | 38.09 | 39.23 | 39.06 | 38.42 | 38.50 | 40.23 | 41.35 | 43.34 | 45.15 | 49.53 | 52.26 | 54.41 | 56.66 | 59.40 | 61.41 | 64.40 | 68.57 | 72.19 | 75.65 |
| 德国 | GDP | 1459.4 | 1588.3 | 1662.2 | 1685.1 | 1766 | 1836.8 | 1888.2 | 1934.7 | 1989.7 | 2063.8 | 2133 | 2211.6 | 2275.4 | 2357 | 2466.4 | 2586.5 | 2710.2 | 2853.2 | 2909.7 |
| 意大利 | R&D 投入/GDP | 2.61 | 2.47 | 2.35 | 2.28 | 2.18 | 2.19 | 2.19 | 2.24 | 2.27 | 2.40 | 2.45 | 2.46 | 2.49 | 2.52 | 2.49 | 2.49 | 2.53 | 2.53 | 2.60 |
| 意大利 | R&D 投入 | 12.48 | 12.49 | 12.45 | 12.06 | 11.66 | 11.64 | 12.27 | 13.23 | 14.18 | 14.05 | 15.30 | 16.85 | 17.31 | 17.35 | 17.54 | 17.98 | 19.66 | 21.71 | 22.09 |
| 意大利 | GDP | 998 | 1049.2 | 1082.4 | 1096.4 | 1143.4 | 1200.1 | 1239.7 | 1284.7 | 1350.2 | 1377.2 | 1457.6 | 1545.9 | 1532 | 1563.1 | 1594.7 | 1649.4 | 1739.4 | 1840.1 | 1871.7 |
| 加拿大 | R&D 投入/GDP | 1.25 | 1.19 | 1.15 | 1.10 | 1.02 | 0.97 | 0.99 | 1.03 | 1.05 | 1.02 | 1.05 | 1.09 | 1.13 | 1.11 | 1.10 | 1.09 | 1.13 | 1.18 | 1.18 |
| 加拿大 | R&D 投入 | 8.18 | 8.63 | 9.19 | 9.97 | 10.98 | 11.33 | 11.39 | 12.15 | 13.56 | 14.85 | 16.70 | 19.01 | 19.13 | 20.18 | 21.72 | 23.21 | 23.68 | 24.09 | 23.92 |
| 加拿大 | GDP | 541.9 | 549.4 | 567.3 | 593.3 | 634.9 | 666.2 | 690 | 731.9 | 770.5 | 825 | 874.1 | 909.8 | 937.8 | 989.3 | 1049.1 | 1132 | 1202.2 | 1267.9 | 1300.2 |
| 日本 | R&D 投入/GDP | 1.51 | 1.57 | 1.62 | 1.68 | 1.73 | 1.70 | 1.65 | 1.66 | 1.76 | 1.80 | 1.91 | 2.09 | 2.04 | 2.04 | 2.07 | 2.05 | 1.97 | 1.90 | 1.84 |
| 日本 | R&D 投入 | 69.43 | 73.56 | 75.01 | 75.00 | 75.78 | 82.55 | 83.18 | 87.82 | 90.93 | 92.75 | 98.81 | 103.90 | 108.33 | 112.32 | 117.56 | 128.58 | 138.73 | 147.83 | 145.57 |
| 日本 | GDP | 2322.1 | 2485 | 2568.7 | 2631.6 | 2716.2 | 2826.9 | 2960 | 3059.8 | 3031 | 3071.1 | 3250.3 | 3330.1 | 3417.2 | 3509.9 | 3708.5 | 3872.8 | 4080.5 | 4297.5 | 4358.3 |
| 日本 | R&D 投入/GDP | 2.99 | 2.96 | 2.92 | 2.85 | 2.79 | 2.92 | 2.81 | 2.87 | 3.00 | 3.02 | 3.04 | 3.12 | 3.17 | 3.20 | 3.17 | 3.32 | 3.40 | 3.44 | 3.34 |

资料来源：经济合作与发展组织（OECD）。

表 3-12　　　　部分国家（地区）R&D 投入占 GDP 的比重

| 年份<br>国家<br>（地区） | 2009 | 2010 | 2011 | 2012 | 2013 | 2014 | 2015 | 2016 | 2017 |
|---|---|---|---|---|---|---|---|---|---|
| 加拿大 | 1.922 | 1.83 | 1.791 | 1.777 | 1.71 | 1.718 | 1.697 | 1.697 | 1.591 |
| 中国 | 1.662 | 1.71 | 1.775 | 1.906 | 1.99 | 2.021 | 2.056 | 2.108 | 2.129 |
| 法国 | 2.212 | 2.179 | 2.192 | 2.227 | 2.237 | 2.276 | 2.267 | 2.248 | 2.189 |
| 德国 | 2.726 | 2.714 | 2.796 | 2.868 | 2.821 | 2.867 | 2.912 | 2.917 | 3.022 |
| 意大利 | 1.221 | 1.223 | 1.21 | 1.271 | 1.308 | 1.343 | 1.341 | 1.371 | 1.354 |
| 日本 | 3.231 | 3.137 | 3.245 | 3.209 | 3.315 | 3.4 | 3.278 | 3.141 | 3.204 |
| 欧盟 | 2.32 | 2.282 | 2.313 | 2.308 | 2.33 | 2.352 | 2.344 | 2.342 | 2.368 |
| 英国 | 1.682 | 1.661 | 1.665 | 1.594 | 1.639 | 1.659 | 1.668 | 1.682 | 1.664 |
| 美国 | 2.813 | 2.735 | 2.765 | 2.682 | 2.71 | 2.719 | 2.717 | 2.76 | 2.788 |

资料来源：经济合作与发展组织（OECD）。

从研究与开发经费中政府投入数额来看，中国于 2010 年排名在美国、日本、德国之后，2012 年超过德国，2013 年再超过日本，成为仅次于美国的国家，以后一直保持世界第二位（见表 3-13）。

表 3-13　　　　　　各国政府 R&D 预算拨款

单位：百万美元（2010 年价格）

| 年份<br>国家 | 2010 | 2011 | 2012 | 2013 | 2014 | 2015 | 2016 | 2017 | 2018 |
|---|---|---|---|---|---|---|---|---|---|
| 加拿大 | 8477.4 | 7606.8 | 7553.3 | 7721.6 | 7377.1 | 7560.5 | 7712.8 | | |
| 法国 | 19141.6 | 19487.2 | 17340.1 | 17030.8 | 16749.5 | 15840.5 | 15618.8 | 16322.2 | 17086.4 |
| 德国 | 28587.1 | 29178.9 | 29131.7 | 30114.1 | 29765.2 | 30348.1 | 31989.2 | 33520.2 | 34016.9 |
| 意大利 | 12348.8 | 11677.4 | 11092.0 | 10489.7 | 10397.5 | 10205.4 | 10526.0 | 10539.8 | |
| 日本 | 32140.4 | 33377.6 | 33889.9 | 33239.1 | 33045.7 | 30812.8 | 30531.9 | 30879.7 | 33468.2 |
| 英国 | 13315.8 | 12726.8 | 12522.5 | 13484.6 | 13597.1 | 13374.2 | 13379.8 | 13750.7 | |
| 美国 | 119382.0 | 111065.9 | 112253.3 | 103528.0 | 104288.5 | 105678.0 | 114399.6 | 113345.6 | 113662.4 |
| 中国 | 25071.3 | 27830.7 | 32832.3 | 36958.9 | 38961.6 | 44535.1 | 46421.0 | 51410.8 | |

资料来源：经济合作与发展组织（OECD），Government budget allocations for R&D；《中国科技统计年鉴》，按人民币与美元 2010 年平均中间价 1 美元 = 6.7695 元人民币计算。

从 2007 年每千名从事研究与开发活动人员占有研究与开发经费的额度来看，日本每千人占有 1.58 亿美元，德国为 1.46 亿美元，英国为 1.16 亿美元，法国为 1.14 亿美元，意大利为 1.13 亿美元，加拿大为 1.05 亿美元，中国为 0.59 亿美元。中国人均研究与开发经费低于七国集团国家，仅为日本的 37.3%（见表 3-14）。

表 3-14　　　　　　　　各国人均 R&D 经费　　　　　　单位：亿美元/千人

| 国家 | 中国 | 美国 | 日本 | 英国 | 法国 | 德国 | 加拿大 | 意大利 |
|---|---|---|---|---|---|---|---|---|
| 年份 | 2007 | 2007 | 2007 | 2007 | 2007 | 2007 | 2007 | 2006 |
| R&D 经费（亿美元）(A) | 1025.2 | 3726.9 | 1478.3 | 387.9 | 422.6 | 721.9 | 240.9 | 217.1 |
| 从事 R&D 活动人员（千人）(B) | 1736.2 | （缺数据） | 937.9 | 333.7 | 372.3 | 493.9 | 228.7 | 192.0 |
| A/B | 0.59 | | 1.58 | 1.16 | 1.14 | 1.46 | 1.05 | 1.13 |

资料来源：《中国科技统计年鉴 2009》、经济合作与发展组织（OECD）。

从近些年世界主要发达国家 R&D 经费的来源看，中国 R&D 经费中来源于政府的略高于 20%，除比日本的 15% 高外，低于其他发达国家，其他国家在 22%—36%（见表 3-15）。由此可见，中国政府加大对 R&D 经费的投入比重还有较大空间。

表 3-15　　　　　　　　各国 R&D 经费的来源　　　　　　单位：%

| 国家 | 中国 | 加拿大 | 法国 | 德国 | 意大利 | 日本 | 英国 | 美国 |
|---|---|---|---|---|---|---|---|---|
| 年份 | 2018 | 2018 | 2016 | 2017 | 2016 | 2017 | 2016 | 2017 |
| 来源于企业资金 | 76.6 | 41.2 | 55.6 | 66.2 | 52.1 | 78.3 | 51.8 | 63.6 |
| 来源于政府资金 | 20.2 | 31.7 | 32.8 | 27.7 | 35.2 | 15.0 | 26.3 | 22.8 |
| 来源于其他资金 | 3.2 | 27.1 | 11.6 | 6.1 | 12.7 | 6.7 | 22.0 | 13.6 |

资料来源：《中国科技统计年鉴 2019》。

国家统计局社科文司高级统计师张鹏解读《2017 年全国科技经费投入统计公报》时指出："与发达国家相比，我国 R&D 经费投入呈现四个特点，一是总量与美国的差距正逐年缩小。2013年我国R&D经费总量首次跃居世界第二位，当年R&D经费总量约为位列世界第一的美国的40%，预计2017年这一比例将接近60%。二是年净增量已超过OECD成员国增量总和。2016年我国R&D经费净增量为1506.9亿元，超过同期OECD各成员国增量总和（973.7亿元）。三是增速保持世界领先。2013—2016年间我国R&D经费年均增长11.1%，而同期美国、欧盟和日本分别为2.7%、2.3%和0.6%。四是投入强度已达到中等发达国家水平。从2016年OECD 35个成员国R&D经费投入强度看，我国当年R&D经费投入强度为2.11%，介于列第12位的法国（2.25%）和第13位冰岛（2.10%）之间。"[1]

（二）美国

第二次世界大战为美国科学技术发展带来巨大的推动，1939年美国科学研究投入仅1亿多美元，1945年达到了15亿美元，在强大的经费支持下，以原子弹的研制生产为标志，美国科学技术开始跃居世界领先地位。第二次世界大战之后，美苏展开冷战，双方在军事、科技、经济等诸多领域展开竞争。1957年苏联成功发射了第一颗人造地球卫星，强烈地刺激了美国人，美国进一步加大科研投入，在空间科学等领域和苏联展开激烈较量。1967年美国研究与开发经费增长到171亿美元。以计算机的问世和原子能的应用为标志，美国科学技术进入新的时代，掀起了第三次科技革命。20世纪70年代以来，美国在保持数学、物理、天文、化学等基础研究领先地位的同时，确立了在信息技术、生物技术、新能源技术、新材料技术等高科技方面的优势，进一步推动了世界科技革命迅猛发展。

新世纪初期，美国政府高度重视科学技术发展，对重点领域给予强有力的支持：（1）大幅增加研究与开发经费投入。美国联邦研发预算从2001财年的910亿美元增长到2005财年的1320亿美元，

---

[1] 《我国科技投入力度加大 研发经费增速加快》，http://www.stats.gov.cn/tjsj/sjjd/201810/t20181009_1626712.html。

增幅高达45%，年均增幅超过10%。（2）实施研发领域永久税费优惠，刺激私人企业研究与开发投资。（3）重视基础研究。2002年年底小布什总统签署法案，规定未来5年内将美国国家科学基金会的预算翻一番，即从2002年的40亿美元增加到2008年的80亿美元。（4）重视医疗卫生研究。2001—2005财年政府对美国国立卫生研究院的资助增长了40%以上，达到2005财年的286亿美元。（5）基于"反恐"需要增加国防开支，将军事科技作为研发重心。2001—2005财年美国国防研发预算从457亿美元增加到747亿美元，增长约63%，其占当年研发预算总额的比重由2001财年的53%提高到了2005财年的57%；联邦国土安全研发预算从2002财年的15亿美元增长到2005财年的42亿美元。（6）推行系列科技专项计划，重点发展信息、材料、制造、生物、能源环境、航空航天及海洋等高新技术。①

1953年至2015年，美国研究与开发（R&D）经费增长了94.96倍；其中美国联邦政府投入资金增长了42.45倍，企业投入资金增长了147.29倍。联邦政府资金所占比例经历了短暂上升再长时间下滑的过程，企业资金所占比例经历了短暂下降再长时间上升的过程，1953年联邦政府资金所占比例为53.9%，2015年联邦政府资金所占比例下降到24.4%，年平均为44.96%；1953年企业资金所占比例为43.5%，2015年企业资金所占比例上升为67.3%，远高于政府资金所占比例，年平均为50.57%（见表3-16）。

表3-16　　　　　美国1953—2015年研究与开发经费

单位：百万美元；%

| 年份 | 总额(A) | 联邦政府(B) | B/A | 非联邦政府 | 企业(C) | C/A | 高等学校 | 非营利组织 |
|---|---|---|---|---|---|---|---|---|
| 1953 | 5160 | 2783 | 53.9 | 40 | 2247 | 43.5 | 37 | 55 |

---

① 《布什政府科技研发投入特点解析》，《科技日报》2004年10月25日。

续表

| 年份 | 总额（A） | 联邦政府（B） | B/A | 非联邦政府 | 企业（C） | C/A | 高等学校 | 非营利组织 |
|---|---|---|---|---|---|---|---|---|
| 1954 | 5621 | 3102 | 55.2 | 45 | 2375 | 42.3 | 40 | 60 |
| 1955 | 6185 | 3507 | 56.7 | 50 | 2522 | 40.8 | 42 | 64 |
| 1956 | 8501 | 4979 | 58.6 | 57 | 3346 | 39.4 | 46 | 74 |
| 1957 | 9908 | 6233 | 62.9 | 64 | 3470 | 35.0 | 51 | 91 |
| 1958 | 10915 | 6974 | 63.9 | 72 | 3707 | 34.0 | 56 | 107 |
| 1959 | 12490 | 8167 | 65.4 | 81 | 4065 | 32.5 | 61 | 117 |
| 1960 | 13711 | 8915 | 65.0 | 90 | 4516 | 32.9 | 67 | 123 |
| 1961 | 14564 | 9484 | 65.1 | 101 | 4757 | 32.7 | 75 | 148 |
| 1962 | 15636 | 10138 | 64.8 | 112 | 5124 | 32.8 | 84 | 179 |
| 1963 | 17519 | 11646 | 66.5 | 125 | 5456 | 31.1 | 96 | 197 |
| 1964 | 19103 | 12765 | 66.8 | 138 | 5888 | 30.8 | 114 | 200 |
| 1965 | 20253 | 13194 | 65.1 | 150 | 6549 | 32.3 | 136 | 225 |
| 1966 | 22072 | 14165 | 64.2 | 160 | 7331 | 33.2 | 165 | 252 |
| 1967 | 23347 | 14564 | 62.4 | 168 | 8146 | 34.9 | 200 | 271 |
| 1968 | 24667 | 14965 | 60.7 | 185 | 9008 | 36.5 | 221 | 290 |
| 1969 | 25996 | 15228 | 58.6 | 208 | 10011 | 38.5 | 233 | 316 |
| 1970 | 26271 | 14984 | 57.0 | 237 | 10449 | 39.8 | 259 | 343 |
| 1971 | 26952 | 15210 | 56.4 | 262 | 10824 | 40.2 | 290 | 366 |
| 1972 | 28740 | 16039 | 55.8 | 282 | 11715 | 40.8 | 312 | 393 |
| 1973 | 30952 | 16587 | 53.6 | 301 | 13299 | 43.0 | 344 | 421 |
| 1974 | 33359 | 17287 | 51.8 | 320 | 14886 | 44.6 | 394 | 474 |
| 1975 | 35671 | 18533 | 52.0 | 348 | 15824 | 44.4 | 432 | 534 |
| 1976 | 39435 | 20292 | 51.5 | 369 | 17702 | 44.9 | 480 | 592 |
| 1977 | 43338 | 22071 | 50.9 | 394 | 19642 | 45.3 | 569 | 662 |
| 1978 | 48719 | 24414 | 50.1 | 443 | 22457 | 46.1 | 679 | 727 |
| 1979 | 55379 | 27225 | 49.2 | 482 | 26097 | 47.1 | 785 | 791 |
| 1980 | 63224 | 29986 | 47.4 | 519 | 30929 | 48.9 | 920 | 871 |
| 1981 | 72292 | 33739 | 46.7 | 581 | 35948 | 49.7 | 1058 | 967 |
| 1982 | 80748 | 37133 | 46.0 | 621 | 40692 | 50.4 | 1207 | 1095 |
| 1983 | 89949 | 41451 | 46.1 | 658 | 45264 | 50.3 | 1357 | 1220 |

续表

| 年份 | 总额（A） | 联邦政府（B） | B/A | 非联邦政府 | 企业（C） | C/A | 高等学校 | 非营利组织 |
|---|---|---|---|---|---|---|---|---|
| 1984 | 102244 | 46470 | 45.5 | 721 | 52187 | 51.0 | 1514 | 1351 |
| 1985 | 114671 | 52641 | 45.9 | 834 | 57962 | 50.5 | 1743 | 1491 |
| 1986 | 120249 | 54622 | 45.4 | 969 | 60991 | 50.7 | 2019 | 1647 |
| 1987 | 126360 | 58609 | 46.4 | 1065 | 62576 | 49.5 | 2262 | 1849 |
| 1988 | 133881 | 60131 | 44.9 | 1165 | 67977 | 50.8 | 2527 | 2081 |
| 1989 | 141891 | 60465 | 42.6 | 1274 | 74966 | 52.8 | 2852 | 2333 |
| 1990 | 151993 | 61610 | 40.5 | 1399 | 83208 | 54.7 | 3187 | 2589 |
| 1991 | 160876 | 60783 | 37.8 | 1483 | 92300 | 57.4 | 3458 | 2852 |
| 1992 | 165350 | 60915 | 36.8 | 1525 | 96229 | 58.2 | 3569 | 3113 |
| 1993 | 165730 | 60528 | 36.5 | 1557 | 96549 | 58.3 | 3709 | 3388 |
| 1994 | 169207 | 60777 | 35.9 | 1623 | 99204 | 58.6 | 3938 | 3665 |
| 1995 | 183625 | 62969 | 34.3 | 1751 | 110871 | 60.4 | 4110 | 3925 |
| 1996 | 197346 | 63394 | 32.1 | 1861 | 123417 | 62.5 | 4436 | 4239 |
| 1997 | 211894 | 64362 | 30.4 | 1902 | 136208 | 64.3 | 4852 | 4571 |
| 1998 | 225759 | 65908 | 29.2 | 1920 | 147774 | 65.5 | 5193 | 4963 |
| 1999 | 244451 | 66817 | 27.3 | 2036 | 164545 | 67.3 | 5654 | 5399 |
| 2000 | 267950 | 67238 | 25.1 | 2182 | 185975 | 69.4 | 6270 | 6285 |
| 2001 | 278539 | 73793 | 26.5 | 2341 | 188408 | 67.6 | 6874 | 7122 |
| 2002 | 277911 | 78873 | 28.4 | 2553 | 180704 | 65.0 | 7673 | 8109 |
| 2003 | 291365 | 85133 | 29.2 | 2788 | 186171 | 63.9 | 8286 | 8988 |
| 2004 | 302731 | 90795 | 30.0 | 2926 | 191346 | 63.2 | 8637 | 9028 |
| 2005 | 325288 | 95413 | 29.3 | 2977 | 207775 | 63.9 | 9353 | 9771 |
| 2006 | 350908 | 99938 | 28.5 | 3293 | 227182 | 64.7 | 10176 | 10320 |
| 2007 | 377890 | 105128 | 27.8 | 3594 | 246815 | 65.3 | 10933 | 11420 |
| 2008 | 404773 | 117615 | 29.1 | 4221 | 258016 | 63.7 | 11738 | 13184 |
| 2009 | 402931 | 125765 | 31.2 | 4295 | 246610 | 61.2 | 12056 | 14205 |
| 2010 | 406580 | 126617 | 31.1 | 4302 | 248124 | 61.0 | 12262 | 15275 |
| 2011 | 426160 | 127015 | 29.8 | 4386 | 266421 | 62.5 | 13104 | 15235 |
| 2012 | 433619 | 123838 | 28.6 | 4158 | 275717 | 63.6 | 14300 | 15607 |
| 2013 | 453964 | 120130 | 26.5 | 4244 | 297167 | 65.5 | 15378 | 17045 |

续表

| 年份 | 总额(A) | 联邦政府(B) | B/A | 非联邦政府 | 企业(C) | C/A | 高等学校 | 非营利组织 |
|---|---|---|---|---|---|---|---|---|
| 2014 | 475426 | 118363 | 24.9 | 4214 | 318382 | 67.0 | 16217 | 18250 |
| 2015 | 495144 | 120933 | 24.4 | 4280 | 333207 | 67.3 | 17334 | 19390 |
| 年平均 | | | 44.96 | | | 50.57 | | |

资料来源：https://www.nsf.gov/statistics/2018/nsb20181/report/sections/research-and-development-u-s-trends-and-international-comparisons/recent-trends-in-u-s-r-d-performance#sources-of-r-d-funding.

美国研究与开发经费从1995年的1841亿美元，增长至2016年的5163亿美元，共增长了180.4%（见表3-17）；1996年至2016年，21年年平均增长率为5.08%。根据表3-6，同期中国研究与开发经费从1995年的348.7亿元，增长至2016年的15676.7亿元，共增长了4395.8%；1996年至2016年，21年年平均增长率为20.0%，大大超过美国。2017年美国研究与开发经费为5432亿美元。[①]

从R&D经费占GDP的比重来看，美国1995年至2016年，平均为2.62%；而中国同期为1.32%，相对美国较低。但2017年美国为2.79%，中国为2.15%，差距已经不太大了。

表3-17　　　　　　美国1995—2016年研究与开发经费

单位：十亿美元；%

| 年份 | 1995 | 1996 | 1997 | 1998 | 1999 | 2000 | 2001 | 2002 | 2003 | 2004 | 2005 |
|---|---|---|---|---|---|---|---|---|---|---|---|
| R&D经费 | 184.1 | 197.8 | 212.7 | 226.9 | 245.5 | 269.5 | 280.2 | 279.9 | 293.9 | 305.6 | 328.1 |
| 年增长率 | | 7.5 | 7.5 | 6.7 | 8.2 | 9.8 | 4.0 | -0.1 | 5.0 | 4.0 | 7.4 |
| R&D经费/GDP | 2.41 | 2.45 | 2.48 | 2.50 | 2.55 | 2.63 | 2.65 | 2.56 | 2.56 | 2.50 | 2.52 |

① 由于表3-16和表3-17的资料来源不同，美国研究与开发（R&D）经费同年数额也会略有差异。

续表

| 年份 | 2006 | 2007 | 2008 | 2009 | 2010 | 2011 | 2012 | 2013 | 2014 | 2015 | 2016 |
|---|---|---|---|---|---|---|---|---|---|---|---|
| R&D经费 | 353.3 | 380.3 | 407.2 | 406.4 | 410.1 | 429.8 | 434.3 | 454.8 | 476.5 | 495.1 | 516.3 |
| 年增长率 | 7.7 | 7.6 | 7.1 | -0.2 | 0.9 | 4.8 | 1.0 | 4.7 | 4.8 | 3.9 | 4.3 |
| R&D经费/GDP | 2.56 | 2.63 | 2.77 | 2.81 | 2.74 | 2.77 | 2.68 | 2.71 | 2.72 | 2.72 | 2.76 |

资料来源：《中国科技统计年鉴2019》。

2003年，在研究与开发经费中，中国政府和美国政府资金投入所占比例均超过29%，其后政府资金投入比例均总体下滑，中国政府资金投入下降幅度大于美国（见表3-18）。2003年至2015年，美国政府资金在研究与开发经费中所占比例平均为28.5%，而同期中国政府资金在研究与开发经费中所占比重平均为23.8%，低于美国。

表3-18　　中国和美国研究与开发经费中政府资金所占比例　　单位：%

| 年份 | 美国政府资金比例 | 中国政府资金比例 |
|---|---|---|
| 2003 | 29.2 | 29.9 |
| 2004 | 30.0 | 26.6 |
| 2005 | 29.3 | 26.3 |
| 2006 | 28.5 | 24.7 |
| 2007 | 27.8 | 24.6 |
| 2008 | 29.1 | 23.6 |
| 2009 | 31.2 | 23.4 |
| 2010 | 31.1 | 24.0 |
| 2011 | 29.8 | 21.7 |
| 2012 | 28.6 | 21.6 |
| 2013 | 26.5 | 21.1 |
| 2014 | 24.9 | 20.2 |
| 2015 | 24.4 | 21.2 |

资料来源：同表3-7和表3-16。

### (三) 日本

日本近 20 来年研究与开发经费增长不大，1995 年为 133691 亿日元，2016 年为 169115 亿日元，共增长了 26.5%（见表 3-19）；1996 年至 2016 年，21 年年平均增长率仅为 1.18%。而同期中国增长率（4395.8%）和年平均增长率（20.0%）远超日本。2017 年日本研究与开发经费为 175123 亿日元，占 GDP 的比重为 3.21%。

从 R&D 经费占 GDP 的比重来看，日本 1995 年至 2016 年，22 年平均为 3.09%；而中国同期为 1.32%，相对日本明显偏低。就算是 2017 年中国已达到 2.15%，仍然比日本的 3.21% 低许多。

表 3-19　　　日本 1995—2016 年研究与开发经费

单位：十亿日元；%

| 年份 | 1995 | 1996 | 1997 | 1998 | 1999 | 2000 | 2001 | 2002 |
|---|---|---|---|---|---|---|---|---|
| R&D 经费 | 13369.1 | 14155.1 | 14794.0 | 15169.2 | 15032.7 | 15304.4 | 15542.8 | 15551.5 |
| 年增长率 |  | 5.9 | 4.5 | 2.5 | -0.9 | 1.8 | 1.6 | 0.1 |
| R&D 经费/GDP | 2.61 | 2.69 | 2.77 | 2.87 | 2.89 | 2.91 | 2.97 | 3.01 |
| 年份 | 2003 | 2004 | 2005 | 2006 | 2007 | 2008 | 2009 | 2010 |
| R&D 经费 | 15683.4 | 15782.7 | 16672.6 | 17273.5 | 17756.2 | 17377.2 | 15817.7 | 15696.5 |
| 年增长率 | 0.8 | 0.6 | 5.6 | 3.6 | 2.8 | -2.1 | -9.0 | -0.8 |
| R&D 经费/GDP | 3.04 | 3.03 | 3.18 | 3.28 | 3.34 | 3.34 | 3.23 | 3.14 |
| 年份 | 2011 | 2012 | 2013 | 2014 | 2015 | 2016 |  |  |
| R&D 经费 | 15945.1 | 15883.6 | 16680.1 | 17472.9 | 17436.1 | 16911.5 |  |  |
| 年增长率 | 1.6 | -0.4 | 5.0 | 4.8 | -0.2 | -3.0 |  |  |
| R&D 经费/GDP | 3.24 | 3.21 | 3.31 | 3.40 | 3.28 | 3.16 |  |  |

资料来源：《中国科技统计年鉴 2019》。

### (四) 英国

英国研究与开发经费从 1995 年的 140 亿英镑，增长至 2016 年的 331 亿英镑，共增长了 136%（见表 3-20）；1996 年至 2016 年，

21 年年平均增长率为 4.21%。而同期中国增长率（4395.8%）和年平均增长率（20.0%），远超英国。2017 年英国研究与开发经费为 341 亿英镑，占 GDP 的比重为 1.66%。

从 R&D 经费占 GDP 的比重来看，英国 1995 年至 2016 年，22 年平均为 1.62%；而中国同期为 1.32%，相对英国较低。2017 年英国为 1.66%，而中国已达到 2.15%，明显超过了英国。

表 3-20  英国 1995—2016 年研究与开发经费

单位：十亿英镑；%

| 年份 | 1995 | 1996 | 1997 | 1998 | 1999 | 2000 | 2001 | 2002 | 2003 | 2004 | 2005 |
|---|---|---|---|---|---|---|---|---|---|---|---|
| R&D 经费 | 14.0 | 14.3 | 14.7 | 15.5 | 16.9 | 17.7 | 18.3 | 19.2 | 19.9 | 20.2 | 21.7 |
| 年增长率 |  | 2.2 | 2.2 | 5.4 | 9.5 | 4.7 | 3.2 | 5.2 | 3.5 | 1.8 | 7.1 |
| R&D 经费/GDP | 1.66 | 1.59 | 1.54 | 1.56 | 1.64 | 1.63 | 1.62 | 1.63 | 1.59 | 1.54 | 1.56 |
| 年份 | 2006 | 2007 | 2008 | 2009 | 2010 | 2011 | 2012 | 2013 | 2014 | 2015 | 2016 |
| R&D 经费 | 23.2 | 25.0 | 25.6 | 25.9 | 26.4 | 27.4 | 27.0 | 28.9 | 30.6 | 31.6 | 33.1 |
| 年增长率 | 7.0 | 7.7 | 2.6 | 0.9 | 1.9 | 3.9 | -1.4 | 6.9 | 6.0 | 3.4 | 4.7 |
| R&D 经费/GDP | 1.58 | 1.62 | 1.62 | 1.68 | 1.66 | 1.66 | 1.59 | 1.64 | 1.66 | 1.67 | 1.68 |

资料来源：《中国科技统计年鉴 2019》。

### （五）法国

法国研究与开发经费从 1995 年的 273 亿欧元，增长至 2016 年的 495 亿欧元，共增长了 81.3%（见表 3-21）；1996 年至 2016 年，21 年年平均增长率为 2.99%。而同期中国增长率（4395.8%）和年平均增长率（20.0%）远超法国。2017 年法国研究与开发经费为 502 亿欧元，占 GDP 的比重为 2.19%。

从 R&D 经费占 GDP 的比重来看，法国 1995 年至 2016 年，22 年平均为 2.15%；而中国同期为 1.32%，相对法国较低。但 2017 年法国为 2.19%，而中国已达到 2.15%，接近法国。

表 3-21　　　　　法国 1995—2016 年研究与开发经费

单位：十亿欧元；%

| 年份 | 1995 | 1996 | 1997 | 1998 | 1999 | 2000 | 2001 | 2002 | 2003 | 2004 | 2005 |
|---|---|---|---|---|---|---|---|---|---|---|---|
| R&D 经费 | 27.3 | 27.8 | 27.8 | 28.3 | 29.5 | 31.0 | 32.9 | 34.5 | 34.6 | 35.7 | 36.2 |
| 年增长率 |  | 2.0 | -0.3 | 2.0 | 4.3 | 4.8 | 6.2 | 5.0 | 0.1 | 3.3 | 1.5 |
| R&D 经费/GDP | 2.24 | 2.22 | 2.15 | 2.09 | 2.11 | 2.09 | 2.14 | 2.17 | 2.12 | 2.09 | 2.05 |
| 年份 | 2006 | 2007 | 2008 | 2009 | 2010 | 2011 | 2012 | 2013 | 2014 | 2015 | 2016 |
| R&D 经费 | 37.9 | 39.3 | 41.1 | 42.8 | 43.5 | 45.1 | 46.5 | 47.4 | 48.9 | 49.8 | 49.5 |
| 年增长率 | 4.6 | 3.7 | 4.5 | 4.3 | 1.5 | 3.8 | 3.1 | 1.8 | 3.16 | 4.0 | -0.6 |
| R&D 经费/GDP | 2.05 | 2.02 | 2.06 | 2.21 | 2.18 | 2.19 | 2.23 | 2.24 | 2.28 | 2.27 | 2.22 |

资料来源：《中国科技统计年鉴 2019》。

## （六）德国

德国研究与开发经费从 1995 年的 405 亿欧元，增长至 2016 年的 922 亿欧元，共增长了 127.7%（见表 3-22）；1996 年至 2016 年，21 年年平均增长率为 4.04%。而同期中国增长率（4395.8%）和年平均增长率（20.0%）远超德国。2017 年德国研究与开发经费为 996 亿欧元，占 GDP 的比重为 3.04%。

从 R&D 经费占 GDP 的比重来看，德国 1995 年至 2016 年，22 年平均为 2.53%；而中国同期为 1.32%，相对德国较低。2017 年德国为 3.04%，而中国为 2.15%，距德国还存在一定的差距。

表 3-22　　　　　德国 1995—2016 年研究与开发经费

单位：十亿欧元；%

| 年份 | 1995 | 1996 | 1997 | 1998 | 1999 | 2000 | 2001 | 2002 | 2003 | 2004 | 2005 |
|---|---|---|---|---|---|---|---|---|---|---|---|
| R&D 经费 | 40.5 | 41.2 | 42.9 | 44.6 | 48.4 | 50.8 | 52.2 | 53.6 | 54.7 | 55.1 | 55.9 |
| 年增长率 |  | 1.8 | 4.1 | 4.2 | 8.5 | 5.0 | 2.8 | 2.7 | 2.1 | 0.7 | 1.5 |
| R&D 经费/GDP | 2.13 | 2.14 | 2.18 | 2.21 | 2.34 | 2.40 | 2.40 | 2.42 | 2.47 | 2.43 | 2.43 |

续表

| 年份 | 2006 | 2007 | 2008 | 2009 | 2010 | 2011 | 2012 | 2013 | 2014 | 2015 | 2016 |
|---|---|---|---|---|---|---|---|---|---|---|---|
| R&D 经费 | 59.0 | 61.5 | 66.6 | 67.1 | 70.0 | 75.6 | 79.1 | 79.7 | 84.2 | 88.8 | 92.2 |
| 年增长率 | 5.5 | 4.6 | 8.3 | 0.8 | 4.4 | 7.9 | 4.7 | 0.8 | 5.6 | 5.1 | 3.8 |
| R&D 经费/GDP | 2.46 | 2.45 | 2.60 | 2.73 | 2.71 | 2.80 | 2.87 | 2.82 | 2.87 | 2.91 | 2.92 |

资料来源：《中国科技统计年鉴2019》。

### （七）意大利

意大利研究与开发经费从1995年的92亿欧元，增长至2016年的232亿欧元，共增长了152.2%（见表3－23）；1996年至2016年，21年年平均增长率为4.41%。而同期中国增长率（4395.8%）和年平均增长率（20.0%）远超意大利。2017年意大利研究与开发经费为234亿欧元，占GDP的比重为1.35%。

从R&D经费占GDP的比重来看，意大利1995年至2016年，22年平均为1.13%；而中国同期为1.32%，总体超过意大利。2017年意大利仅为1.35%，而中国已达到2.15%，超过了意大利。

表3－23　　　　意大利1995—2016年研究与开发经费

单位：十亿欧元；%

| 年份 | 1995 | 1996 | 1997 | 1998 | 1999 | 2000 | 2001 | 2002 | 2003 | 2004 | 2005 |
|---|---|---|---|---|---|---|---|---|---|---|---|
| R&D 经费 | 9.2 | 9.9 | 10.8 | 11.4 | 11.5 | 12.5 | 13.6 | 14.6 | 14.8 | 15.3 | 15.6 |
| 年增长率 |  | 7.2 | 9.1 | 6.1 | 0.7 | 8.1 | 8.9 | 7.6 | 1.2 | 3.3 | 2.3 |
| R&D 经费/GDP | 0.94 | 0.95 | 0.99 | 1.01 | 0.98 | 1.01 | 1.04 | 1.08 | 1.06 | 1.05 | 1.05 |
| 年份 | 2006 | 2007 | 2008 | 2009 | 2010 | 2011 | 2012 | 2013 | 2014 | 2015 | 2016 |
| R&D 经费 | 16.8 | 18.2 | 19.0 | 19.2 | 19.6 | 19.8 | 20.5 | 21.0 | 21.8 | 22.2 | 23.2 |
| 年增长率 | 7.9 | 8.3 | 4.2 | 1.1 | 2.2 | 0.9 | 3.5 | 2.3 | 3.8 | -0.6 | 4.5 |
| R&D 经费/GDP | 1.09 | 1.13 | 1.16 | 1.22 | 1.22 | 1.21 | 1.27 | 1.31 | 1.34 | 1.34 | 1.37 |

资料来源：《中国科技统计年鉴2019》。

## （八）加拿大

加拿大的研究与开发经费从 1995 年的 138 亿加元，增长至 2016 年的 344 亿加元，共增长了 149.2%（见表 3-24）；1996 年至 2016 年，21 年增长不太稳定，年平均增长率为 4.57%。而同期中国增长率（4395.8%）和年平均增长率（20.0%）远超加拿大。2017 年加拿大研究与开发经费为 340 亿加元，占 GDP 的比重为 1.59%。

从 R&D 经费占 GDP 的比重来看，加拿大 1995 年至 2016 年，22 年平均为 1.82%；而中国同期为 1.32%，相对加拿大较低。2017 年加拿大仅为 1.59%，而中国已达到 2.15%，超过了加拿大。

表 3-24　　加拿大 1995—2016 年研究与开发经费

单位：十亿加元；%

| 年份 | 1995 | 1996 | 1997 | 1998 | 1999 | 2000 | 2001 | 2002 | 2003 | 2004 | 2005 |
|---|---|---|---|---|---|---|---|---|---|---|---|
| R&D | 13.8 | 13.8 | 14.6 | 16.1 | 17.6 | 20.6 | 23.1 | 23.5 | 24.7 | 26.7 | 28.0 |
| 年增长率 |  | 0.5 | 5.9 | 9.9 | 9.6 | 16.6 | 12.5 | 1.7 | 4.9 | 8.1 | 5.0 |
| R&D/GDP | 1.65 | 1.61 | 1.61 | 1.71 | 1.75 | 1.86 | 2.02 | 1.97 | 1.97 | 2.00 | 1.97 |
| 年份 | 2006 | 2007 | 2008 | 2009 | 2010 | 2011 | 2012 | 2013 | 2014 | 2015 | 2016 |
| R&D | 29.1 | 30.0 | 30.8 | 30.1 | 30.4 | 31.7 | 32.4 | 32.4 | 34.2 | 33.7 | 34.4 |
| 年增长率 | 3.8 | 3.3 | 2.4 | -2.0 | 1.0 | 4.3 | 2.2 | 0 | 5.6 | -1.5 | 2.1 |
| R&D/GDP | 1.94 | 1.90 | 1.86 | 1.92 | 1.83 | 1.79 | 1.77 | 1.71 | 1.71 | 1.69 | 1.69 |

资料来源：《中国科技统计年鉴 2019》。

## 九　影响因素

新中国成立后，我国科学研究（科学技术）财政投入总量不断增长，特别是 1992 年以后增长呈加速态势。但是在增长率方面没有形成持续稳定的增长机制，从增长 145.5% 到下降 42.4%，显示其波动较大。为什么科学研究财政投入总量持续增长，同时增长率波动又较大？笔者以为，影响因素有多个方面，主要有国家政策因素、经济增长因素和科学技术自身因素等。

## (一) 国家政策

国家政策包括科技政策和财政政策,是影响公共支出、科学技术支出的重要因素,在某种程度或某段时间,其影响甚至超过经济因素。如果政府对科学技术高度重视,就会通过政策进行落实,会在财政预算上作出相应安排,科学技术财政投入就会得到较大增长;如果对科学技术重视力度减弱,科学技术投入增长就比较缓慢,甚至负增长。我国科学研究财政投入年增长超过 100% 的有三年,分别是 1954 年、1956 年和 1958 年,1954 年增长较高,有 1953 年基数较低的原因,1956 年、1958 年科学研究投入大幅增长都与党和国家"向科学进军"的政策有关。

1956 年 1 月,中共中央召开全国知识分子问题会议。毛泽东、周恩来在会上要求全党、全军和全国人民努力学习科学知识,为迅速赶上世界科学技术先进水平而努力奋斗。会上,党中央发出了"向科学进军"的伟大号召。不久,毛泽东在最高国务会议第六次会议上指出:"社会主义革命的目的是为了解放生产力"①,强调要"努力改变我国在经济上和科学文化上的落后状况,迅速达到世界上的先进水平"②。4 月,毛泽东又在中央政治局扩大会议上提出发展尖端技术的问题。他指出,为巩固国防安全,不仅要有更多的飞机大炮,而且要有原子弹。根据毛泽东的一系列指示,由周恩来和聂荣臻等牵头,成立了科学技术规划委员会,制定了《1956—1967 年科学技术发展远景规划》。为此,中央政府在财政上作出了相应安排。国务院副总理兼财政部长李先念在《关于一九五五年国家决算和一九五六年国家预算的报告》中说:"1956 年内,国家预算对科学事业的支出比上年增加一倍以上。中国科学院的科学研究机构将由 44 个发展到 60 个,国民经济各部门和高等学校的科学研究工作也将有很大的发展。"③

---

① 《毛泽东文集》第七卷,人民出版社 1999 年版,第 1 页。
② 《毛泽东著作选读》下册,人民出版社 1986 年版,第 718 页。
③ 李先念:《关于一九五五年国家决算和一九五六年国家预算的报告》,《中华人民共和国财政史料》第二辑《国家预算决算》,中国财政经济出版社 1983 年版,第 125 页。

1958年，毛泽东又提出要把工作重点转移到技术革命和经济建设上去，发出了"我们也要搞人造卫星"的号召。当年科学支出预算增长131.3%。由此可见，国家政策影响甚巨。

(二) 经济增长

经济增长为财政收入增长以及科学技术财政投入增长奠定了基础，经济增长速度放缓特别是经济下滑，往往影响到科学技术财政投入。考察我国科学技术财政投入负增长的年份（见表3-25），我们会发现经济增长和科学技术财政投入大体上呈正相关关系。1961年、1962年GDP负增长，1961年、1962年财政收入、财政支出和科学技术财政投入均为负增长。1966年、1967年、1968年三年经济下滑，财政收入、财政支出和科学技术财政投入也基本上为负增长。类似情况还发生在1972年和1981年。

表3-25　科学研究财政投入与财政收支和经济增长率比较　　单位：%

| 年份 | 科学研究财政投入增长率 | 财政收入增长率 | 财政支出增长率 | GDP增长率 |
| --- | --- | --- | --- | --- |
| 1960 | 76.6 | 17.5 | 18.5 | -0.3 |
| 1961 | -42.4 | -37.8 | -44.7 | -27.3 |
| 1962 | -29.6 | -11.9 | -17.2 | -5.6 |
| 1963 | 35.5 | 9.2 | 12.6 | 10.2 |
| 1964 | 30.4 | 16.7 | 18.6 | 18.3 |
| 1965 | 11.9 | 18.5 | 16.8 | 17.0 |
| 1966 | -7.8 | 18.0 | 16.9 | 10.7 |
| 1967 | -38.7 | -24.9 | -18.2 | -5.7 |
| 1968 | -3.6 | -13.9 | -18.6 | -4.1 |
| 1969 | 63.2 | 45.8 | 47.0 | 16.9 |
| 1970 | 24.1 | 25.8 | 23.5 | 19.4 |
| 1971 | 25.8 | 12.3 | 12.7 | 7.0 |
| 1972 | -4.2 | 2.9 | 4.6 | 3.8 |
| 1973 | -4.2 | 5.6 | 5.6 | 7.9 |
| 1974 | 0.2 | -3.3 | -2.3 | 2.3 |

续表

| 年份 | 科学研究财政投入增长率 | 财政收入增长率 | 财政支出增长率 | GDP增长率 |
| --- | --- | --- | --- | --- |
| 1975 | 16.3 | 4.1 | 3.8 | 8.7 |
| 1976 | 2.6 | -4.8 | -1.8 | -1.6 |
| 1977 | 5.7 | 12.6 | 4.6 | 7.6 |
| 1978 | 27.5 | 29.5 | 33.0 | 11.7 |
| 1979 | 17.8 | 1.2 | 14.2 | 7.6 |
| 1980 | 3.7 | 1.2 | -4.1 | 7.8 |
| 1981 | -4.7 | 1.4 | -7.5 | 5.2 |

资料来源：根据相关年份《中国财政年鉴》《中国统计年鉴》数据计算。

财政收入决定财政支出，财政收入越多，可用于科学技术的经费也就越多。同时，科学技术对经济增长的贡献率也会影响其投入水平。对经济增长贡献越大，政府会越加重视科学技术，也就会进一步加大科学技术的财政投入。

### （三）科学技术自身

科学技术财政投入与一国科技水平，以及科技力量尤其是科技人员数量，一般是相匹配的。

新中国成立初期，旧中国遗留下来的科技专门研究机构仅有30多个，全国科学技术人员不超过5万人，其中专门从事自然科学研究的人员不超过500人，[1] 科学技术财政投入相应较低。随着教育事业和科学事业的发展，科研人员逐步成长，科研队伍日益壮大，科研机构不断增加，必然要求科技投入相应增加，需要加强科研基础设施建设，集中经费实施重点科技计划，增加人力资本投入，加强国际交流与合作，等等。2018年全国研究与开发机构为3306个（见表3-26），[2] 是新中国成立之初的一百多倍，科学技术财政投入因此相应大幅增加。

---

[1] 朱丽兰：《国运兴 科技兴》，《科技智囊》1999年第11期。
[2] 《中国科技统计年鉴2018》。

表 3-26　　　　　　　研究与开发机构和人员基本情况

| 指标＼年份 | 2009 | 2010 | 2011 | 2012 | 2013 | 2014 | 2015 | 2016 | 2017 | 2018 |
|---|---|---|---|---|---|---|---|---|---|---|
| 机构基本情况 ||||||||||||
| 机构数（个） | 3707 | 3696 | 3673 | 3674 | 3651 | 3677 | 3650 | 3611 | 3547 | 3306 |
| 中央属（个） | 691 | 686 | 686 | 710 | 711 | 720 | 715 | 734 | 728 | 717 |
| 地方属（个） | 3016 | 3010 | 2987 | 2964 | 2940 | 2957 | 2935 | 2877 | 2819 | 2589 |
| 人员基本情况 ||||||||||||
| R&D 人员（万人） | 32.3 | 34.2 | 36.2 | 38.8 | 40.9 | 42.3 | 43.6 | 45.0 | 46.2 | 46.4 |
| R&D 人员全时当量（万人年） | 27.7 | 29.3 | 31.6 | 34.4 | 36.4 | 37.4 | 38.4 | 39.0 | 40.6 | 41.3 |
| 基础研究 | 4.1 | 4.2 | 5.0 | 5.7 | 6.1 | 6.6 | 7.1 | 8.4 | 8.4 | 8.5 |
| 应用研究 | 10.3 | 10.9 | 11.3 | 12.1 | 13.0 | 12.8 | 13.1 | 12.7 | 14.3 | 14.8 |
| 试验发展 | 13.4 | 14.2 | 15.2 | 16.5 | 17.3 | 18.0 | 18.1 | 17.9 | 17.8 | 18.0 |

注：本表的研究与开发机构是指非企业、高等学校等的专门机构，人员是指这种机构的人员。

资料来源：《中国科技统计年鉴2018》《中国科技统计年鉴2019》。

## 十　小结

我国科学技术财政投入的总量随经济发展和财政收入增长，得到巨大增长，但其强度仍然不高。

从绝对规模来看，我国科学技术财政投入从新中国成立至今，实现了巨幅和快速的增长。从1953年到2018年，增长了16995.8倍。

从相对规模来看，从1953年至2018年，我国科学技术财政投入占财政总支出的比重大多保持在3%—6%，平均为4.3%；占GDP的比重，经历了从上升到下降、再上升的曲折过程，平均为0.98%。

从弹性分析来看，我国科学技术财政投入增长率与财政支出增长率、GDP增长率基本上同步变动，但科学技术财政投入年平均增长率只是稍高于财政支出年平均增长率和GDP年平均增长率，离

"明显高于"财政经常性收入增长率的目标还有差距。

我国研究与开发经费得到快速增长，目前已居世界前列。但从研究与开发经费占 GDP 的比重来看，长期保持在 1% 以下，从 2002 年开始才提高到 1% 以上，2013 年首次提高到 2%，2018 年达到了 2.19%。1990 年至 2018 年平均为 1.23%，长期与美国、日本等主要发达国家相比有很大差距。而且在研究与开发经费中，中国政府投入的比重相比主要发达国家也偏低，需要进一步提高强度。

影响我国科学技术财政投入的主要因素有：国家的科技政策和财政政策、经济增长和财政收入、科学技术水平和科学研究力量等。事实上，我国科学技术财政投入的状况正是这些因素综合作用的结果。

# 第四章　科学技术财政投入的结构

科学技术财政投入的规模反映了政府对科学研究投入的总量情况，而科学技术财政投入的结构则反映了该投入的来源以及分配情况。结构是否合理关系着投入规模能否有效扩大，关系到投入经费的有效配置，关系到投入经费的使用效益。

根据科学技术财政投入的来源、投向和分配，可以将其结构分为负担结构、使用结构和分配结构。

## 一　负担结构

科学技术财政投入的负担结构是指科学技术财政资金在中央和地方政府之间的来源构成和比例关系。负担结构反映了不同层级政府支持科学技术活动的职责、力度、内容和方式，合理的负担结构对于明确各级政府科学技术投入责任以及有效推动科学技术发展有着重要意义。

### （一）政府负担结构

各级政府负担科学技术投入的多少与我国财政管理体制和各级政府支持科学技术的职责有密切关系。从我国政治体制和财政实践来看，科学技术主要由中央政府负责，中央政府投入占科学技术财政投入的大部分，1990年为70.12%，以后逐步上升，1993年达到74.31%，但之后便开始持续下降，2007年下降到50%以下，2018

年更是下降到39.3%。与此相反,地方政府科学技术投入在20世纪90年代初处于较低水平,以后逐步上升,2007年达到50%以上,2018年更是上升到60.7%(见表4-1、图4-1、图4-2)。但是,我们应当注意到,地方财政支出远超过中央财政支出,如2018年地方财政支出为188198亿元,中央财政支出为32708亿元,前者是后者的5.75倍,而科学技术投入前者只是后者的1.55倍,说明地方财政对科学技术投入相对较少,强度不足(见表4-2)。

表4-1　　　　　　中央和地方财政科技拨款情况　　　单位:亿元;%

| 年份 | 国家公共财政支出 | 国家财政科技拨款 | 国家财政科技拨款占国家公共财政支出的比重 | 中央财政科技拨款 数额 | 中央财政科技拨款 比重 | 地方财政科技拨款 数额 | 地方财政科技拨款 比重 |
| --- | --- | --- | --- | --- | --- | --- | --- |
| 1990 | 3083.6 | 139.1 | 4.51 | 97.6 | 70.12 | 41.6 | 29.88 |
| 1991 | 3386.6 | 160.7 | 4.74 | 115.4 | 71.84 | 45.3 | 28.16 |
| 1992 | 3742.2 | 189.3 | 5.06 | 133.6 | 70.59 | 55.7 | 29.41 |
| 1993 | 4642.3 | 225.6 | 4.86 | 167.6 | 74.31 | 58.0 | 25.69 |
| 1994 | 5792.6 | 268.3 | 4.63 | 199.0 | 74.17 | 69.3 | 25.83 |
| 1995 | 6823.7 | 302.4 | 4.43 | 215.6 | 71.30 | 86.8 | 28.70 |
| 1996 | 7937.6 | 348.6 | 4.39 | 242.8 | 69.65 | 105.8 | 30.35 |
| 1997 | 9233.6 | 408.9 | 4.43 | 273.9 | 67.00 | 134.0 | 33.00 |
| 1998 | 10798.2 | 438.6 | 4.06 | 289.7 | 66.06 | 148.9 | 33.94 |
| 1999 | 13187.7 | 543.9 | 4.12 | 355.6 | 65.38 | 188.3 | 34.62 |
| 2000 | 15886.5 | 575.6 | 3.62 | 349.6 | 60.73 | 226.0 | 39.27 |
| 2001 | 18902.6 | 703.3 | 3.72 | 444.3 | 63.19 | 258.9 | 36.81 |
| 2002 | 22053.2 | 816.2 | 3.70 | 511.2 | 62.63 | 305.0 | 37.37 |
| 2003 | 24650.0 | 944.6 | 3.83 | 609.9 | 64.57 | 335.6 | 35.53 |
| 2004 | 28486.9 | 1095.3 | 3.84 | 692.4 | 63.22 | 402.9 | 36.78 |
| 2005 | 33930.3 | 1334.9 | 3.93 | 807.8 | 60.51 | 527.1 | 39.49 |
| 2006 | 40422.7 | 1688.5 | 4.18 | 1009.7 | 59.80 | 678.8 | 40.20 |
| 2007 | 49781.4 | 2135.7 | 4.29 | 1044.1 | 48.89 | 1091.6 | 51.11 |
| 2008 | 62592.7 | 2611.0 | 4.17 | 1287.2 | 49.30 | 1323.8 | 50.70 |

续表

| 年份 | 国家公共财政支出 | 国家财政科技拨款 | 国家财政科技拨款占国家公共财政支出的比重 | 中央财政科技拨款 数额 | 中央财政科技拨款 比重 | 地方财政科技拨款 数额 | 地方财政科技拨款 比重 |
|---|---|---|---|---|---|---|---|
| 2009 | 76299.9 | 3276.8 | 4.29 | 1653.3 | 50.45 | 1623.5 | 49.55 |
| 2010 | 89874.2 | 4196.7 | 4.67 | 2052.5 | 48.91 | 2144.2 | 51.09 |
| 2011 | 109247.8 | 4797.0 | 4.39 | 2343.3 | 48.85 | 2453.7 | 51.15 |
| 2012 | 125953.0 | 5600.1 | 4.45 | 2613.6 | 46.67 | 2986.5 | 53.33 |
| 2013 | 140212.1 | 6184.9 | 4.41 | 2728.5 | 44.12 | 3456.4 | 55.88 |
| 2014 | 151785.6 | 6454.5 | 4.25 | 2899.2 | 44.92 | 3555.4 | 55.08 |
| 2015 | 175877.8 | 7005.8 | 3.98 | 3012.1 | 42.99 | 3993.7 | 57.01 |
| 2016 | 187755.2 | 7760.7 | 4.13 | 3269.3 | 42.13 | 4491.4 | 57.87 |
| 2017 | 203085.5 | 8383.6 | 4.13 | 3421.4 | 40.81 | 4962.1 | 59.19 |
| 2018 | 220904.1 | 9518.2 | 4.31 | 3738.5 | 39.30 | 5779.7 | 60.70 |

注：表中数据经过四舍五入处理，下同。

资料来源：《中国科技统计年鉴2019》。

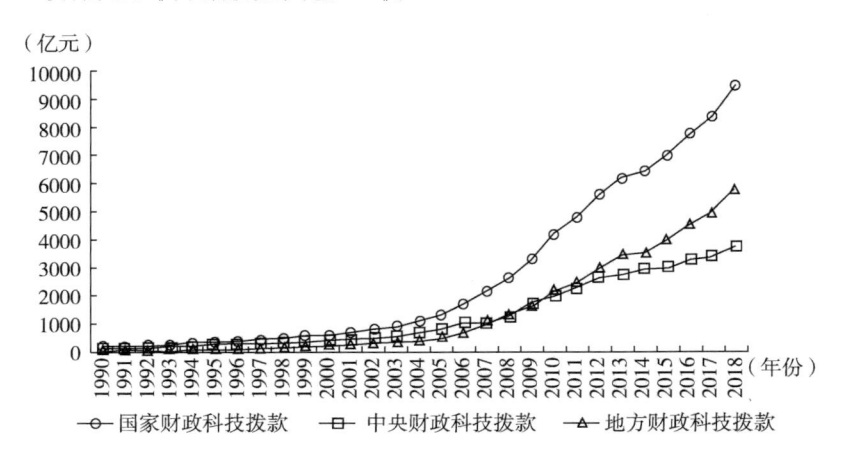

图 4-1 中央和地方财政科技拨款增长情况

从国家财政科技拨款占国家公共财政支出的比重看，1990年到2018年波动较小，在3.62%至5.06%之间（见表4-1），平均为4.26%。从中央财政科技拨款占本级财政支出的比重看，1990年到2018年波动较大，在6.3%至14.2%之间（见表4-2），平均为

128　我国科学技术的财政投入研究

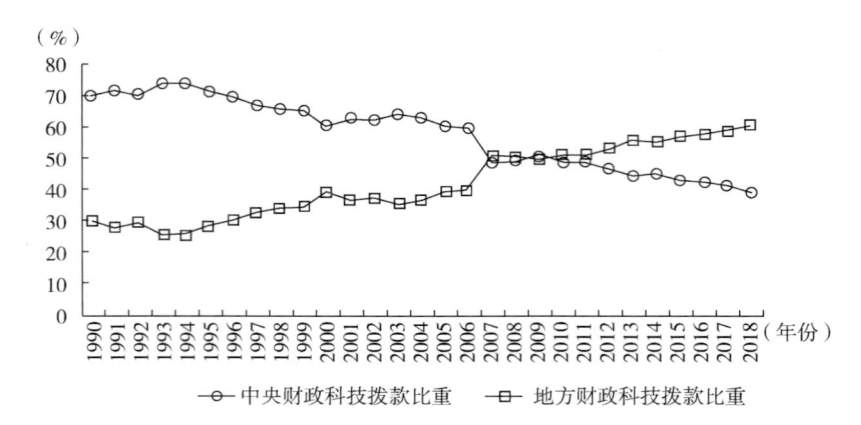

图 4-2　中央和地方财政科技拨款比例

10.6%。从地方财政科技拨款占本级财政支出的比重看，1990 年到 2018 年波动不太大，在 1.7% 至 3.1% 之间（见表 4-2），平均为 2.31%。由此可以看出，科技拨款在中央财政支出中占有较重分量，而在地方财政支出中占有的分量却较小，中央比重是地方比重的 4 倍多。地方政府应当更加重视科学技术，加大对科学技术的投入力度。

表 4-2　　　　　　中央和地方财政科技拨款占比情况　　　单位：亿元；%

| 年份 | 中央财政支出 | 中央财政科技拨款 | 中央财政科技拨款占中央财政支出比重 | 地方财政支出 | 地方财政科技拨款 | 地方财政科技拨款占地方财政支出比重 |
| --- | --- | --- | --- | --- | --- | --- |
| 1990 | 1004.5 | 97.6 | 9.7 | 2079.1 | 41.6 | 2.0 |
| 1991 | 1090.8 | 115.4 | 10.6 | 2295.8 | 45.3 | 2.0 |
| 1992 | 1170.4 | 133.6 | 11.4 | 2571.8 | 55.7 | 2.2 |
| 1993 | 1312.1 | 167.6 | 12.8 | 3330.2 | 58.0 | 1.7 |
| 1994 | 1754.4 | 199.0 | 11.3 | 4038.2 | 69.3 | 1.7 |
| 1995 | 1995.4 | 215.6 | 10.8 | 4828.3 | 86.8 | 1.8 |
| 1996 | 2151.3 | 242.8 | 11.3 | 5786.3 | 105.8 | 1.8 |
| 1997 | 2532.5 | 273.9 | 10.8 | 6701.1 | 134.0 | 2.0 |
| 1998 | 3125.6 | 289.7 | 9.3 | 7672.6 | 148.9 | 1.9 |
| 1999 | 4152.3 | 355.6 | 8.6 | 9035.3 | 188.3 | 2.1 |

续表

| 年份 | 中央财政支出 | 中央财政科技拨款 | 中央财政科技拨款占中央财政支出比重 | 地方财政支出 | 地方财政科技拨款 | 地方财政科技拨款占地方财政支出比重 |
|---|---|---|---|---|---|---|
| 2000 | 5519.9 | 349.6 | 6.3 | 10366.7 | 226.0 | 2.2 |
| 2001 | 5768.0 | 444.3 | 7.7 | 13134.6 | 258.9 | 2.0 |
| 2002 | 6771.7 | 511.2 | 7.5 | 15281.5 | 305.0 | 2.0 |
| 2003 | 7420.1 | 609.9 | 8.2 | 17229.9 | 335.6 | 1.9 |
| 2004 | 7894.1 | 692.4 | 8.8 | 20592.8 | 402.9 | 2.0 |
| 2005 | 8776.0 | 807.8 | 9.2 | 25154.3 | 527.1 | 2.1 |
| 2006 | 9991.4 | 1009.7 | 10.1 | 30431.3 | 678.8 | 2.2 |
| 2007 | 11442.1 | 1044.1 | 9.1 | 38339.3 | 1091.6 | 2.8 |
| 2008 | 13344.2 | 1287.2 | 9.6 | 49248.5 | 1323.8 | 2.6 |
| 2009 | 15255.8 | 1653.3 | 10.8 | 61044.1 | 1623.5 | 2.6 |
| 2010 | 15989.7 | 2052.5 | 12.8 | 73884.4 | 2144.0 | 2.9 |
| 2011 | 16514.1 | 2343.3 | 14.2 | 92733.7 | 2453.7 | 2.6 |
| 2012 | 18764.6 | 2613.6 | 13.9 | 107188.3 | 2986.5 | 2.8 |
| 2013 | 20471.8 | 2728.5 | 13.3 | 119740.3 | 3456.4 | 2.9 |
| 2014 | 22570.1 | 2899.2 | 12.8 | 129215.5 | 3555.4 | 2.8 |
| 2015 | 25542.2 | 3012.1 | 11.8 | 150335.6 | 3993.7 | 2.7 |
| 2016 | 27403.9 | 3269.3 | 11.9 | 160351.4 | 4491.4 | 2.8 |
| 2017 | 29857.2 | 3421.4 | 11.5 | 173228.3 | 4962.1 | 2.9 |
| 2018 | 32708.0 | 3738.5 | 11.4 | 188198.0 | 5779.7 | 3.1 |

资料来源：《中国财政年鉴2018》《中国科技统计年鉴2019》《2018年全国科技经费投入统计公报》《2018年财政收支情况》。

### （二）政府投入比重

从1995年至2008年全国科技活动经费的主要来源看，政府资金从约248.7亿元增长到约1902亿元，增长约6.6倍；企业资金从约305.2亿元增长到约6370.5亿元，增长约19.9倍；金融机构贷款从约127.1亿元增长到约405.2亿元，增长约2.2倍（见表4-3）。可见，来源于企业的资金增长较快，来源于政府的资金增长次之，来源于金融机构的贷款增长较缓。

表4-3　　　　　　　全国科技活动经费筹集　　　　　单位：万元；%

| 年份 | 科技活动经费筹集总额 | 政府资金 数额 | 政府资金 比重 | 企业资金 数额 | 企业资金 比重 | 金融机构贷款 数额 | 金融机构贷款 比重 |
|---|---|---|---|---|---|---|---|
| 1995 | 9625070 | 2487311 | 25.84 | 3051918 | 31.71 | 1270806 | 13.20 |
| 1996 | 10431730 | 2719714 | 26.07 | 3128228 | 29.99 | 1497880 | 14.36 |
| 1997 | 11819282 | 3098706 | 26.22 | 3483689 | 29.47 | 1551858 | 13.13 |
| 1998 | 12897557 | 3538300 | 27.43 | 4025040 | 31.21 | 1709832 | 13.26 |
| 1999 | 14606085 | 4729764 | 32.38 | 5102899 | 34.94 | 1287921 | 8.82 |
| 2000 | 23466834 | 5933920 | 25.29 | 12963664 | 55.24 | 1962129 | 8.36 |
| 2001 | 25893991 | 6563595 | 25.35 | 14583833 | 56.32 | 1907606 | 7.37 |
| 2002 | 29379898 | 7761912 | 26.42 | 16766868 | 57.07 | 2018777 | 6.87 |
| 2003 | 34590986 | 8392833 | 24.26 | 20535424 | 59.37 | 2593378 | 7.50 |
| 2004 | 43283258 | 9855191 | 22.77 | 27712063 | 64.02 | 2650049 | 6.12 |
| 2005 | 52508284 | 12130537 | 23.10 | 34402879 | 65.52 | 2768395 | 5.27 |
| 2006 | 61967083 | 13678454 | 22.07 | 41069478 | 66.28 | 3742727 | 6.04 |
| 2007 | 76951501 | 17035547 | 22.14 | 51894786 | 67.44 | 3843140 | 4.99 |
| 2008 | 91238070 | 19020347 | 20.85 | 63704937 | 69.82 | 4051993 | 4.44 |

资料来源：《中国科技统计年鉴2009》。

从三部分资金所占比重来看（见图4-3），政府资金保持大体稳定，平均为25%；金融机构贷款有所下降，平均为8.6%；企业资金从1999年开始大幅上升，由之前平均31.5%上升到之后的平均62.3%。

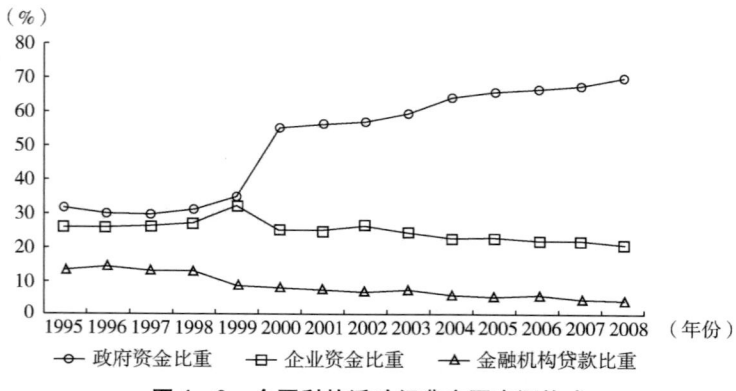

图4-3　全国科技活动经费主要来源构成

在研究与开发经费中，政府资金总量不断增长，从 2003 年的 460.6 亿元增长到 2018 年的 3978.6 亿元，增长约 7.64 倍；但占全部研究与开发经费的比重却呈下降趋势，2003 年为 29.9%，2018 年下降到 20.2%。企业资金逐渐增加，从 2003 年的 925.4 亿元增长到 2018 年的 15079.3 亿元，增长约 15.29 倍；所占比重也呈上升趋势，2003 年为 60.1%，2018 年上升到 76.6%。国外资金总量有所增长，所占比例呈下降趋势。其他资金总量有所增加，所占比重有所下降，近年相对稳定（见表 4-4）。

表 4-4　　　　　研究与开发经费来源构成　　　　　单位：亿元；%

| 年份 | R&D 经费（A） | 政府资金（B） | B/A | 企业资金（C） | C/A | 国外资金（D） | D/A | 其他资金（E） | E/A |
|---|---|---|---|---|---|---|---|---|---|
| 2003 | 1539.6 | 460.6 | 29.9 | 925.4 | 60.1 | 30.0 | 1.9 | 123.8 | 8.1 |
| 2004 | 1966.3 | 523.6 | 26.6 | 1291.3 | 65.7 | 25.2 | 1.3 | 126.2 | 6.4 |
| 2005 | 2450.0 | 645.4 | 26.3 | 1642.5 | 67.0 | 22.7 | 0.9 | 139.4 | 5.7 |
| 2006 | 3003.1 | 742.1 | 24.7 | 2073.7 | 69.0 | 48.4 | 1.6 | 138.9 | 4.6 |
| 2007 | 3710.2 | 913.5 | 24.6 | 2611.0 | 70.4 | 50.0 | 1.3 | 135.8 | 3.7 |
| 2008 | 4616.0 | 1088.9 | 23.6 | 3311.5 | 71.7 | 57.2 | 1.2 | 158.4 | 3.4 |
| 2009 | 5802.1 | 1358.3 | 23.4 | 4162.7 | 71.7 | 78.1 | 1.3 | 203.0 | 3.5 |
| 2010 | 7062.6 | 1696.3 | 24.0 | 5063.1 | 71.7 | 92.1 | 1.3 | 211.0 | 3.0 |
| 2011 | 8687.0 | 1883.0 | 21.7 | 6420.6 | 73.9 | 116.2 | 1.3 | 267.2 | 3.1 |
| 2012 | 10298.4 | 2221.4 | 21.6 | 7625.0 | 74.0 | 100.4 | 1.0 | 351.6 | 3.4 |
| 2013 | 11846.6 | 2500.6 | 21.1 | 8837.7 | 74.6 | 105.9 | 0.9 | 402.5 | 3.4 |
| 2014 | 13015.6 | 2636.1 | 20.2 | 9816.5 | 75.4 | 107.6 | 0.8 | 455.5 | 3.5 |
| 2015 | 14169.9 | 3013.2 | 21.2 | 10588.6 | 74.7 | 105.2 | 0.7 | 462.9 | 3.3 |
| 2016 | 15676.7 | 3140.8 | 20.0 | 11923.5 | 76.1 | 103.2 | 0.7 | 509.2 | 3.2 |
| 2017 | 17606.1 | 3487.4 | 19.8 | 13464.5 | 76.5 | 113.3 | 0.6 | 540.5 | 3.1 |
| 2018 | 19677.9 | 3978.6 | 20.2 | 15079.3 | 76.6 | 71.4 | 0.4 | 548.6 | 2.8 |

资料来源：《中国科技统计年鉴 2010》《中国科技统计年鉴 2019》。

### （三）研究与开发经费地区政府投入

从全国研究与开发经费看（见表 4-5），2016—2018 年，政府

## 表4-5　各地区研究开发经费政府投入情况

单位：万元；%

| 年份 项目 地区 | 2016 R&D经费内部支出 | 2016 政府资金 | 2016 政府资金占比 | 2017 R&D经费内部支出 | 2017 政府资金 | 2017 政府资金占比 | 2018 R&D经费内部支出 | 2018 政府资金 | 2018 政府资金占比 |
|---|---|---|---|---|---|---|---|---|---|
| 全国 | 156767484 | 31408076 | 20.03 | 176061295 | 34874471 | 19.81 | 196779293.7 | 39786410.4 | 20.22 |
| 东部地区 | 106893836 | 19134800 | 17.90 | 118848464 | 21446826 | 18.05 | 131899247.9 | 24361083.6 | 18.47 |
| 中部地区 | 23781377 | 3533276 | 14.86 | 28201677 | 4057872 | 14.39 | 32872691.3 | 4862288 | 14.79 |
| 西部地区 | 19443390 | 6660021 | 34.25 | 21966359 | 7220019 | 32.87 | 24906426 | 8400086.5 | 33.73 |
| 东北地区 | 6648880 | 2079980 | 31.28 | 7044796 | 2149753 | 30.52 | 7100928.5 | 2162952.4 | 30.46 |
| 北京 | 14845762 | 8026073 | 54.06 | 15796512 | 8224113 | 52.06 | 18707700.8 | 9205698 | 49.21 |
| 天津 | 5373223 | 940214 | 17.50 | 4587227 | 1043628 | 22.75 | 4923997 | 1022293.6 | 20.76 |
| 河北 | 3834274 | 557713 | 14.55 | 4520312 | 679937 | 15.04 | 4997415.2 | 681591.1 | 13.64 |
| 山西 | 1326237 | 251362 | 18.95 | 1482347 | 218363 | 14.73 | 1757821.7 | 284941.5 | 16.21 |
| 内蒙古 | 1475124 | 194348 | 13.18 | 1323278 | 179649 | 13.58 | 1292186.9 | 202471.3 | 15.67 |
| 辽宁 | 3727165 | 1086327 | 29.15 | 4298825 | 1126797 | 26.21 | 4600799.9 | 1109761.3 | 24.12 |
| 吉林 | 1396668 | 440179 | 31.52 | 1280073 | 480565 | 37.54 | 1150255.3 | 518601.3 | 45.09 |
| 黑龙江 | 1525048 | 553475 | 36.29 | 1465898 | 542391 | 37.00 | 1349873.3 | 534589.8 | 39.60 |
| 上海 | 10493187 | 3747635 | 35.71 | 12052052 | 4294526 | 35.63 | 13592022.6 | 4712501.2 | 34.67 |
| 江苏 | 20268734 | 1531142 | 7.55 | 22600621 | 1921579 | 8.50 | 25044292.5 | 2539288.9 | 10.14 |

续表

| 年份 | 2016 | | | 2017 | | | 2018 | | |
|---|---|---|---|---|---|---|---|---|---|
| 浙江 | 11306297 | 787174 | 6.96 | 12663398 | 915771 | 7.23 | 14456892.9 | 1138912.4 | 7.88 |
| 安徽 | 4751329 | 851198 | 17.91 | 5649198 | 933394 | 16.52 | 6489540.7 | 1049142.6 | 16.17 |
| 福建 | 4542920 | 498244 | 10.97 | 5430888 | 612210 | 11.27 | 6427935 | 685248.9 | 10.66 |
| 江西 | 2073091 | 233112 | 11.24 | 2558030 | 297427 | 11.63 | 3106905.8 | 386404 | 12.44 |
| 山东 | 15660904 | 1075905 | 6.87 | 17530070 | 1219536 | 6.96 | 16433299.9 | 1365554.9 | 8.31 |
| 河南 | 4941880 | 493898 | 9.99 | 5820538 | 527681 | 9.07 | 6715193.1 | 604031 | 8.99 |
| 湖北 | 6000423 | 1140495 | 19.01 | 7006253 | 1376141 | 19.64 | 8220500.7 | 1701772.2 | 20.70 |
| 湖南 | 4688418 | 563211 | 12.01 | 5685310 | 704866 | 12.40 | 6582729.3 | 835996.7 | 12.70 |
| 广东 | 20351440 | 1865963 | 9.17 | 23436283 | 2404041 | 10.26 | 27046969.2 | 2876840.4 | 10.64 |
| 广西 | 1177487 | 272643 | 23.15 | 1421787 | 384486 | 27.04 | 1448529.7 | 425969.8 | 29.41 |
| 海南 | 217095 | 104736 | 48.24 | 231099 | 131484 | 56.90 | 268722.8 | 133154.2 | 49.55 |
| 重庆 | 3021830 | 440241 | 14.57 | 3646309 | 507509 | 13.92 | 4102094.1 | 697311.8 | 17.00 |
| 四川 | 5614193 | 2404210 | 42.82 | 6378500 | 2455639 | 38.50 | 7370813.2 | 2909491.4 | 39.47 |
| 贵州 | 734006 | 152854 | 20.82 | 958815 | 260656 | 27.19 | 1216145.1 | 264591.3 | 21.76 |
| 云南 | 1327616 | 376839 | 28.38 | 1577604 | 422560 | 26.78 | 1872976.4 | 440346.5 | 23.51 |
| 西藏 | 22184 | 17790 | 80.19 | 28648 | 22358 | 78.04 | 37064.4 | 26511.4 | 71.53 |
| 陕西 | 4195554 | 2231466 | 53.19 | 4609363 | 2326046 | 50.46 | 5324201 | 2668607.1 | 50.12 |

续表

| 年份 | 2016 | | | 2017 | | | 2018 | |
|---|---|---|---|---|---|---|---|---|
| 甘肃 | 869850 | 300201 | 34.51 | 884070 | 335096 | 37.90 | 970536.7 | 412043.9 | 42.46 |
| 青海 | 139977 | 52070 | 37.20 | 179109 | 61876 | 34.55 | 172951.1 | 66837.9 | 38.65 |
| 宁夏 | 299269 | 62996 | 21.05 | 389357 | 110512 | 28.38 | 455792.5 | 98599.2 | 21.63 |
| 新疆 | 566301 | 154364 | 27.26 | 569519 | 153633 | 26.98 | 643134.9 | 187304.9 | 29.12 |

注：本书数据均不含我国港澳台地区。

资料来源：《全国科技经费投入统计公报》（2017—2019）。

资金的比重分别是 20.03%、19.81%、20.22%，比例不算高，比西方多数国家都低，略有起伏。东部地区和中部地区政府资金占比低于全国水平，而西部地区和东北地区政府资金占比高于全国水平。从各省份来看，有 17 个省份政府投入在下降，有 14 个省份政府投入却在增长，特别是中部地区和西部地区的一些省份增长更加明显，重要原因是这些地区的企业不如东部地区发达，企业投入不足，造成政府投入相对增长。

从地区来看，2018 年西部地区和东北地区政府投入比重比东部和中部地区高，企业投入正相反，原因是西部地区和东北地区企业不如东部地区和中部地区发达。从各省份情况看（见表 4-6），政府投入在研究与开发经费中的比重差别甚大，最高的三位分别是西藏（71.5%）、陕西（50.1%）、海南（49.6%）；最低的三位分别是浙江（7.9%）、山东（8.3%）、河南（9.0%）。浙江、山东都是企业非常发达的地区，所以政府投入研究与开发经费比重相对较低，而企业投入研究与开发经费比重较高，分别是 90.1%、88.9%。

表 4-6　　　　2018 年各地区研究与开发经费来源构成　　单位：亿元；%

| 项目<br>地区 | R&D 经费内部支出（A） | 政府资金（B） | B/A | 企业资金（C） | C/A | 国外资金（D） | D/A | 其他资金（E） | E/A |
| --- | --- | --- | --- | --- | --- | --- | --- | --- | --- |
| 全国 | 196779294 | 39786410 | 20.2 | 150792998 | 76.6 | 714143 | 0.4 | 5485742 | 2.8 |
| 东部地区 | 131899248 | 24361084 | 18.5 | 103437141 | 78.4 | 570613 | 0.4 | 3530410 | 2.7 |
| 中部地区 | 32872691 | 4862288 | 14.8 | 27080309 | 82.4 | 99567 | 0.3 | 830527 | 2.5 |
| 西部地区 | 24906426 | 8400087 | 33.7 | 15490912 | 62.2 | 33337 | 0.1 | 982091 | 3.9 |
| 东北地区 | 7100929 | 2162952 | 30.5 | 4784636 | 67.4 | 10626 | 0.1 | 142715 | 2.0 |
| 北京 | 18707701 | 9205698 | 49.2 | 8304423 | 44.4 | 130992 | 0.7 | 1066588 | 5.7 |
| 天津 | 4923997 | 1022294 | 20.8 | 3703359 | 75.2 | 20333 | 0.4 | 178012 | 3.6 |
| 河北 | 4997415 | 681591 | 13.6 | 4202540 | 84.1 | 5979 | 0.1 | 107306 | 2.1 |

续表

| 项目地区 | R&D经费内部支出（A） | 政府资金（B） | B/A | 企业资金（C） | C/A | 国外资金（D） | D/A | 其他资金（E） | E/A |
|---|---|---|---|---|---|---|---|---|---|
| 山西 | 1757822 | 284942 | 16.2 | 1429856 | 81.3 | 14146 | 0.8 | 28879 | 1.6 |
| 内蒙古 | 1292187 | 202471 | 15.7 | 1032218 | 79.9 | 4605 | 0.4 | 52893 | 4.1 |
| 辽宁 | 4600800 | 1109761 | 24.1 | 3402613 | 74.0 | 6917 | 0.2 | 81509 | 1.8 |
| 吉林 | 1150255 | 518601 | 45.1 | 607374 | 52.8 | 1877 | 0.2 | 22403 | 1.9 |
| 黑龙江 | 1349873 | 534590 | 39.6 | 774650 | 57.4 | 1832 | 0.1 | 38802 | 2.9 |
| 上海 | 13592023 | 4712501 | 34.7 | 8395289 | 61.8 | 116055 | 0.9 | 368178 | 2.7 |
| 江苏 | 25044293 | 2539289 | 10.1 | 21821468 | 87.1 | 126245 | 0.5 | 557290 | 2.2 |
| 浙江 | 14456893 | 1138912 | 7.9 | 13026839 | 90.1 | 21750 | 0.2 | 269391 | 1.9 |
| 安徽 | 6489541 | 1049143 | 16.2 | 5247237 | 80.9 | 15471 | 0.2 | 177690 | 2.7 |
| 福建 | 6427935 | 685249 | 10.7 | 5566951 | 86.6 | 14086 | 0.2 | 161649 | 2.5 |
| 江西 | 3106906 | 386404 | 12.4 | 2676660 | 86.2 | 1492 | 0.0 | 42350 | 1.4 |
| 山东 | 16433300 | 1365555 | 8.3 | 14603341 | 88.9 | 78298 | 0.5 | 386106 | 2.3 |
| 河南 | 6715193 | 604031 | 9.0 | 5763715 | 85.8 | 23608 | 0.4 | 323839 | 4.8 |
| 湖北 | 8220501 | 1701772 | 20.7 | 6348745 | 77.2 | 21472 | 0.3 | 148512 | 1.8 |
| 湖南 | 6582729 | 835997 | 12.7 | 5614096 | 85.3 | 23379 | 0.4 | 109258 | 1.7 |
| 广东 | 27046969 | 2876840 | 10.6 | 23690486 | 87.6 | 55780 | 0.2 | 423863 | 1.6 |
| 广西 | 1448530 | 425970 | 29.4 | 950800 | 65.6 | 2306 | 0.2 | 69454 | 4.8 |
| 海南 | 268723 | 133154 | 49.6 | 122447 | 45.6 | 1094 | 0.4 | 12027 | 4.5 |
| 重庆 | 4102094 | 697312 | 17.0 | 3240545 | 79.0 | 6455 | 0.2 | 157782 | 3.8 |
| 四川 | 7370813 | 2909491 | 39.5 | 4234597 | 57.5 | 8863 | 0.1 | 217862 | 3.0 |
| 贵州 | 1216145 | 264591 | 21.8 | 909258 | 74.8 | 325 | 0.0 | 41971 | 3.5 |
| 云南 | 1872976 | 440347 | 23.5 | 1306183 | 69.7 | 2399 | 0.1 | 124048 | 6.6 |
| 西藏 | 37064 | 26511 | 71.5 | 9851 | 26.6 | — | 0.0 | 702 | 1.9 |
| 陕西 | 5324201 | 2668607 | 50.1 | 2399652 | 45.1 | 4946 | 0.1 | 250996 | 4.7 |
| 甘肃 | 970537 | 412044 | 42.5 | 517560 | 53.3 | 1382 | 0.1 | 39551 | 4.1 |
| 青海 | 172951 | 66838 | 38.6 | 102840 | 59.5 | — | 0.0 | 3274 | 1.9 |
| 宁夏 | 455793 | 98599 | 21.6 | 350070 | 76.8 | 118 | 0.0 | 7006 | 1.5 |
| 新疆 | 643135 | 187305 | 29.1 | 437338 | 68.0 | 1939 | 0.3 | 16553 | 2.6 |

资料来源：《中国科技统计年鉴2019》。

(亿元)

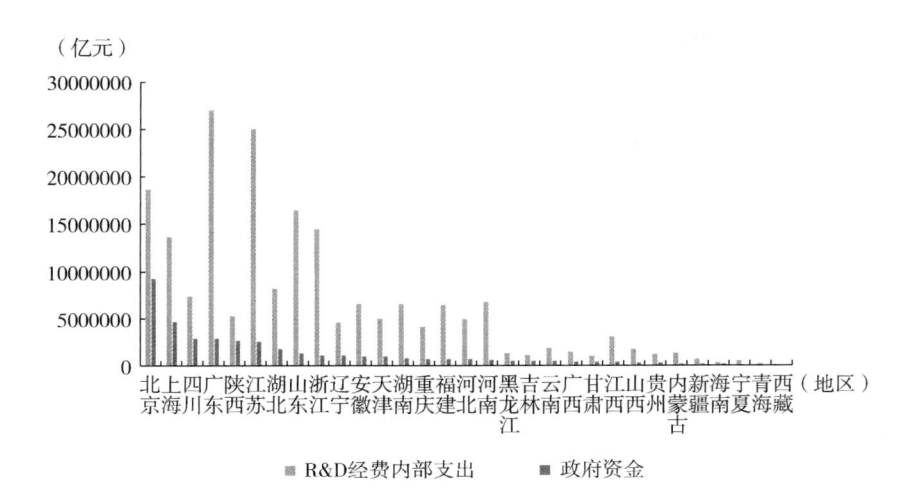

[图表：2018年各地政府研究与开发经费内部支出排序，横轴为：北京、上海、四川、广东、陕西、江苏、湖北、山东、浙江、辽宁、安徽、天津、湖南、重庆、福建、河北、河南、黑龙江、吉林、云南、广西、甘肃、江西、山西、贵州、内蒙古、新疆、海南、宁夏、青海、西藏（地区）；图例：R&D经费内部支出、政府资金]

**图4-4　2018年各地政府研究与开发经费内部支出排序**

### （四）研究与开发经费地区结构

从各省份研究与开发经费情况看，各省份研究与开发经费数额、占GDP的比重差别都比较大（见表4-7）。2018年各省份研究与开发经费占GDP的比重在0.25%和6.17%之间，约一半高于1.72%的平均水平。2018年研究与开发经费最多的广东（2704.7亿元）是最低的西藏（3.7亿元）的731倍。研究与开发经费居于前七位的省市基本上是：广东、江苏、北京、山东、浙江、上海、湖北，这几个省市研究与开发经费的数额差距也较大，2018年多的如广东达2704.7亿元，少的如湖北为822.1亿元；居于后七位的是：甘肃、贵州、新疆、宁夏、海南、青海、西藏，这几个省份研究与开发经费大都在100亿元以下，占其GDP的比例在0.25%和1.23%之间，远低于1.72%的平均水平。各省份研究与开发经费的水平与其经济发展水平大致相当，但2018年GDP排名靠前（第五位至第十位）的河南、四川、湖北、湖南、河北、福建等省的研究与开发经费并不如排名第十二位的北京、第十一位的上海，北京、上海的研究与开发经费分别排名在第三位、第六位，足见北京、上海对科学技术的高度重视（见表4-8）。

表4-7　　各地区研究与开发经费数额及占GDP的比重

单位：亿元；%

| 年份 地区 | 2014 A | B | 2015 A | B | 2016 A | B | 2017 A | B | 2018 A | B |
|---|---|---|---|---|---|---|---|---|---|---|
| 全国 | 13015.6 | 2.05 | 14169.9 | 2.07 | 15676.7 | 2.11 | 17606.1 | 2.13 | 19677.9 | 2.19 |
| 北京 | 1268.8 | 5.95 | 1384 | 6.01 | 1484.6 | 5.96 | 1579.7 | 5.64 | 1870.8 | 6.17 |
| 天津 | 464.7 | 2.96 | 510.2 | 3.08 | 537.3 | 3 | 458.7 | 2.47 | 492.4 | 2.62 |
| 河北 | 313.1 | 1.06 | 350.9 | 1.18 | 383.4 | 1.2 | 452 | 1.33 | 499.7 | 1.39 |
| 山西 | 152.2 | 1.19 | 132.5 | 1.04 | 132.6 | 1.03 | 148.2 | 0.95 | 175.8 | 1.05 |
| 内蒙古 | 122.1 | 0.69 | 136.1 | 0.76 | 147.5 | 0.79 | 132.3 | 0.82 | 129.2 | 0.75 |
| 辽宁 | 435.2 | 1.52 | 363.4 | 1.27 | 372.7 | 1.69 | 429.9 | 1.84 | 460.1 | 1.82 |
| 吉林 | 130.7 | 0.95 | 141.4 | 1.01 | 139.7 | 0.94 | 128 | 0.86 | 115.0 | 0.76 |
| 黑龙江 | 161.3 | 1.07 | 157.7 | 1.05 | 152.5 | 0.99 | 146.6 | 0.92 | 135.0 | 0.83 |
| 上海 | 862 | 3.66 | 936.1 | 3.73 | 1049.3 | 3.82 | 1205.2 | 3.93 | 1359.2 | 4.16 |
| 江苏 | 1652.8 | 2.54 | 1801.2 | 2.57 | 2026.9 | 2.66 | 2260.1 | 2.63 | 2504.4 | 2.70 |
| 浙江 | 907.9 | 2.26 | 1011.2 | 2.36 | 1130.6 | 2.43 | 1266.3 | 2.45 | 1445.7 | 2.57 |
| 安徽 | 393.6 | 1.89 | 431.8 | 1.96 | 475.1 | 1.97 | 564.9 | 2.09 | 649.0 | 2.16 |
| 福建 | 355 | 1.48 | 392.9 | 1.51 | 454.3 | 1.59 | 543.1 | 1.69 | 642.8 | 1.80 |
| 江西 | 153.1 | 0.97 | 173.2 | 1.04 | 207.3 | 1.13 | 255.8 | 1.28 | 310.7 | 1.41 |
| 山东 | 1304.1 | 2.19 | 1427.2 | 2.27 | 1566.1 | 2.34 | 1753 | 2.41 | 1643.3 | 2.15 |
| 河南 | 400 | 1.14 | 435 | 1.18 | 494.2 | 1.23 | 582.1 | 1.31 | 671.5 | 1.40 |
| 湖北 | 510.9 | 1.87 | 561.7 | 1.9 | 600 | 1.86 | 700.6 | 1.97 | 822.1 | 2.09 |
| 湖南 | 367.9 | 1.36 | 412.7 | 1.43 | 468.8 | 1.5 | 568.5 | 1.68 | 658.3 | 1.81 |
| 广东 | 1605.4 | 2.37 | 1798.2 | 2.47 | 2035.1 | 2.56 | 2343.6 | 2.61 | 2704.7 | 2.78 |
| 广西 | 111.9 | 0.71 | 105.9 | 0.63 | 117.7 | 0.65 | 142.2 | 0.77 | 144.9 | 0.71 |
| 海南 | 16.9 | 0.48 | 17 | 0.46 | 21.7 | 0.54 | 23.1 | 0.52 | 26.9 | 0.56 |
| 重庆 | 201.9 | 1.42 | 247 | 1.57 | 302.2 | 1.72 | 364.6 | 1.88 | 410.2 | 2.01 |
| 四川 | 449.3 | 1.57 | 502.9 | 1.67 | 561.4 | 1.72 | 637.8 | 1.72 | 737.1 | 1.81 |
| 贵州 | 55.5 | 0.6 | 62.3 | 0.59 | 73.4 | 0.63 | 95.9 | 0.71 | 121.6 | 0.82 |
| 云南 | 85.9 | 0.67 | 109.4 | 0.8 | 132.8 | 0.89 | 157.8 | 0.96 | 187.3 | 1.05 |
| 西藏 | 2.4 | 0.26 | 3.1 | 0.3 | 2.2 | 0.19 | 2.9 | 0.22 | 3.7 | 0.25 |
| 陕西 | 366.8 | 2.07 | 393.2 | 2.18 | 419.6 | 2.19 | 460.9 | 2.1 | 532.4 | 2.18 |

续表

| 年份 | 2014 | | 2015 | | 2016 | | 2017 | | 2018 | |
|---|---|---|---|---|---|---|---|---|---|---|
| 地区 | A | B | A | B | A | B | A | B | A | B |
| 甘肃 | 76.9 | 1.12 | 82.7 | 1.22 | 87 | 1.22 | 88.4 | 1.19 | 97.1 | 1.18 |
| 青海 | 14.3 | 0.62 | 11.6 | 0.48 | 14 | 0.54 | 17.9 | 0.68 | 17.3 | 0.60 |
| 宁夏 | 23.9 | 0.87 | 25.5 | 0.88 | 29.9 | 0.95 | 38.9 | 1.13 | 45.6 | 1.23 |
| 新疆 | 49.2 | 0.53 | 52 | 0.56 | 56.6 | 0.59 | 57 | 0.52 | 64.3 | 0.53 |

注：A：研究与开发经费数额，B：研究与开发经费占GDP的比重。
资料来源：《全国科技经费投入统计公报》（2014—2018）。

表4-8　　　各省份研究与开发经费数额及占比排名　　单位：亿元；%

| | | | | | | | | |
|---|---|---|---|---|---|---|---|---|
| 前七名 | 省份 | 江苏 | 广东 | 北京 | 山东 | 浙江 | 上海 | 湖北 |
| | 2013年 | 1487.4 | 1443.5 | 1185 | 1175.8 | 817.3 | 776.8 | 446.2 |
| | | 2.51 | 2.32 | 6.08 | 2.15 | 2.18 | 3.6 | 1.81 |
| | 省份 | 江苏 | 广东 | 山东 | 北京 | 浙江 | 上海 | 湖北 |
| | 2014年 | 1652.8 | 1605.4 | 1304.1 | 1268.8 | 907.9 | 862 | 510.9 |
| | | 2.54 | 2.37 | 2.19 | 5.95 | 2.26 | 3.66 | 1.87 |
| | 省份 | 江苏 | 广东 | 山东 | 北京 | 浙江 | 上海 | 湖北 |
| | 2015年 | 1801.2 | 1798.2 | 1427.2 | 1384 | 1011.2 | 936.1 | 561.7 |
| | | 2.57 | 2.47 | 2.27 | 6.01 | 2.36 | 3.73 | 1.9 |
| | 省份 | 广东 | 江苏 | 山东 | 北京 | 浙江 | 上海 | 湖北 |
| | 2016年 | 2035.1 | 2026.9 | 1566.1 | 1484.6 | 1130.6 | 1049.3 | 600 |
| | | 2.56 | 2.66 | 2.34 | 5.96 | 2.43 | 3.82 | 1.86 |
| | 省份 | 广东 | 江苏 | 山东 | 北京 | 浙江 | 上海 | 湖北 |
| | 2017年 | 2343.6 | 2260.1 | 1753 | 1579.7 | 1266.3 | 1205.2 | 700.6 |
| | | 2.61 | 2.63 | 2.41 | 5.64 | 2.45 | 3.93 | 1.97 |
| | 省份 | 广东 | 江苏 | 北京 | 山东 | 浙江 | 上海 | 湖北 |
| | 2018年 | 2704.7 | 2504.4 | 1870.8 | 1643.3 | 1445.7 | 1359.2 | 822.1 |
| | | 2.78 | 2.7 | 6.17 | 2.15 | 2.57 | 4.16 | 2.09 |
| 后七名 | 省份 | 甘肃 | 贵州 | 新疆 | 宁夏 | 海南 | 青海 | 西藏 |
| | 2013年 | 66.9 | 47.2 | 45.5 | 20.9 | 14.8 | 13.8 | 2.3 |
| | | 1.07 | 0.59 | 0.54 | 0.81 | 0.47 | 0.65 | 0.29 |

续表

| | 省份 | 甘肃 | 贵州 | 新疆 | 宁夏 | 海南 | 青海 | 西藏 |
|---|---|---|---|---|---|---|---|---|
| 后七名 | 2014 年 | 76.9 | 55.5 | 49.2 | 23.9 | 16.9 | 14.3 | 2.4 |
| | | 1.12 | 0.6 | 0.53 | 0.87 | 0.48 | 0.62 | 0.26 |
| | 省份 | 甘肃 | 贵州 | 新疆 | 宁夏 | 海南 | 青海 | 西藏 |
| | 2015 年 | 82.7 | 62.3 | 52 | 25.5 | 17 | 11.6 | 3.1 |
| | | 1.22 | 0.59 | 0.56 | 0.88 | 0.46 | 0.48 | 0.3 |
| | 省份 | 甘肃 | 贵州 | 新疆 | 宁夏 | 海南 | 青海 | 西藏 |
| | 2016 年 | 87 | 73.4 | 56.6 | 29.9 | 21.7 | 14 | 2.2 |
| | | 1.22 | 0.63 | 0.59 | 0.95 | 0.54 | 0.54 | 0.19 |
| | 省份 | 贵州 | 甘肃 | 新疆 | 宁夏 | 海南 | 青海 | 西藏 |
| | 2017 年 | 95.9 | 88.4 | 57 | 38.9 | 23.1 | 17.9 | 2.9 |
| | | 0.71 | 1.19 | 0.52 | 1.13 | 0.52 | 0.68 | 0.22 |
| | 省份 | 吉林 | 甘肃 | 新疆 | 宁夏 | 海南 | 青海 | 西藏 |
| | 2018 年 | 115 | 97.1 | 64.3 | 45.6 | 26.9 | 17.3 | 3.7 |
| | | 0.76 | 1.18 | 0.53 | 1.23 | 0.56 | 0.6 | 0.25 |

注：数据上行为地方研究与开发经费数额，下行为其占 GDP 的比重。
资料来源：《全国科技经费投入统计公报》（2014—2019）。

从各省份研究与开发经费投入情况来看，排名顺序与各地经济发展水平大体相当。

表 4-9    2018 年各省份研究与开发经费投入额及

投入强度排名    单位：亿元；%

| | 按投入额排名 | | | | 按投入强度排名 | | |
|---|---|---|---|---|---|---|---|
| 地区 | GDP（A） | R&D 经费支出（B） | R&D 经费投入强度（B/A） | 地区 | GDP（A） | R&D 经费支出（B） | R&D 经费投入强度（B/A） |
| 全国 | 900309.5 | 19677.9 | 2.19 | 全国 | 900309.5 | 19677.9 | 2.19 |
| 广东 | 97277.77 | 2704.7 | 2.78 | 北京 | 30319.98 | 1870.8 | 6.17 |
| 江苏 | 92595.4 | 2504.4 | 2.7 | 上海 | 32679.87 | 1359.2 | 4.16 |
| 北京 | 30319.98 | 1870.8 | 6.17 | 广东 | 97277.77 | 2704.7 | 2.78 |

续表

| 按投入额排名 ||||按投入强度排名||||
|---|---|---|---|---|---|---|---|
| 地区 | GDP（A） | R&D经费支出（B） | R&D经费投入强度（B/A） | 地区 | GDP（A） | R&D经费支出（B） | R&D经费投入强度（B/A） |
| 山东 | 76469.67 | 1643.3 | 2.15 | 江苏 | 92595.4 | 2504.4 | 2.7 |
| 浙江 | 56197.15 | 1445.7 | 2.57 | 天津 | 18809.64 | 492.4 | 2.62 |
| 上海 | 32679.87 | 1359.2 | 4.16 | 浙江 | 56197.15 | 1445.7 | 2.57 |
| 湖北 | 39366.55 | 822.1 | 2.09 | 陕西 | 24438.32 | 532.4 | 2.18 |
| 四川 | 40678.13 | 737.1 | 1.81 | 安徽 | 30006.82 | 649 | 2.16 |
| 河南 | 48055.86 | 671.5 | 1.4 | 山东 | 76469.67 | 1643.3 | 2.15 |
| 湖南 | 36425.78 | 658.3 | 1.81 | 湖北 | 39366.55 | 822.1 | 2.09 |
| 安徽 | 30006.82 | 649 | 2.16 | 重庆 | 20363.19 | 410.2 | 2.01 |
| 福建 | 35804.04 | 642.8 | 1.8 | 辽宁 | 25315.35 | 460.1 | 1.82 |
| 陕西 | 24438.32 | 532.4 | 2.18 | 湖南 | 36425.78 | 658.3 | 1.81 |
| 河北 | 36010.27 | 499.7 | 1.39 | 四川 | 40678.13 | 737.1 | 1.81 |
| 天津 | 18809.64 | 492.4 | 2.62 | 福建 | 35804.04 | 642.8 | 1.8 |
| 辽宁 | 25315.35 | 460.1 | 1.82 | 江西 | 21984.78 | 310.7 | 1.41 |
| 重庆 | 20363.19 | 410.2 | 2.01 | 河南 | 48055.86 | 671.5 | 1.4 |
| 江西 | 21984.78 | 310.7 | 1.41 | 河北 | 36010.27 | 499.7 | 1.39 |
| 云南 | 17881.12 | 187.3 | 1.05 | 宁夏 | 3705.18 | 45.6 | 1.23 |
| 山西 | 16818.11 | 175.8 | 1.05 | 甘肃 | 8246.07 | 97.1 | 1.18 |
| 广西 | 20352.51 | 144.9 | 0.71 | 山西 | 16818.11 | 175.8 | 1.05 |
| 黑龙江 | 16361.62 | 135 | 0.83 | 云南 | 17881.12 | 187.3 | 1.05 |
| 内蒙古 | 17289.22 | 129.2 | 0.75 | 黑龙江 | 16361.62 | 135 | 0.83 |
| 贵州 | 14806.45 | 121.6 | 0.82 | 贵州 | 14806.45 | 121.6 | 0.82 |
| 吉林 | 15074.62 | 115 | 0.76 | 吉林 | 15074.62 | 115 | 0.76 |
| 甘肃 | 8246.07 | 97.1 | 1.18 | 内蒙古 | 17289.22 | 129.2 | 0.75 |
| 新疆 | 12199.08 | 64.3 | 0.53 | 广西 | 20352.51 | 144.9 | 0.71 |
| 宁夏 | 3705.18 | 45.6 | 1.23 | 青海 | 2865.23 | 17.3 | 0.6 |
| 海南 | 4832.05 | 26.9 | 0.56 | 海南 | 4832.05 | 26.9 | 0.56 |
| 青海 | 2865.23 | 17.3 | 0.6 | 新疆 | 12199.08 | 64.3 | 0.53 |

续表

| 按投入额排名 ||||按投入强度排名||||
|---|---|---|---|---|---|---|---|
| 地区 | GDP（A） | R&D 经费支出（B） | R&D 经费投入强度（B/A） | 地区 | GDP（A） | R&D 经费支出（B） | R&D 经费投入强度（B/A） |
| 西藏 | 1477.63 | 3.7 | 0.25 | 西藏 | 1477.63 | 3.7 | 0.25 |

注：2019 年 11 月 22 日，国家统计局对 2018 年国内生产总值初步核算数进行了修订。主要结果为：2018 年国内生产总值为 919281 亿元，比初步核算数增加 18972 亿元，增幅为 2.1%。如按修订后的数据，R&D 经费支出/GDP 为 2.14%。

资料来源：《中国科技统计年鉴 2019》。

## 二 使用结构

科学技术财政投入的使用结构是指科学技术财政资金在投入领域间的组合比例关系。使用结构反映了科学技术财政资金的投入领域和工作内容，合理的使用结构有利于确保科学研究基础建设和工作重点。

### （一）按功能性质的分类

2007 年以前，科学研究财政投入按功能性质分为科技三项费用、科学事业费、科研基建费和其他科研事业费。

科技三项费用[①]是指国家为支持科技事业发展而设立的新产品试制费、中间试验费和重大科研项目补助费。科学事业费是指预算支出中由科技部归口管理的科学事业费以及中国科学院系统的科学事业费，包括自然科学事业费、科协事业费、高技术研究专项经费以及社会科学事业费四类。其中自然科学事业费由技术开发研究经费、基础研究经费、社会公益和农业研究经费、行业技术开发基金、科研管理机构经费、自然科学基金、专项奖励经费、研究生院

---

① 2002 年，为适应建立公共财政框架和 WTO 规则的要求，国家规定，原由国家计委、国家经贸委归口管理的科技三项费用从原"科技三项费用"中分离出来，更名为"产业技术研究与开发资金"，专项用于支持产业技术的研究与开发；科技部归口管理的科技三项费用仍维持现行管理体制不变。

经费、国际学术交流经费、干部培训费及其他科学事业费等构成。科学事业费主要由人员经费和公用经费组成，前者包括人员工资、福利等；后者包括公务费、业务费、设备费、修缮费等。科研基建费是指科研事业单位基本建设工程及设备更新费。[①]

1969 年之前，科技三项费用和科研基建费是科学研究财政支出的两大类。新中国成立之初，经费有限，只能重点保证新产品试制、中间试验和重大科研项目补助，以及科研事业单位基本建设工程及设备更新。1953 年二者分别占 48.2% 和 51.8%；其后两年，科研基建费大幅缩减，只占 9.8%—9.9%，而科技三项费用上升到 90%。从 1956 年开始，二者保持了一个大致均衡的水平，科技三项费用保持在 60%—80%，科研基建费保持在 20%—40%。

1969 年开始设置"科学事业费"及"其他科研事业费"科目，四者形成新的比例关系。科技三项费用在 1969 年骤降至 44.5%，之后逐步上升，到 1975 年达到 61.0%，其后又开始下降，1981 年到达低点 39.2%，之后诸年回升达到大约 45.5% 的水平；科研基建费 1969 年降至 18.9%，其后继续下降，到 1975 年达到低点 6.6%，之后又振荡回升，到 1987 年达到 20.1% 的高点，其后诸年又下降到大约 11.5% 的水平；科学事业费从 1969 年的 0.3% 快速上升，1981 年达到 34.8% 的最高点，其后诸年又下降，维持在大约 31.2% 这一比较稳定的水平；其他科研事业费从 1969 年的 36.4% 下降，1985 年、1986 年达到 7.2% 的最低点，之后诸年缓慢回升达到大约 9.8% 的水平，2003 年后开始又有较大上升（见表 4-10、图 4-5）。

1969 年至 2006 年，科技三项费用总共增长约 71.6 倍，科学事业费增长约 6904 倍，科研基建费增长约 28.5 倍，其他科研事业费增长约 32.1 倍。比较突出的是科学事业费巨幅增加，说明国家一方面着力加强基础研究，一方面着力加强人才队伍建设，体现了国家发展科学技术的长远考虑。

---

[①] 侯荣华：《中国财政支出效益研究》，中国计划出版社 2001 年版，第 129—130 页。

表 4-10　　国家财政用于科学研究的支出情况　　单位：亿元；%

| 年份 | 合计（A） | 科技三项费用（B） | B/A | 科学事业费（C） | C/A | 科研基建费（D） | D/A | 其他科研事业费（E） | E/A |
|---|---|---|---|---|---|---|---|---|---|
| 1953 | 0.56 | 0.27 | 48.2 | | | 0.29 | 51.8 | | |
| 1954 | 1.22 | 1.1 | 90.2 | | | 0.12 | 9.8 | | |
| 1955 | 2.13 | 1.92 | 90.1 | | | 0.21 | 9.9 | | |
| 1956 | 5.23 | 3.53 | 67.5 | | | 1.7 | 32.5 | | |
| 1957 | 5.23 | 2.98 | 57.0 | | | 2.25 | 43.0 | | |
| 1958 | 11.24 | 7.25 | 64.5 | | | 3.99 | 35.5 | | |
| 1959 | 19.15 | 12.33 | 64.4 | | | 6.82 | 35.6 | | |
| 1960 | 33.81 | 22.68 | 67.1 | | | 11.13 | 32.9 | | |
| 1961 | 19.49 | 15.54 | 79.7 | | | 3.95 | 20.3 | | |
| 1962 | 13.73 | 10.62 | 77.3 | | | 3.11 | 22.7 | | |
| 1963 | 18.61 | 13.85 | 74.4 | | | 4.76 | 25.6 | | |
| 1964 | 24.27 | 17.62 | 72.6 | | | 6.65 | 27.4 | | |
| 1965 | 27.17 | 20.27 | 74.6 | | | 6.9 | 25.4 | | |
| 1966 | 25.06 | 19.26 | 76.9 | | | 5.8 | 23.1 | | |
| 1967 | 15.35 | 13.56 | 88.3 | | | 1.79 | 11.7 | | |
| 1968 | 14.8 | 11.29 | 76.3 | | | 3.51 | 23.7 | | |
| 1969 | 24.15 | 10.74 | 44.5 | 0.07 | 0.3 | 4.56 | 18.9 | 8.78 | 36.4 |
| 1970 | 29.96 | 14.78 | 49.3 | 1.68 | 5.6 | 4.05 | 13.5 | 9.45 | 31.5 |
| 1971 | 37.68 | 19.95 | 52.9 | 2.5 | 6.6 | 4.27 | 11.3 | 10.96 | 29.1 |
| 1972 | 36.1 | 18.71 | 51.8 | 3.44 | 9.5 | 4.49 | 12.4 | 9.46 | 26.2 |
| 1973 | 34.59 | 19.41 | 56.1 | 5.09 | 14.7 | 3.07 | 8.9 | 7.02 | 20.3 |
| 1974 | 34.65 | 20.59 | 59.4 | 7.13 | 20.6 | 3.05 | 8.8 | 3.88 | 11.2 |
| 1975 | 40.31 | 24.59 | 61.0 | 9.49 | 23.5 | 2.67 | 6.6 | 3.56 | 8.8 |
| 1976 | 39.25 | 21.65 | 55.2 | 10.34 | 26.3 | 4.17 | 10.6 | 3.09 | 7.9 |
| 1977 | 41.48 | 22.35 | 53.9 | 11.64 | 28.1 | 3.9 | 9.4 | 3.59 | 8.7 |
| 1978 | 52.89 | 25.47 | 48.2 | 15.46 | 29.2 | 6.66 | 12.6 | 5.3 | 10.0 |
| 1979 | 62.29 | 28.41 | 45.6 | 18.6 | 29.9 | 9.4 | 15.1 | 5.88 | 9.4 |
| 1980 | 64.59 | 27.57 | 42.7 | 19.63 | 30.4 | 11.27 | 17.4 | 6.12 | 9.5 |

续表

| 年份 | 合计(A) | 科技三项费用(B) | B/A | 科学事业费(C) | C/A | 科研基建费(D) | D/A | 其他科研事业费(E) | E/A |
|---|---|---|---|---|---|---|---|---|---|
| 1981 | 61.58 | 24.12 | 39.2 | 21.45 | 34.8 | 10.46 | 17.0 | 5.55 | 9.0 |
| 1982 | 65.29 | 26.38 | 40.4 | 22.37 | 34.3 | 11.17 | 17.1 | 5.37 | 8.2 |
| 1983 | 79.1 | 35.51 | 44.9 | 25.13 | 31.8 | 11.9 | 15.0 | 6.56 | 8.3 |
| 1984 | 94.72 | 42.32 | 44.7 | 30.09 | 31.8 | 14.74 | 15.6 | 7.57 | 8.0 |
| 1985 | 102.59 | 44.35 | 43.2 | 32 | 31.2 | 18.83 | 18.4 | 7.41 | 7.2 |
| 1986 | 112.57 | 49.63 | 44.1 | 34.56 | 30.7 | 20.3 | 18.0 | 8.08 | 7.2 |
| 1987 | 113.79 | 50.6 | 44.5 | 29.5 | 25.9 | 22.87 | 20.1 | 10.82 | 9.5 |
| 1988 | 121.12 | 54.05 | 44.6 | 35.65 | 29.4 | 19.7 | 16.3 | 11.72 | 9.7 |
| 1989 | 127.87 | 59.13 | 46.2 | 38.45 | 30.1 | 17.91 | 14.0 | 12.38 | 9.7 |
| 1990 | 139.12 | 63.48 | 45.6 | 44.44 | 31.9 | 17.47 | 12.6 | 13.73 | 9.9 |
| 1991 | 160.69 | 73.32 | 45.6 | 54.15 | 33.7 | 18.4 | 11.5 | 14.82 | 9.2 |
| 1992 | 189.26 | 89.41 | 47.2 | 57.16 | 30.2 | 24.55 | 13.0 | 18.14 | 9.6 |
| 1993 | 225.61 | 106.56 | 47.2 | 65.59 | 29.1 | 33.95 | 15.0 | 19.51 | 8.6 |
| 1994 | 268.25 | 114.22 | 42.6 | 87.9 | 32.8 | 36.06 | 13.4 | 30.07 | 11.2 |
| 1995 | 302.36 | 136.02 | 45.0 | 96.86 | 32.0 | 38 | 12.6 | 31.48 | 10.4 |
| 1996 | 348.63 | 155.01 | 44.5 | 109.66 | 31.5 | 48.55 | 13.9 | 35.41 | 10.2 |
| 1997 | 408.86 | 189.97 | 46.5 | 127.12 | 31.1 | 42.74 | 10.5 | 49.03 | 12.0 |
| 1998 | 438.6 | 189.9 | 43.3 | 151.92 | 34.6 | 47.28 | 10.8 | 49.5 | 11.3 |
| 1999 | 543.85 | 272.8 | 50.2 | 168.06 | 30.9 | 52.89 | 9.7 | 50.1 | 9.2 |
| 2000 | 575.62 | 277.22 | 48.2 | 189.03 | 32.8 | 61.52 | 10.7 | 47.85 | 8.3 |
| 2001 | 703.26 | 359.64 | 51.1 | 223.08 | 31.7 | 63.37 | 9.0 | 57.17 | 8.1 |
| 2002 | 816.22 | 398.6 | 48.8 | 269.85 | 33.1 | 69.99 | 8.6 | 77.78 | 9.5 |
| 2003 | 975.54 | 416.64 | 42.7 | 300.79 | 30.8 | 111.06 | 11.4 | 147.05 | 15.1 |
| 2004 | 1095.34 | 483.98 | 44.2 | 335.93 | 30.7 | 95.9 | 8.8 | 179.53 | 16.4 |
| 2005 | 1334.91 | 609.69 | 45.7 | 389.14 | 29.2 | 112.5 | 8.4 | 223.58 | 16.7 |
| 2006 | 1688.5 | 779.94 | 46.2 | 483.36 | 28.6 | 134.4 | 8.0 | 290.8 | 17.2 |
| 平均 | | | 54.9 | | 27.4 | | 17.0 | | 12.6 |
| "一五"时期 | 14.37 | 9.8 | 68.2 | | | 4.57 | 31.8 | | 0.0 |

续表

| 年份 | 合计（A） | 科技三项费用（B） | B/A | 科学事业费（C） | C/A | 科研基建费（D） | D/A | 其他科研事业费（E） | E/A |
|---|---|---|---|---|---|---|---|---|---|
| "二五"时期 | 97.42 | 68.42 | 70.2 | | | 29 | 29.8 | | 0.0 |
| 1963—1965 | 70.05 | 51.74 | 73.9 | | | 18.31 | 26.1 | | 0.0 |
| "三五"时期 | 109.32 | 69.63 | 63.7 | 1.75 | 1.6 | 19.71 | 18.0 | 18.23 | 16.7 |
| "四五"时期 | 183.33 | 103.25 | 56.3 | 27.65 | 15.1 | 17.55 | 9.6 | 34.88 | 19.0 |
| "五五"时期 | 260.5 | 125.45 | 48.2 | 75.67 | 29.0 | 35.4 | 13.6 | 23.98 | 9.2 |
| "六五"时期 | 403.28 | 172.68 | 42.8 | 131.04 | 32.5 | 67.1 | 16.6 | 32.46 | 8.0 |
| "七五"时期 | 614.47 | 276.89 | 45.1 | 182.6 | 29.7 | 98.25 | 16.0 | 56.73 | 9.2 |
| "八五"时期 | 1146.17 | 519.53 | 45.3 | 361.66 | 31.6 | 150.96 | 13.2 | 114.02 | 9.9 |
| "九五"时期 | 2315.56 | 1084.9 | 46.9 | 745.79 | 32.2 | 252.98 | 10.9 | 231.89 | 10.0 |
| "十五"时期 | 4925.27 | 2268.6 | 46.1 | 1518.8 | 30.8 | 452.82 | 9.2 | 685.11 | 13.9 |

注：1953—1968年"科技三项费用"包括"科学事业费"。
资料来源：《中国财政年鉴2007》。

## （二）按研究类型的分类

科学技术财政投入按研究类型分为基础研究、应用研究、试验发展三类经费。

根据国家统计局、科学技术部、财政部《全国科技经费投入统计公报》的权威解释，基础研究指为了获得关于现象和可观察事实的基本原理的新知识（揭示客观事物的本质、运动规律，获得新发

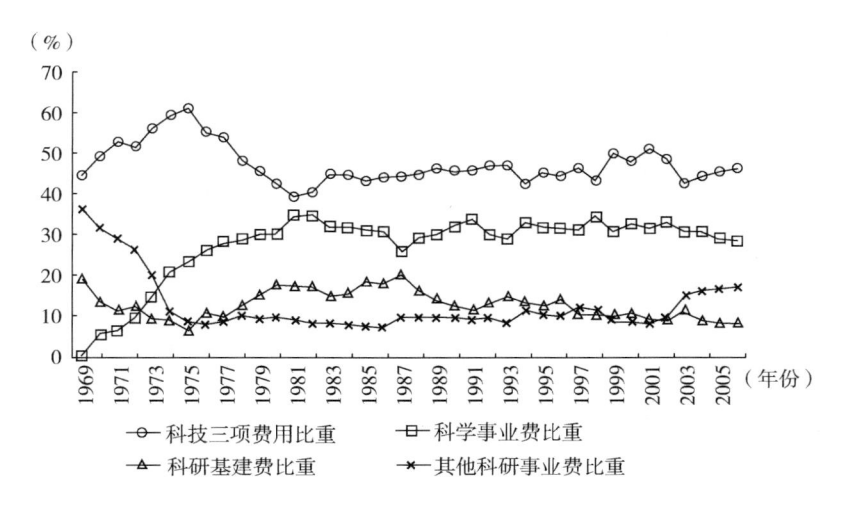

图 4-5　国家财政用于科学研究的分类支出变化趋势

展、新学说）而进行的实验性或理论性研究，它不以任何专门或特定的应用或使用为目的。应用研究指为了确定基础研究成果可能的用途，或是为达到预定的目标探索应采取的新方法（原理性）或新途径而进行的创造性研究。应用研究主要针对某一特定的目的或目标。试验发展指利用从基础研究、应用研究和实际经验所获得的现有知识，为产生新的产品、材料和装置，建立新的工艺、系统和服务，以及对已产生和建立的上述各项做实质性的改进而进行的系统性工作。研究与试验发展（一般称为研究与开发，R&D）经费投入强度指全社会研究与试验发展经费支出与国内生产总值（GDP）之比。[1]

基础研究以知识进步为目的，不以特定的实际应用为直接目标，但基础研究至为重要，它是科技与经济发展的源泉和后盾，是新技术、新发明的先导，是应用研究和试验发展的基石。忽视基础研究，科学技术不可能有深厚的发展土壤，也就不可能前进

---

[1]　国家统计局、科学技术部、财政部：《2006 年全国科技经费投入统计公报》，2007 年 9 月 12 日。

多远。

从我国 1995 年至 2018 年研究与开发经费使用情况看,基础研究投入数额从 18.06 亿元增长到 1090.37 亿元,增长约 59.4 倍;应用研究投入数额从 92.02 亿元增长到 2190.87 亿元,增长约 22.8 倍;试验发展投入数额从 238.6 亿元增长到 16396.69 亿元,增长约 67.7 倍(见表 4-11)。

表 4-11　　　　　研究与开发经费使用结构　　　　单位:亿元;%

| 年份 | R&D 经费总额 | 基础研究 | 基础研究占比 | 应用研究 | 应用研究占比 | 试验发展 | 试验发展占比 |
| --- | --- | --- | --- | --- | --- | --- | --- |
| 1995 | 348.69 | 18.06 | 5.18 | 92.02 | 26.39 | 238.60 | 68.43 |
| 1996 | 404.48 | 20.24 | 5.00 | 99.12 | 24.51 | 285.12 | 70.49 |
| 1997 | 509.16 | 27.44 | 5.39 | 132.46 | 26.02 | 349.26 | 68.60 |
| 1998 | 551.12 | 28.95 | 5.25 | 124.62 | 22.61 | 397.54 | 72.13 |
| 1999 | 678.91 | 33.90 | 4.99 | 151.55 | 22.32 | 493.46 | 72.68 |
| 2000 | 895.66 | 46.73 | 5.22 | 151.90 | 16.96 | 697.03 | 77.82 |
| 2001 | 1042.49 | 55.60 | 5.33 | 184.85 | 17.73 | 802.03 | 76.93 |
| 2002 | 1287.64 | 73.77 | 5.73 | 246.68 | 19.16 | 967.20 | 75.11 |
| 2003 | 1539.63 | 87.65 | 5.69 | 311.45 | 20.23 | 1140.52 | 74.08 |
| 2004 | 1966.33 | 117.18 | 5.96 | 400.49 | 20.37 | 1448.67 | 73.67 |
| 2005 | 2449.97 | 131.21 | 5.36 | 433.53 | 17.70 | 1885.24 | 76.95 |
| 2006 | 3003.10 | 155.76 | 5.19 | 488.97 | 16.28 | 2358.37 | 78.53 |
| 2007 | 3710.24 | 174.52 | 4.70 | 492.94 | 13.29 | 3042.78 | 82.01 |
| 2008 | 4616.02 | 220.82 | 4.78 | 575.16 | 12.46 | 3820.04 | 82.76 |
| 2009 | 5802.11 | 270.29 | 4.66 | 730.79 | 12.60 | 4801.03 | 82.75 |
| 2010 | 7062.58 | 324.49 | 4.59 | 893.79 | 12.66 | 5844.30 | 82.75 |
| 2011 | 8687.01 | 411.81 | 4.74 | 1028.39 | 11.84 | 7246.81 | 83.42 |
| 2012 | 10298.41 | 498.81 | 4.84 | 1161.97 | 11.28 | 8637.63 | 83.87 |
| 2013 | 11846.60 | 554.95 | 4.68 | 1269.12 | 10.71 | 10022.53 | 84.60 |
| 2014 | 13015.63 | 613.54 | 4.71 | 1398.53 | 10.74 | 11003.56 | 84.54 |
| 2015 | 14169.88 | 716.12 | 5.05 | 1528.64 | 10.79 | 11925.13 | 84.16 |

续表

| 年份 | R&D 经费总额 | 基础研究 | 基础研究占比 | 应用研究 | 应用研究占比 | 试验发展 | 试验发展占比 |
|---|---|---|---|---|---|---|---|
| 2016 | 15676.75 | 822.89 | 5.25 | 1610.49 | 10.27 | 13243.36 | 84.48 |
| 2017 | 17606.13 | 975.49 | 5.54 | 1849.21 | 10.50 | 14781.43 | 83.96 |
| 2018 | 19677.93 | 1090.37 | 5.54 | 2190.87 | 11.13 | 16396.69 | 83.32 |
| 平均 | | | 5.14 | | 16.19 | | 78.67 |

资料来源：《中国科技统计年鉴2019》。

从三者所占比重看，基础研究所占分量较小，从1995年的5.18%上升至2004年的5.96%，之后便下降到2010年的4.59%，然后上升至2018年的5.54%，平均值为5.14%；应用研究从1995年的26.39%，持续下降到2016年的10.27%，再弱反弹至2018年的11.13%，平均值为16.19%；试验发展所占比重却不断上升，从1995年的68.43%，持续上升到2018年的83.32%，上升14.89个百分点，平均值为78.67%。由此可见，虽然我国研究与开发投入不断增加，但基础研究与应用研究领域投入不多，特别是基础研究所占分量太小，而试验发展所占比重太高，这不利于科学技术的可持续发展（见图4-6）。在2011年全国政协会议上，全国政协委员清华大学王志新教授提出，应该增加基础研究的投入，"按照经验，基础研究应占整个科研投入的15%左右"，[1] 我国基础研究经费所占比例远未能达到这一基本要求。中科院上海分院常务副院长朱志远也表示，"我国的科研投入结构不太合理。发达国家科研投入中，约18%是基础研究，20%是应用技术研究，62%用于试验发展；而我国投入基础科研的经费不到5%，应用技术研究的投入不足12%"。[2] 增加基础研究和应用研究经费既是科学技术发展形势所需，也是广大科学研究工作者的迫切愿望。

---

[1]《从1.8%到2.2% 研发经费如何增长？》，《人民日报》2011年3月9日。
[2]《在不断创新中实现"中国梦"》，《文汇报》2013年3月21日。

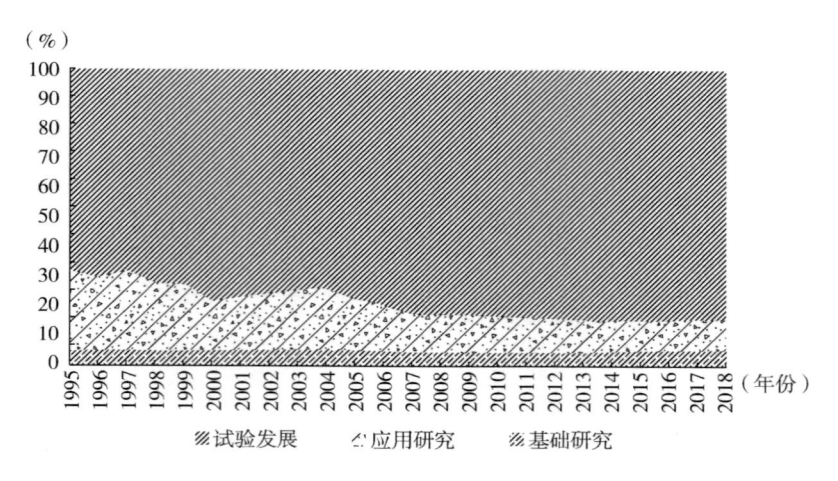

图 4-6　基础研究、应用研究和试验发展占比变动

## 三　分配结构

科学技术财政投入的分配结构是指科学技术财政资金在投入对象间的组合比例关系。分配结构反映科学技术财政资金分配给谁，由谁使用，合理的分配结构有利于充分发挥各类科学研究单位的作用。

科学技术财政资金一般分配给研究与开发机构、企业、高等学校和其他单位。

先从整个研究与开发经费来看，企业分到的资金从 2000 年的 537 亿元增长到 2018 年的 15233.7 亿元，19 年增长了约 27.4 倍，所占比重也由 60% 上升到 77.4%；研究与开发机构分到的资金从 1995 年的 146.4 亿元增长到 2018 年的 2691.7 亿元，增长了约 17.4 倍，但所占比重由 42% 下降到 13.7%；高等学校分到的资金从 1995 年的 42.3 亿元增长到 2018 年的 1457.9 亿元，增长了约 33.5 倍，但所占比重由 12.1% 下降到 7.4%；其他单位分到的资金从 2000 年的 24 亿元增长到 2018 年的 294.6 亿元，增长了约 11.3 倍，但所占比重由 2.7% 下降到 1.5%。由此可见，各部门分配到的资金数额都有增长，高等学校增长最快，企业次之，研究与开发机构第三；而企业所占比重有较大提升，研究与开发机构所占比重却下降幅度较大，1995 年到 2018 年降幅达到 28.3 个百分点（见表 4－12、图 4－7）。

表 4－12　　按执行部门分组的研究与开发经费内部支出

单位：亿元；%

| 年份 | R&D经费内部支出 | 企业 | 比重 | 大中型工业企业 | 比重 | 研究与开发机构 | 比重 | 高等学校 | 比重 | 其他单位 | 比重 |
| --- | --- | --- | --- | --- | --- | --- | --- | --- | --- | --- | --- |
| 1995 | 348.7 | | | 141.7 | 40.6 | 146.4 | 42.0 | 42.3 | 12.1 | | |
| 1996 | 404.5 | | | 160.5 | 39.7 | 172.9 | 42.7 | 47.8 | 11.8 | | |
| 1997 | 509.2 | | | 188.3 | 37.0 | 206.4 | 40.5 | 57.7 | 11.3 | | |
| 1998 | 551.1 | | | 197.1 | 35.8 | 234.3 | 42.5 | 57.3 | 10.4 | | |
| 1999 | 678.9 | | | 249.9 | 36.8 | 260.5 | 38.4 | 63.5 | 9.4 | | |
| 2000 | 895.7 | 537.0 | 60.0 | 353.4 | 39.5 | 258.0 | 28.8 | 76.7 | 8.6 | 24.0 | 2.7 |
| 2001 | 1042.5 | 630.0 | 60.4 | 442.3 | 42.4 | 288.5 | 27.7 | 102.4 | 9.8 | 21.6 | 2.1 |
| 2002 | 1287.6 | 787.8 | 61.2 | 560.2 | 43.5 | 351.3 | 27.3 | 130.5 | 10.1 | 18.0 | 1.4 |
| 2003 | 1539.6 | 960.2 | 62.4 | 720.8 | 46.8 | 399.0 | 25.9 | 162.3 | 10.5 | 18.1 | 1.2 |
| 2004 | 1966.3 | 1314.0 | 66.8 | 954.4 | 48.5 | 431.7 | 22.0 | 200.9 | 10.2 | 19.7 | 1.0 |
| 2005 | 2450.0 | 1673.8 | 68.3 | 1250.3 | 51.0 | 513.1 | 20.9 | 242.3 | 9.9 | 20.8 | 0.8 |
| 2006 | 3003.1 | 2134.5 | 71.1 | 1630.2 | 54.3 | 567.3 | 18.9 | 276.8 | 9.2 | 24.5 | 0.8 |
| 2007 | 3710.2 | 2681.9 | 72.3 | 2112.5 | 56.9 | 687.9 | 18.5 | 314.7 | 8.5 | 25.7 | 0.7 |
| 2008 | 4616.0 | 3381.7 | 73.3 | 2681.3 | 58.1 | 811.3 | 17.6 | 390.6 | 8.5 | 32.9 | 0.7 |
| 2009 | 5802.1 | 4248.6 | 73.2 | 3210.2 | 55.3 | 995.9 | 17.2 | 468.2 | 8.1 | 89.4 | 1.5 |
| 2010 | 7062.6 | 5185.5 | 73.4 | 4015.4 | 56.9 | 1186.4 | 16.8 | 597.3 | 8.5 | 93.4 | 1.3 |
| 2011 | 8687.0 | 6579.3 | 75.7 | 5030.7 | 57.9 | 1306.7 | 15.0 | 688.9 | 7.9 | 112.1 | 1.3 |
| 2012 | 10298.4 | 7842.2 | 76.2 | 5992.3 | 58.2 | 1548.9 | 15.0 | 780.6 | 7.6 | 126.7 | 1.2 |
| 2013 | 11846.6 | 9075.8 | 76.6 | 6744.1 | 56.9 | 1781.4 | 15.0 | 856.7 | 7.2 | 132.6 | 1.1 |
| 2014 | 13015.6 | 10060.6 | 77.3 | 7319.7 | 56.2 | 1926.2 | 14.8 | 898.1 | 6.9 | 130.7 | 1.0 |

续表

| 年份 | R&D经费内部支出 | 企业 | 比重 | 大中型工业企业 | 比重 | 研究与开发机构 | 比重 | 高等学校 | 比重 | 其他单位 | 比重 |
|---|---|---|---|---|---|---|---|---|---|---|---|
| 2015 | 14169.9 | 10881.3 | 76.8 | 7792.4 | 55.0 | 2136.5 | 15.1 | 998.6 | 7.0 | 153.5 | 1.1 |
| 2016 | 15676.7 | 12144.0 | 77.5 | 8289.5 | 52.9 | 2260.2 | 14.4 | 1072.2 | 6.8 | 200.4 | 1.3 |
| 2017 | 17606.1 | 13660.2 | 77.6 | 8976.2 | 51.0 | 2435.7 | 13.8 | 1266.0 | 7.2 | 244.2 | 1.4 |
| 2018 | 19677.9 | 15233.7 | 77.4 | 9542.7 | 48.5 | 2691.7 | 13.7 | 1457.9 | 7.4 | 294.6 | 1.5 |

资料来源：《中国科技统计年鉴2019》。

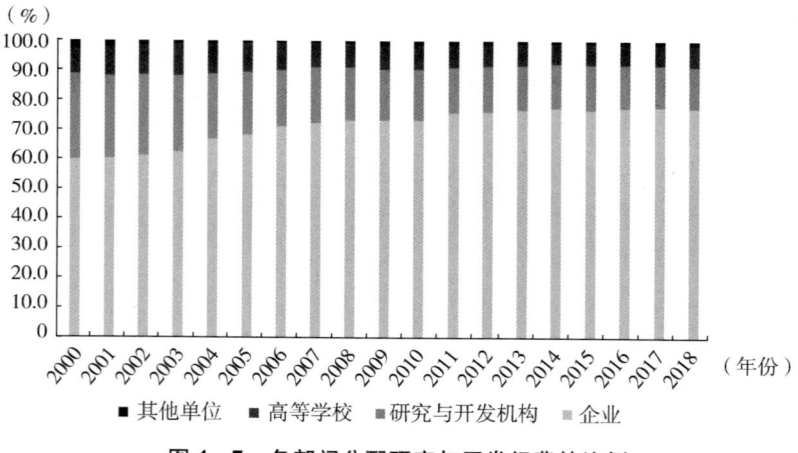

图4-7 各部门分配研究与开发经费的比例

从2018年各执行部门研究与开发经费来源情况看，企业所得研究与开发经费总额为15233.8亿元，其中来自政府的资金较少，有491.3亿元，占3.2%；来自国外的资金有60亿元，占0.4%；而大部分资金来自企业自身，有14560.4亿元，占95.6%。研究与开发机构所得研究与开发经费总额为2691.7亿元，其中来自政府的资金较多，有2285亿元，占84.9%；来自企业的资金有102.6亿元，占3.8%；来自国外的资金很少，有5.2亿元，占0.2%；高等学校所得研究与开发经费总额为1457.9亿元，其中来自政府的资金有972.3亿元，占66.7%；来自企业的资金有387.2亿元，占 26.6%；来自国外的资金有 5.8 亿元，占 0.4%（见表 4-13）。

表 4-13　　　　　2018 年按执行部门和来源构成分
研究与开发经费内部支出　　　　单位：亿元；%

| 项目 | R&D经费内部支出 | R&D 经费来源 ||||||| 
|---|---|---|---|---|---|---|---|---|
| ^ | ^ | 政府资金 | 占比 | 企业资金 | 占比 | 国外资金 | 占比 | 其他资金 | 占比 |
| 全国 | 19677.9 | 3978.6 | 20.2 | 15079.3 | 76.6 | 71.4 | 0.4 | 548.6 | 2.8 |
| 企业 | 15233.8 | 491.3 | 3.2 | 14560.4 | 95.6 | 60.0 | 0.4 | 122.1 | 0.8 |
| 规上工业企业 | 12954.9 | 423.3 | 3.3 | 12389.4 | 95.6 | 45.6 | 0.4 | 96.6 | 0.7 |
| 研究与开发机构 | 2691.7 | 2285.0 | 84.9 | 102.6 | 3.8 | 5.2 | 0.2 | 298.9 | 11.1 |
| 高等学校 | 1457.9 | 972.3 | 66.7 | 387.2 | 26.6 | 5.8 | 0.4 | 92.6 | 6.4 |
| 其他 | 294.6 | 230.1 | 78.1 | 29.1 | 9.9 | 0.4 | 0.1 | 35.0 | 11.9 |

资料来源：《中国科技统计年鉴 2019》。

关于政府资金的分配，分配给企业的研究与开发经费只占 12.3%，其中规模以上工业企业所得又占企业所得的 86.2%；而分配给研究与开发机构的占 57.4%，分配给高等学校的占 24.4%，两者一共占 81.8%，政府资金是这两者研究与开发经费的主要来源（见表 4-14）。

表 4-14　2018 年研究与开发经费中政府资金执行部门及占比

单位：亿元；%

| 项目 | 数额 | 占比 |
|---|---|---|
| 政府资金 | 3978.6 | 100 |
| 企业（A） | 491.3 | 12.3 |
| 规上工业企业（B） | 423.3 | 86.2（B/A） |
| 研究与开发机构 | 2285 | 57.4 |
| 高等学校 | 972.3 | 24.4 |
| 其他 | 230.1 | 5.8 |

资料来源：《中国科技统计年鉴 2019》。

## 四　国际比较

### （一）中国与七国集团国家的比较

下面，以2009年（或2007年、2008年）和2018年（或2016年、2017年）中国与七国集团国家（美国、日本、英国、法国、德国、意大利和加拿大）研究与开发经费来源及使用情况为例，作一分析（见表4-15）①。

1. 从政府投入比重来看。2009年中国为23.4%，比除日本外的其他七国集团国家都低（对比数据分别是2007年、2008年、2009年）；中国2017年为19.8%，2018年为20.2%，投入更低，仍然是只比日本高（对比数据分别是2016年、2017年、2018年）。

2. 从企业投入比重来看。2009年中国为71.7%，比除日本外的其他七国集团国家都高。中国2017年为76.5%，2018年上升到76.6%，仍然比除日本外的其他七国集团国家都高。2016年，我国企业科研经费投入占全社会投入的近4/5。其中，大中型工业企业中有研发机构的企业达到2万多家。②

3. 从执行部门来看。2009年中国分配给企业的研究与开发经费占到73.2%，居于较高水平，比除日本外的其他七国集团国家都高；分配给政府部门的经费达到17.2%，比所有七国集团国家都高；而分配给高等教育部门的经费为8.1%，比所有七国集团国家都低。而1997年，中国分配给企业和政府研究与开发机构的经费相同，各占42.9%（见表4-16）。可见，企业所得经费比重大幅上升，研究与开发机构所得经费比重有较大幅度下降。2018年，中国分配给企业的研究与开发经费占到77.4%，比除日本外的其他七

---

① 由于数据来源的限制，有的只能作相近年份的比较，而无法进行同一年份的比较。
② 《习近平强调高质量发展　带领中国经济再上新台阶》，http：//news.cctv.com/2017/12/23/ARTIhfQ5HUr8WWr6zs1irOyO171223.shtml。

国集团国家都高；分配给政府部门的经费为13.7%，比所有七国集团国家都高；分配给高等教育部门的经费比重为7.4%，比所有七国集团国家都低。

4. 从研究类型来看。2009年，中国研究与开发经费中基础研究经费比重为4.7%，大大低于七国集团国家，而美国（2008年）为17.3%，意大利（2005年）为27.7%；中国应用研究经费比重为12.6%，也低于七国集团国家，美国（2008年）为22.4%，意大利（2005年）为44.4%；但中国试验发展经费比重为82.7%，比七国集团国家都高，美国（2008年）为60.3%，意大利（2005年）为27.9%。2018年，中国基础研究经费比重为5.5%，大大低于七国集团国家，而2016年意大利为23.2%，法国为21.9%，英国为18.1%；2017年美国为17.0%，日本为13.7%。2018年中国应用研究经费比重为11.1%，也低于七国集团国家，2016年英国为44.0%，意大利为43.3%，法国为42.0%；2017年美国为20.4%。2018年中国试验发展经费比重为83.3%，比七国集团国家都高，日本（2017年）为66.8%，美国（2017年）为62.6%。

总之，中国在研究与开发经费上，一是要加大政府资金的投入力度，提高投入比例；二是要向高等学校倾斜；三是要进一步加大向基础研究和应用研究的投入力度。

表 4-15　　　　　　研究与开发经费的国际比较

| 项目 | | 中国 | | | 美国 | | 日本 | | 英国 | |
|---|---|---|---|---|---|---|---|---|---|---|
| 1. 按经费来源分（%） | 年份 | 2009 | 2017 | 2018 | 2008 | 2017 | 2008 | 2017 | 2008 | 2016 |
| | 来源于企业资金 | 71.7 | 76.5 | 76.6 | 67.4 | 63.6 | 78.2 | 78.3 | 45.4 | 51.8 |
| | 来源于政府资金 | 23.4 | 19.8 | 20.2 | 26.9 | 22.8 | 15.6 | 15.0 | 30.7 | 26.3 |
| | 来源于其他资金 | 4.8 | 3.7 | 3.2 | 5.7 | 13.6 | 6.2 | 6.7 | 23.9 | 22.0 |
| 2. 按执行部门分（%） | 年份 | 2009 | 2017 | 2018 | 2008 | 2017 | 2008 | 2017 | 2008 | 2017 |
| | 企业部门 | 73.2 | 77.6 | 77.4 | 72.7 | 73.1 | 78.5 | 78.8 | 62 | 67.6 |
| | 政府部门 | 17.2 | 13.8 | 13.7 | 10.5 | 9.7 | 8.3 | 7.8 | 9.2 | 6.5 |

续表

| 项目 | | 中国 | | | 美国 | | 日本 | | 英国 | |
|---|---|---|---|---|---|---|---|---|---|---|
| 高等教育部门 | | 8.1 | 7.2 | 7.4 | 12.9 | 13.0 | 11.6 | 12.0 | 26.5 | 23.7 |
| 其他部门 | | | 1.4 | 1.5 | 3.9 | 4.1 | 1.6 | 1.4 | 2.4 | 2.2 |
| 3. 按研究类型分（%） | 年份 | 2009 | 2017 | 2018 | 2008 | 2017 | 2005 | 2017 | | 2016 |
| 基础研究 | | 4.7 | 5.5 | 5.5 | 17.3 | 17.0 | 12.7 | 13.7 | | 18.1 |
| 应用研究 | | 12.6 | 10.5 | 11.1 | 22.4 | 20.4 | 22.2 | 19.5 | | 44.0 |
| 试验发展 | | 82.7 | 84.0 | 83.3 | 60.3 | 62.6 | 65.2 | 66.8 | | 37.9 |

| 项目 | | 法国 | | 德国 | | 意大利 | | 加拿大 | |
|---|---|---|---|---|---|---|---|---|---|
| 1. 按经费来源分（%） | 年份 | 2008 | 2016 | 2007 | 2017 | 2007 | 2016 | 2009 | 2018 |
| 来源于企业资金 | | 50.5 | 55.6 | 67.9 | 66.2 | 42 | 52.1 | 47.5 | 41.2 |
| 来源于政府资金 | | 39.4 | 32.8 | 27.7 | 27.7 | 44.3 | 35.2 | 32.5 | 31.7 |
| 来源于其他资金 | | 10.1 | 11.6 | 4.4 | 6.1 | 13.7 | 12.7 | 20 | 27.1 |
| 2. 按执行部门分（%） | 年份 | 2008 | 2017 | 2008 | 2017 | 2008 | 2017 | 2009 | 2018 |
| 企业部门 | | 63.0 | 65.0 | 69.9 | 69.1 | 50.9 | 61.4 | 54.1 | 52.0 |
| 政府部门 | | 16.1 | 12.7 | 13.8 | 13.5 | 13.2 | 12.7 | 10.4 | 6.6 |
| 高等教育部门 | | 19.7 | 20.7 | 16.2 | 17.4 | 32.6 | 24.2 | 34.9 | 40.9 |
| 其他部门 | | 1.2 | 1.7 | | | 3.3 | 1.7 | 0.6 | 0.4 |
| 3. 按研究类型分（%） | 年份 | 2005 | 2016 | | | 2005 | 2016 | | |
| 基础研究 | | 23.7 | 21.9 | | | 27.7 | 23.2 | | |
| 应用研究 | | 39 | 42.0 | | | 44.4 | 43.3 | | |
| 试验发展 | | 37.3 | 36.1 | | | 27.9 | 33.4 | | |

资料来源：《中国科技统计年鉴2010》《中国科技统计年鉴2017—2019》。

表4-16　1997年部分国家研究与开发经费各执行部门的比重　　单位：%

| | 中国 | 美国 | 日本 | 英国 | 法国 | 德国 | 意大利 | 加拿大 |
|---|---|---|---|---|---|---|---|---|
| 企业 | 42.9 | 74.4 | 72.7 | 65.2 | 61.6 | 67.2 | 53.8 | 63.3 |
| 研究机构 | 42.9 | 8.2 | 8.9 | 13.8 | 19.9 | 14.8 | 20.4 | 14.0 |
| 高等学校 | 12.1 | 14.4 | 13.5 | 19.7 | 17.2 | 18.0 | 25.8 | 21.5 |
| 其他 | 2.1 | 3.0 | 4.9 | 1.3 | 1.3 | | | 1.2 |

资料来源：《中国科技统计年鉴1999》。

(二) 美国

1. 从研究与开发经费的负担结构来看

以 1968 年为分水岭，美国联邦政府投入逐渐下降，而民间投入持续增加。

1979 年美国研究与开发经费支出总额为 542.96 亿美元，其中联邦政府投入占 49.3%（其中国防研究费又占 49.4%），企业投入占 47%。从 1980 年以后，企业始终是研究与开发经费的主要来源。

1995 年美国研究与开发总经费为 1837 亿美元，占 GDP 的 2.5%，其中联邦政府投入 630 亿美元，占 34.3%，相对 1979 年比例降低不少；企业投入 1109 亿美元，占 60.4%，相对 1979 年比例提高较多；高等学校投入 57.4 亿元美元，占 3.1%；非营利机构投入 31.3 亿美元，占 1.7%。使用上，企业执行的经费占 70.9%，联邦政府资助的研究与开发机构执行的经费占 14.1%，高等学校执行的经费占 12.2%，非营利机构执行的经费占 2.8%。

2001 年联邦政府研究与开发投入占全国投入的 28%。联邦政府支持的领域为："大多数不可能直接应用的基础研究；需要长期持续投入的研究；私营企业无力建造或维持的重大研究设施；遍及全国科技基地并且对科学与创新进程至关重要的测量与标准基础设施；国家重点应用研究开发与加速联邦科研成果转化工作之间的合作；旨在确保全国科学技术（S&T）教育和劳动力培养水平的计划。"特别强调"应把保持美国在基础研究上的领先地位作为联邦政府的一项基本职责。"[①]

2008 年各方投入情况是：企业投入 2678 亿美元，占研究与开发经费总额 3976 亿美元的 67.4%；联邦政府投入 1037 亿美元，占 26.1%。其他来源为高等学校和非营利机构，共 261 亿美元，占

---

① 美国国家科学技术委员会：《面向 21 世纪的科学》，科学技术文献出版社 2005 年版，第 3—4、13 页。

6.6%（见表4-17）。

表4-17　　　1990—2008年美国研究与开发经费负担结构

单位：十亿美元；%

| 年份 | 企业 |  | 联邦政府 |  | 其他 |  | 合计 |
|---|---|---|---|---|---|---|---|
| 1990 | 83.2 | 54.7 | 61.6 | 40.5 | 7.2 | 4.7 | 152.0 |
| 1991 | 92.3 | 57.4 | 60.8 | 37.8 | 7.8 | 4.8 | 160.9 |
| 1992 | 96.2 | 58.2 | 60.9 | 36.8 | 8.2 | 5.0 | 165.3 |
| 1993 | 96.6 | 58.3 | 60.5 | 36.5 | 8.7 | 5.2 | 165.8 |
| 1994 | 99.2 | 58.6 | 60.8 | 35.9 | 9.2 | 5.4 | 169.2 |
| 1995 | 110.9 | 60.4 | 63.0 | 34.3 | 9.8 | 5.3 | 183.7 |
| 1996 | 123.4 | 62.5 | 63.4 | 32.1 | 10.5 | 5.3 | 197.3 |
| 1997 | 136.2 | 64.2 | 64.6 | 30.5 | 11.3 | 5.3 | 212.1 |
| 1998 | 147.8 | 65.3 | 66.4 | 29.3 | 12.2 | 5.4 | 226.4 |
| 1999 | 164.7 | 67.2 | 67.1 | 27.4 | 13.3 | 5.4 | 245.1 |
| 2000 | 186.1 | 69.6 | 66.4 | 24.8 | 15.0 | 5.6 | 267.5 |
| 2001 | 188.4 | 67.8 | 72.8 | 26.2 | 16.5 | 5.9 | 277.7 |
| 2002 | 180.7 | 65.3 | 77.7 | 28.1 | 18.2 | 6.6 | 276.6 |
| 2003 | 186.2 | 64.6 | 83.6 | 29.0 | 18.5 | 6.4 | 288.3 |
| 2004 | 191.4 | 63.9 | 88.8 | 29.7 | 19.1 | 6.4 | 299.3 |
| 2005 | 207.8 | 64.5 | 93.8 | 29.1 | 20.5 | 6.4 | 322.1 |
| 2006 | 227.3 | 65.5 | 98.0 | 28.2 | 21.8 | 6.3 | 347.1 |
| 2007 | 246.9 | 66.3 | 101.8 | 27.3 | 23.8 | 6.4 | 372.5 |
| 2008 | 267.8 | 67.4 | 103.7 | 26.1 | 26.1 | 6.6 | 397.6 |

注：各部门第一列为数额，第二列为占比。
资料来源：http://www.nsf.gov/statistics/digest10/funding.cfm#1.

　　企业和联邦政府是研究与开发经费的主要来源，二者提供的经费超过了90%。企业投入不仅数额持续增加，而且占研究与开发经费的比重也一直上升，1970年为39.7%，1990年为54.7%，2008年为67.4%，峰值是2000年的69.6%。政府投入数额也有增加，但比重却逐渐下降，1970年为57.2%，1990年为40.5%，2008年为26.1%；其他渠道投入数额有所增加，比例也略有提高，1970

年为 3.1%，1990 年为 4.7%，2008 年为 6.6%。

2. 从研究与开发经费的使用结构来看

2008 年，企业资助了绝大部分的应用研究，约为 78%（占全部应用研究经费 3280 亿美元中的 2560 亿美元），主要用于实际应用（practical applications）、新产品、新工艺。基础研究长期依赖于联邦政府，联邦政府经费占到了 56.5%（占全部基础研究经费 69 亿美元中的 39 亿美元）。

从表 4-18 可见，联邦政府支持应用研究的经费比重不断下降，即从 1990 年的 36.9% 下降 2008 年的 18.9%；而企业支持应用研究与开发的经费比重不断上升，即从 1990 年的 60.9% 上升到 2008 年的 78.4%。

表 4-18　1990—2008 年美国应用研究经费投入比例　　单位：%

| 年份 | 联邦政府 | 企业 | 其他 |
| --- | --- | --- | --- |
| 1990 | 36.9 | 60.9 | 2.3 |
| 1991 | 34.0 | 63.7 | 2.3 |
| 1992 | 32.8 | 64.8 | 2.4 |
| 1993 | 32.2 | 65.3 | 2.5 |
| 1994 | 31.5 | 65.8 | 2.6 |
| 1995 | 29.9 | 67.6 | 2.5 |
| 1996 | 27.5 | 70.0 | 2.5 |
| 1997 | 25.8 | 71.8 | 2.4 |
| 1998 | 23.8 | 73.9 | 2.3 |
| 1999 | 21.5 | 76.2 | 2.3 |
| 2000 | 18.5 | 79.1 | 2.3 |
| 2001 | 19.7 | 77.8 | 2.5 |
| 2002 | 20.8 | 76.4 | 2.8 |
| 2003 | 21.4 | 75.6 | 2.9 |
| 2004 | 22.2 | 74.9 | 2.9 |
| 2005 | 21.9 | 75.3 | 2.8 |
| 2006 | 21.1 | 76.1 | 2.8 |

续表

| 年份 | 联邦政府 | 企业 | 其他 |
|---|---|---|---|
| 2007 | 19.9 | 77.3 | 2.8 |
| 2008 | 18.9 | 78.4 | 2.7 |

资料来源：http：//www.nsf.gov/statistics/digest10/funding.cfm#2.

美国高等学校研究与开发经费资助的大部分为基础研究，超过全国基础研究总经费的一半。近二十年来高等学校研究与开发经费来源一直比较稳定：约60%来自联邦政府，约20%来自高等学校，来自企业的经费从约7%逐步下降到5.5%（见表4-19）。

表4-19　1990—2008年美国高等学校研究与开发经费来源比例　单位：%

| 年份 | 联邦政府 | 高等学校 | 企业 | 其他 |
|---|---|---|---|---|
| 1990 | 59.2 | 18.5 | 6.9 | 15.4 |
| 1991 | 58.2 | 19.1 | 6.8 | 15.8 |
| 1992 | 59.0 | 18.9 | 6.8 | 15.4 |
| 1993 | 59.9 | 18.0 | 6.8 | 15.3 |
| 1994 | 60.2 | 18.2 | 6.8 | 14.9 |
| 1995 | 60.1 | 18.3 | 6.7 | 14.9 |
| 1996 | 60.1 | 18.1 | 7.0 | 14.9 |
| 1997 | 58.7 | 19.3 | 7.1 | 14.9 |
| 1998 | 58.6 | 19.3 | 7.3 | 14.8 |
| 1999 | 58.5 | 19.5 | 7.4 | 14.6 |
| 2000 | 58.3 | 19.7 | 7.2 | 14.8 |
| 2001 | 58.6 | 20.2 | 6.8 | 14.5 |
| 2002 | 60.1 | 19.6 | 6.0 | 14.3 |
| 2003 | 61.8 | 19.1 | 5.4 | 13.7 |
| 2004 | 63.9 | 17.9 | 4.9 | 13.2 |
| 2005 | 63.8 | 18.0 | 5.0 | 13.2 |
| 2006 | 63.1 | 19.0 | 5.0 | 12.9 |
| 2007 | 61.6 | 19.5 | 5.4 | 13.5 |
| 2008 | 60.2 | 20.1 | 5.5 | 14.2 |

资料来源：http：//www.nsf.gov/statistics/digest10/funding.cfm#3.

从 1986 年至 2008 年美国联邦政府研究与开发经费的使用结构看，各领域开支经费数额都不断上升。基础研究经费从 82 亿美元增长到 276 亿美元，增长了约 2.37 倍；应用研究经费从 83 亿美元增长到 275 亿美元，增长了约 2.31 倍；试验发展经费从 349 亿美元增长到 595 亿美元，增长了约 0.7 倍。可见，基础研究和应用研究经费增长速度快于试验发展经费增长速度（见表 4 - 20）。

表 4 - 20　　　　1986—2008 年美国联邦政府研究与开发

经费开支（分领域）　　　单位：十亿美元

| 年份 | 基础研究 | 应用研究 | 试验发展 |
| --- | --- | --- | --- |
| 1986 | 8.2 | 8.3 | 34.9 |
| 1987 | 8.9 | 9.0 | 37.3 |
| 1988 | 9.5 | 9.2 | 38.1 |
| 1989 | 10.6 | 10.2 | 40.6 |
| 1990 | 11.3 | 10.3 | 41.9 |
| 1991 | 12.2 | 11.8 | 37.3 |
| 1992 | 12.5 | 12.0 | 41.1 |
| 1993 | 13.4 | 13.5 | 40.4 |
| 1994 | 13.5 | 13.9 | 39.9 |
| 1995 | 13.9 | 14.6 | 39.8 |
| 1996 | 14.5 | 13.8 | 39.4 |
| 1997 | 14.9 | 14.4 | 40.5 |
| 1998 | 15.6 | 15.3 | 41.2 |
| 1999 | 17.4 | 16.1 | 41.8 |
| 2000 | 19.6 | 18.9 | 34.4 |
| 2001 | 22.0 | 22.8 | 35.2 |
| 2002 | 23.5 | 24.3 | 37.8 |
| 2003 | 24.8 | 26.3 | 42.6 |
| 2004 | 26.1 | 27.2 | 48.0 |
| 2005 | 27.1 | 26.6 | 55.5 |
| 2006 | 26.6 | 27.0 | 56.6 |

续表

| 年份 | 基础研究 | 应用研究 | 试验发展 |
|---|---|---|---|
| 2007 | 26.9 | 27.2 | 59.7 |
| 2008 | 27.6 | 27.5 | 59.5 |

资料来源：http://www.nsf.gov/statistics/digest10/portfolio.cfm#1.

根据表4-21，从美国研究与开发经费使用结构看，2010年基础研究占比为18.7%，下降到2015年的16.9%；2010年应用研究占比为19.5%，略微增长到2015年的19.6%；2010年试验发展占比为61.8%，增长到2015年的63.5%。

表4-21　美国1970—2015年研究与开发经费使用结构

单位：十亿美元；%

| 年份<br>类型 | 1970 | 1980 | 1990 | 2000 | 2010 | 2011 | 2012 | 2013 | 2014 | 2015 |
|---|---|---|---|---|---|---|---|---|---|---|
| 现价 ||||||||||||
| 全部开发经费 | 26.3 | 63.2 | 152.0 | 267.9 | 406.6 | 426.2 | 433.6 | 454.0 | 475.4 | 495.1 |
| 基础研究 | 3.6 | 8.7 | 23.0 | 42.0 | 75.9 | 73.0 | 73.3 | 78.5 | 82.1 | 83.5 |
| 应用研究 | 5.8 | 13.7 | 34.9 | 56.5 | 79.3 | 82.1 | 87.1 | 88.3 | 91.9 | 97.2 |
| 试验发展 | 16.9 | 40.7 | 94.1 | 169.4 | 251.4 | 271.0 | 273.3 | 287.1 | 301.5 | 314.5 |
| 2009年不变价格 ||||||||||||
| 全部开发经费 | 115.3 | 142.5 | 227.6 | 327.2 | 401.7 | 412.5 | 412.1 | 424.6 | 436.8 | 450.1 |
| 基础研究 | 15.8 | 19.7 | 34.5 | 51.3 | 75.0 | 70.7 | 69.7 | 73.4 | 75.4 | 75.9 |
| 应用研究 | 25.2 | 30.9 | 52.3 | 69.0 | 78.3 | 79.5 | 82.8 | 82.6 | 84.4 | 88.3 |
| 试验发展 | 74.3 | 91.8 | 140.9 | 206.9 | 248.4 | 262.3 | 259.7 | 268.6 | 277.0 | 285.9 |
| 占比 ||||||||||||
| 全部开发经费 | 100.0 | 100.0 | 100.0 | 100.0 | 100.0 | 100.0 | 100.0 | 100.0 | 100.0 | 100.0 |
| 基础研究 | 13.7 | 13.8 | 15.2 | 15.7 | 18.7 | 17.1 | 16.9 | 17.3 | 17.3 | 16.9 |
| 应用研究 | 21.9 | 21.7 | 23.0 | 21.1 | 19.5 | 19.3 | 20.1 | 19.3 | 19.3 | 19.6 |
| 试验发展 | 64.4 | 64.5 | 61.9 | 63.2 | 61.8 | 63.6 | 63.0 | 63.3 | 63.4 | 63.5 |

资料来源：Science & Engineering Indicators 2018.

"2015年，美国基础研究投入占国家研发投入总额的17.2%甚至更高。相比而言，中国2016年的基础研究投入只占总研发投入的5.2%。"①

3. 从研究与开发经费的分配结构来看

从1986年至2008年各个部门分配的联邦政府研究与开发经费都有增长（见表4-22）。联邦政府研究机构执行的经费从135.4亿美元增长到268.3亿美元，增长了98.1%；企业执行的经费从259亿美元增长到499.2亿美元，增长了92.7%；高等学校执行的经费从93.3亿美元增长到289.9亿美元，增长了210.7%；非营利机构执行的经费从23.6亿美元增长到88.8亿美元，增长了276.3%。可见，高等学校和非营利机构的经费增长速度快于联邦政府研究机构和企业的经费增长速度。

表4-22　　　　美国各部门执行的联邦政府
研究与开发经费　　　单位：十亿美元

| 年份 | 联邦政府研究机构 | 企业 | 高等学校 | 非营利机构 |
| --- | --- | --- | --- | --- |
| 1986 | 13.54 | 25.90 | 9.33 | 2.36 |
| 1987 | 13.41 | 28.63 | 10.55 | 2.37 |
| 1988 | 14.11 | 28.63 | 11.30 | 2.33 |
| 1989 | 15.02 | 30.60 | 12.17 | 2.69 |
| 1990 | 15.85 | 31.70 | 12.59 | 3.08 |
| 1991 | 15.14 | 28.59 | 13.77 | 3.53 |
| 1992 | 15.58 | 31.86 | 14.13 | 3.73 |
| 1993 | 16.66 | 31.67 | 14.82 | 3.89 |
| 1994 | 16.13 | 31.75 | 15.09 | 4.00 |
| 1995 | 17.02 | 31.44 | 15.49 | 3.98 |
| 1996 | 16.54 | 31.51 | 15.42 | 3.89 |

---

① 《王志刚：鼓励全社会支持基础科学研究》，央广网，2018年3月15日，http://www.most.gov.cn/ztzl/lhzt/lhzt2018/hkjlhzt2018/hkj_fbh04/201803/t20180315_138633.htm. 数据与表4-21略有差距。

续表

| 年份 | 联邦政府研究机构 | 企业 | 高等学校 | 非营利机构 |
|---|---|---|---|---|
| 1997 | 16.72 | 32.55 | 16.26 | 4.04 |
| 1998 | 17.12 | 33.19 | 17.27 | 4.22 |
| 1999 | 18.08 | 33.23 | 18.86 | 4.88 |
| 2000 | 17.15 | 28.84 | 20.87 | 5.67 |
| 2001 | 20.22 | 28.19 | 24.21 | 6.86 |
| 2002 | 21.04 | 30.89 | 25.93 | 7.60 |
| 2003 | 22.86 | 35.36 | 27.45 | 7.46 |
| 2004 | 22.42 | 40.76 | 29.57 | 7.95 |
| 2005 | 24.13 | 45.72 | 30.53 | 8.22 |
| 2006 | 25.52 | 47.61 | 31.22 | 8.34 |
| 2007 | 25.54 | 49.90 | 29.29 | 9.02 |
| 2008 | 26.83 | 49.92 | 28.99 | 8.88 |

资料来源：http：//www.nsf.gov/statistics/digest10/portfolio.cfm#5.

美国应用研究经费开支随执行者的不同而表现不同，企业是应用研究经费中占据优势的执行者，1990年以来所得经费比重始终在80%以上；联邦政府研究机构和其他机构共同使用不到20%的经费（见表4-23）。

表4-23　　　　　1990—2008年美国应用研究经费
开支执行者占比　　　　单位：%

| 年份 | 联邦政府研究机构 | 企业 | 其他 |
|---|---|---|---|
| 1990 | 10.4 | 81.1 | 8.6 |
| 1991 | 9.6 | 81.6 | 8.7 |
| 1992 | 9.8 | 81.4 | 8.8 |
| 1993 | 10.2 | 80.7 | 9.2 |
| 1994 | 9.9 | 80.7 | 9.5 |
| 1995 | 9.2 | 81.8 | 9.0 |
| 1996 | 8.4 | 82.9 | 8.7 |
| 1997 | 8.0 | 84.0 | 8.0 |

续表

| 年份 | 联邦政府研究机构 | 企业 | 其他 |
|---|---|---|---|
| 1998 | 7.5 | 85.2 | 7.3 |
| 1999 | 7.0 | 85.8 | 7.1 |
| 2000 | 6.3 | 86.5 | 7.3 |
| 2001 | 7.0 | 85.0 | 8.0 |
| 2002 | 7.5 | 83.5 | 8.9 |
| 2003 | 7.7 | 83.1 | 9.3 |
| 2004 | 7.5 | 83.3 | 9.2 |
| 2005 | 7.5 | 83.6 | 8.9 |
| 2006 | 7.1 | 84.5 | 8.4 |
| 2007 | 6.7 | 84.2 | 8.2 |
| 2008 | 6.2 | 85.1 | 8.7 |

资料来源：http://www.nsf.gov/statistics/digest10/funding.cfm#4.

根据表4-24计算，从美国研究与开发经费投入结构看，企业2008年投入占比为63.7%，增长到2015年的67.3%；联邦政府2008年投入占比为29.1%，下降到2015年的24.4%；高等教育2008年投入占比为2.9%，增长到2015年的3.5%。从美国研究与开发经费各个部门分配的经费来看，企业2008年执行的经费占比为71.81%，略微增长到2015年的71.86%；联邦政府2008年执行的经费占比为1.13%，略微下降到2015年的1.10%；高等教育2008年执行的经费占比为12.86%，增长到2015年的13.06%。

表4-24　　　　美国2008—2015年研究与开发经费　　单位：百万美元

| 年份部门 | 2008 | 2009 | 2010 | 2011 | 2012 | 2013 | 2014 | 2015 |
|---|---|---|---|---|---|---|---|---|
| 现价 ||||||||||
| 执行部门 | 404773 | 402931 | 406580 | 426160 | 433619 | 453964 | 475426 | 495144 |
| 企业 | 290680 | 282393 | 278977 | 294092 | 302251 | 322528 | 340728 | 355821 |
| 联邦政府 | 45649 | 47572 | 50798 | 53524 | 52144 | 51086 | 52687 | 54322 |
| 内设机构 | 29839 | 30560 | 31970 | 34950 | 34017 | 33406 | 34783 | 35673 |

续表

| 年份 部门 | 2008 | 2009 | 2010 | 2011 | 2012 | 2013 | 2014 | 2015 |
|---|---|---|---|---|---|---|---|---|
| 研究与发展中心 | 15810 | 17013 | 18828 | 18574 | 18128 | 17680 | 17903 | 18649 |
| 非政府机构 | 491 | 606 | 691 | 694 | 665 | 620 | 583 | 610 |
| 高等教育 | 52054 | 54909 | 58084 | 60089 | 60896 | 61546 | 62354 | 64653 |
| 非营利机构 | 15898 | 17452 | 18030 | 17762 | 17663 | 18185 | 19075 | 19738 |
| **投入部门** | 404773 | 402931 | 406580 | 426160 | 433619 | 453964 | 475426 | 495144 |
| 企业 | 258016 | 246610 | 248124 | 266421 | 275717 | 297167 | 318382 | 333207 |
| 联邦政府 | 117615 | 125765 | 126617 | 127015 | 123838 | 120130 | 118363 | 120933 |
| 非政府机构 | 4221 | 4295 | 4302 | 4386 | 4158 | 4244 | 4214 | 4280 |
| 高等教育 | 11738 | 12056 | 12262 | 13104 | 14300 | 15378 | 16217 | 17334 |
| 非营利机构 | 13184 | 14205 | 15275 | 15235 | 15607 | 17045 | 18250 | 19390 |
| 2009年不变价格 | | | | | | | | |
| **执行部门** | 407848 | 402931 | 401673 | 412503 | 412127 | 424610 | 436844 | 450080 |
| 企业 | 292888 | 282393 | 275610 | 284667 | 287271 | 301673 | 313077 | 323437 |
| 联邦政府 | 45995 | 47572 | 50185 | 51809 | 49560 | 47783 | 48411 | 49378 |
| 内设机构 | 30066 | 30560 | 31584 | 33830 | 32331 | 31246 | 31961 | 32427 |
| 研究与发展中心 | 15930 | 17013 | 18601 | 17978 | 17229 | 16537 | 16451 | 16951 |
| 非政府机构 | 495 | 606 | 683 | 672 | 632 | 580 | 536 | 555 |
| 高等教育 | 52450 | 54909 | 57383 | 58163 | 57877 | 57566 | 57293 | 58768 |
| 非营利机构 | 16019 | 17452 | 17812 | 17193 | 16788 | 17009 | 17527 | 17942 |
| **投入部门** | 407848 | 402931 | 401673 | 412503 | 412127 | 424610 | 436844 | 450080 |
| 企业 | 259975 | 246610 | 245129 | 257883 | 262051 | 277952 | 292544 | 302881 |
| 联邦政府 | 118508 | 125765 | 125089 | 122944 | 117700 | 112363 | 108758 | 109927 |
| 非政府机构 | 4253 | 4295 | 4250 | 4245 | 3952 | 3970 | 3872 | 3890 |
| 高等教育 | 11827 | 12056 | 12114 | 12684 | 13591 | 14383 | 14901 | 15756 |
| 非营利机构 | 13284 | 14205 | 15091 | 14747 | 14833 | 15943 | 16769 | 17625 |

资料来源：*Science & Engineering Indicators* 2018.

## (三) 日本

1978年日本科学技术经费总额为4.459兆日元,占GDP的1.93%,其中自然科学部门占88%,人文社会科学部门占12%。从经费来源看,政府投入偏少,国家及地方公共团体投入只有30%,民间投入为70%;从经费分配看,52%分配给大学,24%分配给民间非营利机构等,18%分配给国立试验研究机构,分配给民间企业的仅为4%。

从2008年自然科学研究经费支出情况看,基础研究经费占13.7%,应用研究经费占23.4%,开发研究经费占62.9%。企业开支中,开发研究经费达到73.7%;而大学等开支中,基础研究经费达到54.3%(见表4-25)。

表4-25　　　　2008年日本自然科学研究经费支出比例　　　单位:%

| | 基础研究 | 应用研究 | 开发研究 |
|---|---|---|---|
| 总数 | 13.7 | 23.4 | 62.9 |
| 企业等 | 6.4 | 20.0 | 73.7 |
| 非营利团体 | 21.5 | 33.9 | 44.7 |
| 大学等 | 54.3 | 36.6 | 9.1 |

资料来源:《日本の统计2010》。

从日本科学技术经费数额看,名义研究费2009年为172463亿日元,2018年为195260亿日元,实际研究费(以2015年为基准)2009年为176012亿日元,2018年为190901亿日元。10年来,变动幅度不大,说明日本的科学技术经费投入较为稳定(见表4-26)。

表4-26　　　　日本科学技术经费变动情况　　　单位:亿日元;%

| 年份 | 研究费 ||||  实际研究费(以2015年为基准) ||||
|---|---|---|---|---|---|---|---|---|
| | 总额 | 自然科学 | 占比 | 年增长率 | 自然科学 | 总额 | 自然科学 | 年增长率 | 自然科学 |
| 2009 | 172463 | 158655 | 92 | -8.3 | -8.9 | 176012 | 161924 | -3.8 | -4.4 |
| 2010 | 171100 | 157423 | 92 | -0.8 | -0.8 | 173151 | 159332 | -1.6 | -1.6 |

续表

| 年份 | 研究费 ||||| 实际研究费（以2015年为基准） ||||
|---|---|---|---|---|---|---|---|---|---|
| | 总额 | 自然科学 | 占比 | 年增长率 | 自然科学 | 总额 | 自然科学 | 年增长率 | 自然科学 |
| 2011 | 173791 | 160098 | 92.1 | 1.6 | 1.7 | 174977 | 161173 | 1.1 | 1.2 |
| 2012 | 173246 | 159477 | 92.1 | -0.3 | -0.4 | 176043 | 162001 | 0.6 | 0.5 |
| 2013 | 181336 | 167376 | 92.3 | 4.7 | 5 | 181901 | 167718 | 3.3 | 3.5 |
| 2014 | 189713 | 175772 | 92.7 | 4.6 | 5 | 187301 | 173368 | 3 | 3.4 |
| 2015 | 189391 | 175170 | 92.5 | -0.2 | -0.3 | 189391 | 175170 | 1.1 | 1 |
| 2016 | 184326 | 170334 | 92.4 | -2.7 | -2.8 | 185507 | 171567 | -2.1 | -2.1 |
| 2017 | 190504 | 176515 | 92.7 | 3.4 | 3.6 | 188749 | 174933 | 1.7 | 2 |
| 2018 | 195260 | 181235 | 92.8 | 2.5 | 2.7 | 190901 | 177198 | 1.1 | 1.3 |

资料来源：日本2019年《科学技術研究調査結果の概要》。

从日本科学技术经费分配结构看，1999年企业占66.39%，非营利机构占13.56%，大学等占20.04%；2008年企业占72.52%，非营利机构占9.15%，大学等占18.32%；2018年企业所得经费占72.89%，非营利机构占8.28%，大学等占18.84%。总的来看，20年来三类部门所得经费占比变动幅度不大，只是企业所得经费占比有一定提升，而非营利机构和大学等所得经费占比有所下降（见表4-27）。

表4-27　　　　　日本科学技术经费分配情况　　　单位：亿日元；%

| 年份 | 总额 | 企业 || 非营利机构 || 大学等 ||
|---|---|---|---|---|---|---|---|
| | | 数额 | 占比 | 数额 | 占比 | 数额 | 占比 |
| 1999 | 160106 | 106302 | 66.39 | 21713 | 13.56 | 32091 | 20.04 |
| 2000 | 162893 | 108602 | 66.67 | 22207 | 13.63 | 32084 | 19.70 |
| 2001 | 165280 | 114510 | 69.28 | 18436 | 11.15 | 32334 | 19.56 |
| 2002 | 166751 | 115768 | 69.43 | 18159 | 10.89 | 32823 | 19.68 |
| 2003 | 168042 | 117589 | 69.98 | 17821 | 10.61 | 32631 | 19.42 |
| 2004 | 169376 | 118673 | 70.06 | 17963 | 10.61 | 32740 | 19.33 |

续表

| 年份 | 总额 | 企业 数额 | 企业 占比 | 非营利机构 数额 | 非营利机构 占比 | 大学等 数额 | 大学等 占比 |
|---|---|---|---|---|---|---|---|
| 2005 | 178452 | 127458 | 71.42 | 16920 | 9.48 | 34074 | 19.09 |
| 2006 | 184631 | 133274 | 72.18 | 17533 | 9.50 | 33824 | 18.32 |
| 2007 | 189438 | 138304 | 73.01 | 16897 | 8.92 | 34237 | 18.07 |
| 2008 | 188001 | 136345 | 72.52 | 17206 | 9.15 | 34450 | 18.32 |
| 2009 | 172463 | 119838 | 69.49 | 17127 | 9.93 | 35498 | 20.58 |
| 2010 | 171100 | 120100 | 70.19 | 16659 | 9.74 | 34340 | 20.07 |
| 2011 | 173791 | 122718 | 70.61 | 15668 | 9.02 | 35405 | 20.37 |
| 2012 | 173246 | 121705 | 70.25 | 15917 | 9.19 | 35624 | 20.56 |
| 2013 | 181336 | 126920 | 69.99 | 17420 | 9.61 | 36997 | 20.40 |
| 2014 | 189713 | 135864 | 71.62 | 16888 | 8.90 | 36962 | 19.48 |
| 2015 | 189391 | 136857 | 72.26 | 16095 | 8.50 | 36439 | 19.24 |
| 2016 | 184326 | 133183 | 72.25 | 15102 | 8.19 | 36042 | 19.55 |
| 2017 | 190504 | 137989 | 72.43 | 16097 | 8.45 | 36418 | 19.12 |
| 2018 | 195260 | 142316 | 72.89 | 16160 | 8.28 | 36784 | 18.84 |

资料来源：日本2010年、2019年《科学技術研究調査結果の概要》。

2006年，日本研究与开发经费中，按经费来源分，企业资金占77.1%，政府资金占16.2%，其他资金占6.8%；按执行部门分，企业部门占77.2%，政府部门占8.3%，高等教育部门占12.7%，其他部门占1.9%；2005年，按研究类型分，基础研究占12.7%，应用研究占22.2%，试验发展占65.2%。

2016年，日本研究与开发经费中，按经费来源分，企业资金占78.1%，政府资金占15%，其他资金占6.9%；按执行部门分，企业部门占78.8%，政府部门占7.5%，高等教育部门占12.3%，其他部门占1.4%；按研究类型分，基础研究占13.2%，应用研究占19.7%，试验发展占67.1%（见表4-28）。

表4-28　　　　　　　日本研究与开发经费的结构　　　　　　单位：%

| 项目 | | 2006年 | 2016年 |
|---|---|---|---|
| 按经费来源分 | 企业资金 | 77.1 | 78.1 |
| | 政府资金 | 16.2 | 15 |
| | 其他资金 | 6.8 | 6.9 |
| 按执行部门分 | 企业部门 | 77.2 | 78.8 |
| | 政府部门 | 8.3 | 7.5 |
| | 高等教育部门 | 12.7 | 12.3 |
| | 其他部门 | 1.9 | 1.4 |
| 按研究类型分 | 基础研究 | 12.7 | 13.2 |
| | 应用研究 | 22.2 | 19.7 |
| | 试验发展 | 65.2 | 67.1 |

注：研究类型中数据为2005年和2016年。
资料来源：《中国科技统计年鉴2008》《中国科技统计年鉴2010》《中国科技统计年鉴2018》。

2006年到2016年，日本研究与开发经费中从经费来源、执行部门和研究类型各部分经费所占比例来看，变动也都不大，相对比较稳定。

**（四）英国**

英国的研究与开发经费主要来自企业和政府。1975年英国研究与开发经费总额为21.389亿英镑。从负担比例看，政府投入占51.7%（政府投入中国防费用又占一半），企业投入占40.8%；从使用比例看，企业占62.7%，政府占26.6%；从使用性质看，试验发展占58.5%，应用研究占25.4%，基础研究占16.1%。

2002年，英国研究与开发经费共计196亿英镑，其中企业投入占47%，政府投入占31%，海外投入占20%，各类慈善机构和私人捐赠占2%（见图4-8）。其中176亿英镑用于民用研究，其余用于国防研究。

企业投入是英国研究与开发经费的主要来源，投入约占总经费的1/2；同时也是使用经费的主要单位，约占总经费的2/3。

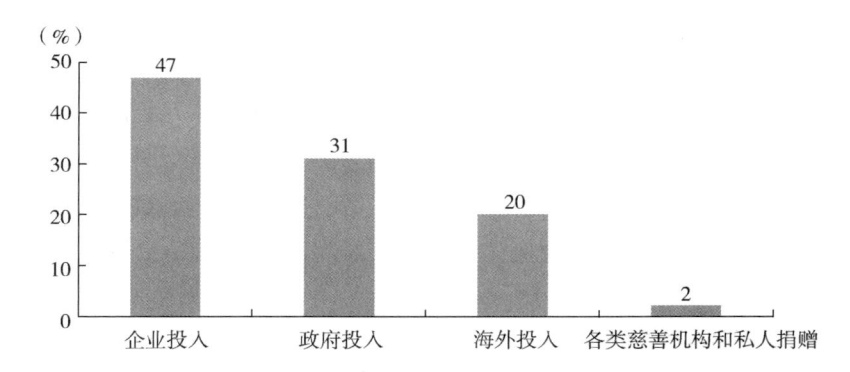

图 4-8　英国 2002 年研究与开发经费来源情况[①]

英国政府投入是研究与开发经费的重要来源，约占全社会研究与开发投入的 1/3，近年有所增长，但增长比例不大，不超过 7%。

英国研究与开发经费占 GDP 的比重在 2000 年前逐年下降，从 1981 年的 2.38% 下降到 2000 年的 1.83%，在七国集团中从仅次于德国的第二位降至倒数第三位。2002 年英国政府发布财政支出预算报告，宣称将逐年增加科技投入。

英国政府研究与开发支出主要有两个渠道，即贸工部的科技办公室和教育技能部，其他政府部门如卫生部，环境、食品及农村事务部，能源部等有自己的科研经费，主要限于本部门的研究机构使用。

英国政府科技投入领域主要包括三个方面：研究与开发、技术转让、与科技相关的研究生教育和培训。

英国政府认为，基础研究是政府财政资金的重点支持领域，因此政府研究与开发经费支出中，约 33% 用于基础研究，36% 用于应用研究，31% 用于试验发展。基础研究经费主要集中于各研究理事会和大学，政府各民用部门的经费主要用于支持应用研究，国防科技经费主要用于试验发展。

英国政府成立了各种基金，加强对科学研究的支持，特别注意

---

① 游建胜：《英国科技政策与科学园》，厦门大学出版社 2008 年版，第 64 页。

加强对基础研究的扶持力度。英国政府还注意与民间基金会合作，共同投资支持科学研究。

在企业的研究与开发经费支出中，只有约5%用于基础研究，而39%用于应用研究，56%用于试验发展。企业经费主要投向制药业和航空业，其次为汽车、化工、电子、食品加工、通信等行业。

英国研究与开发经费中，按经费来源分，2006年企业资金占45.2%，政府资金占31.9%，其他资金占22.9%；按执行部门分，2006年企业部门占61.7%，政府部门占10%，高等教育部门占26.1%，其他部门占2.2%。

按经费来源分，2016年企业资金占51.8%，政府资金占26.3%，其他资金占22%；按执行部门分，2017年企业部门占67.6%，政府部门占6.5%，高等教育部门占23.7%，其他部门占2.2%；按研究类型分，2016年基础研究占18.1%，应用研究占44%，试验发展占37.9%（见表4-29）。

表4-29　　　　　　英国研究与开发经费的结构　　　　　　单位：%

| 项目 | | 2006年 | 2016年 |
| --- | --- | --- | --- |
| 按经费来源分 | 企业资金 | 45.2 | 51.8 |
| | 政府资金 | 31.9 | 26.3 |
| | 其他资金 | 22.9 | 22.0 |
| 按执行部门分 | 企业部门 | 61.7 | 67.6 |
| | 政府部门 | 10.0 | 6.5 |
| | 高等教育部门 | 26.1 | 23.7 |
| | 其他部门 | 2.2 | 2.2 |
| 按研究类型分 | 基础研究 | — | 18.1 |
| | 应用研究 | — | 44.0 |
| | 试验发展 | — | 37.9 |

注：执行部门中数据为2006年和2017年；按研究类型分2006年未统计。
资料来源：《中国科技统计年鉴2008》《中国科技统计年鉴2018》。

2006年到2016（2017）年，英国研究与开发经费各部分所占比例中，来源于企业的经费略有增加，来源于政府的经费略有降低；企业部门执行的经费有所增加，政府部门执行的经费有所降低。

（五）法国

从法国研究与开发经费来源结构看，20世纪60年代政府投入占到70%，以后逐渐减少，到1996年下降到48.8%；而企业投入不断增长，到1996年增长到51.2%。1996年全国研究与开发经费总投入为1843亿法郎，占GDP的2.34%。

从研究与开发经费使用结构看，公共科研机构支出约占40%，企业支出约占60%。以1996年为例，全国研究与开发经费总支出为1826亿法郎，其中公共科研机构支出为702亿法郎，占38.4%；企业支出为1124亿，占61.6%。

在企业研究与开发经费开支中，基础研究占4%，应用研究占25%，试验发展占71%。

20世纪70年代以后，法国政府对企业研究与开发经费的资助数额总体上呈上升趋势，但所占比例却逐年下降；而企业自筹经费数额迅猛增长，所占比例增长也比较大（见表4-30）。

表4-30　　　　法国企业研究与开发经费构成情况[①]　　　单位：亿法郎

| 项目 | 1973年 | | 1982年 | | 1993年 | | 1996年 | |
|------|--------|------|--------|------|--------|------|--------|------|
|      | 数额 | 比例 | 数额 | 比例 | 数额 | 比例 | 数额 | 比例 |
| 总支出费用 | 115 | 100 | 433 | 100 | 1071 | 100 | 1124 | 100 |
| 政府资助 | 36 | 31.3 | 105 | 24.2 | 179 | 16.7 | 152 | 13.5 |
| 企业自筹 | 73 | 63.5 | 307 | 70.9 | 772 | 72.1 | 844 | 75.1 |
| 国外经费 | 6 | 5.2 | 21 | 4.9 | 120 | 11.2 | 128 | 11.4 |

法国研究与开发经费资助的重点领域是航空航天、汽车、电信、医药和化工五大领域，财政投入经费重点支持航空、航天、电

---

[①] 霍立浦、邱举良主编：《法国科技概况》，科学出版社2002年版，第450页。

子工业。

法国研究与开发经费中,按经费来源分,2005年企业资金占52.2%,政府资金占38.4%,其他资金占9.4%;按执行部门分,2006年企业部门占63.3%,政府部门占17.3%,高等教育部门占18.2%,其他部门占1.3%;按研究类型分,2005年基础研究占24.1%,应用研究占36.2%,试验发展占39.7%。

按经费来源分,2015年企业资金占54%,政府资金占34.8%,其他资金占11.2%;按执行部门分,2016年企业部门占63.6%,政府部门占12.9%,高等教育部门占22%,其他部门占1.6%;按研究类型分,2015年基础研究占24.5%,应用研究占39.1%,试验发展占36.4%(见表4-31)。

表4-31　　　　　法国研究与开发经费的结构　　　　　单位:%

| 项目 | | 2005年 | 2015年 |
| --- | --- | --- | --- |
| 按经费来源分 | 企业资金 | 52.2 | 54.0 |
| | 政府资金 | 38.4 | 34.8 |
| | 其他资金 | 9.4 | 11.2 |
| 按执行部门分 | 企业部门 | 63.3 | 63.6 |
| | 政府部门 | 17.3 | 12.9 |
| | 高等教育部门 | 18.2 | 22.0 |
| | 其他部门 | 1.3 | 1.6 |
| 按研究类型分 | 基础研究 | 24.1 | 24.5 |
| | 应用研究 | 36.2 | 39.1 |
| | 试验发展 | 39.7 | 36.4 |

注:执行部门中数据为2006年和2016年。
资料来源:《中国科技统计年鉴2008》《中国科技统计年鉴2018》。

2005(2006)年到2015(2016)年,法国研究与开发经费各部分所占比例中,来源于企业的经费略有增加,来源于政府的经费略有降低;企业部门执行的经费几乎无变动,政府部门执行的经费有所降低,高等教育部门执行的经费略有增加;研究类型各部分经费比例变动很小。

（六）德国

2001 年德国教育与研究部预算共 159 亿欧元，其中 38.1% 用于技术和创新，20.13% 用于基础研究，13.36% 用于研究与开发，其他用于高等学校建设等。

德国研究与开发经费大部分来自企业，少量来自政府；约有 2/3 的经费投向企业界，其他 1/3 投向大学及其他机构。如，1997 年企业、高等学校和其他研究机构开支研究与开发经费的比例分别约为 67%、18%、15%。

2006 年，德国研究与开发经费中，按经费来源分，企业资金占 68.1%，政府资金占 27.8%，其他资金占 4.2%；按执行部门分，企业部门占 69.9%，政府部门占 13.8%，高等教育部门占 16.3%。

2016 年，德国研究与开发经费中，按经费来源分，企业资金占 65.2%，政府资金占 28.5%，其他资金占 6.3%；按执行部门分，企业部门占 68.2%，政府部门占 13.8%，高等教育部门占 18%（见表 4-32）。

表 4-32　　　　德国研究与开发经费的结构　　　　单位：%

| 项目 | | 2006 年 | 2016 年 |
| --- | --- | --- | --- |
| 按经费来源分 | 企业资金 | 68.1 | 65.2 |
| | 政府资金 | 27.8 | 28.5 |
| | 其他资金 | 4.2 | 6.3 |
| 按执行部门分 | 企业部门 | 69.9 | 68.2 |
| | 政府部门 | 13.8 | 13.8 |
| | 高等教育部门 | 16.3 | 18 |
| | 其他部门 | — | — |
| 按研究类型分 | 基础研究 | — | — |
| | 应用研究 | — | — |
| | 试验发展 | — | — |

注：按研究类型分未统计。

资料来源：《中国科技统计年鉴 2008》《中国科技统计年鉴 2018》。

2006 年到 2016 年，德国研究与开发经费各部分所占比例中，来源于企业的经费略有降低，其他的变动都较小。

### (七) 意大利

2005 年，意大利研究与开发经费中，按经费来源分，企业资金占 39.7%，政府资金占 50.7%，其他资金占 9.7%；按执行部门分，企业部门占 50.4%，政府部门占 17.3%，高等教育部门占 30.2%，其他部门占 2.1%；按研究类型分，基础研究占 27.7%，应用研究占 44.4%，试验发展占 27.9%。

意大利研究与开发经费中，按经费来源分，2015 年企业资金占 50%，政府资金占 38%，其他资金占 12%；按执行部门分，2016 年企业部门占 58.3%，政府部门占 13.2%，高等教育部门占 25.5%，其他部门占 3%；按研究类型分，2015 年基础研究占 24.4%，应用研究占 45.4%，试验发展占 30.2%（见表 4 – 33）。

表 4 – 33　　　　意大利研究与开发经费的结构　　　　单位：%

| 项目 | | 2005 年 | 2015 年 |
| --- | --- | --- | --- |
| 按经费来源分 | 企业资金 | 39.7 | 50.0 |
| | 政府资金 | 50.7 | 38.0 |
| | 其他资金 | 9.7 | 12.0 |
| 按执行部门分 | 企业部门 | 50.4 | 58.3 |
| | 政府部门 | 17.3 | 13.2 |
| | 高等教育部门 | 30.2 | 25.5 |
| | 其他部门 | 2.1 | 3.0 |
| 按研究类型分 | 基础研究 | 27.7 | 24.4 |
| | 应用研究 | 44.4 | 45.4 |
| | 试验发展 | 27.9 | 30.2 |

注：执行部门中数据为 2005 年和 2016 年。
资料来源：《中国科技统计年鉴 2008》《中国科技统计年鉴 2018》。

2005 年到 2015（2016）年，意大利研究与开发经费各部分所占比例中，来源于企业的经费有较大增加，来源于政府的经费有较大降低；企业部门执行的经费有所增加，政府部门执行的经费有所降低，高等教育部门执行的经费有所降低；研究类型各部分经费比例变动较小。

**（八）加拿大**

2007年，加拿大研究与开发经费中，按经费来源分，企业资金占47.8%，政府资金占32.8%，其他资金占19.4%；按执行部门分，企业部门占54.4%，政府部门占9.2%，高等教育部门占36%，其他部门占0.4%。

2017年，加拿大研究与开发经费中，按经费来源分，企业资金占40.6%，政府资金占33%，其他资金占26.4%；按执行部门分，企业部门占51%，政府部门占7.2%，高等教育部门占41.3%，其他部门占0.5%（见表4-34）。

表4-34　　加拿大研究与开发经费的结构　　单位：%

| 项目 | | 2007年 | 2017年 |
| --- | --- | --- | --- |
| 按经费来源分 | 企业资金 | 47.8 | 40.6 |
| | 政府资金 | 32.8 | 33.0 |
| | 其他资金 | 19.4 | 26.4 |
| 按执行部门分 | 企业部门 | 54.4 | 51.0 |
| | 政府部门 | 9.2 | 7.2 |
| | 高等教育部门 | 36.0 | 41.3 |
| | 其他部门 | 0.4 | 0.5 |
| 按研究类型分 | 基础研究 | — | — |
| | 应用研究 | — | — |
| | 试验发展 | — | — |

注：按研究类型分未统计。
资料来源：《中国科技统计年鉴2008》《中国科技统计年鉴2018》

2007年到2017年，加拿大研究与开发经费各部分所占比例中，来源于企业的经费有所降低，来源于政府的经费变动不大；企业部门执行的经费有所降低，政府部门执行的经费有所降低，高等教育部门执行的经费有所增加。

## 五　影响因素

影响我国科学技术财政投入结构的因素，除了经济发展水平这一根本因素外，主要有以下几个方面：政府职能、财政体制、经济资源控制、科研观念等。

### （一）政府职能

政府具有政治职能、经济职能、文化职能和社会职能。经济职能主要有三个方面：宏观调控职能、提供公共产品和服务职能、市场监管职能。中央政府和地方政府的职能有所区别，因此在财政投入方面也相应有所差别。根据2018年我国新修订的宪法，中央人民政府，即国务院的职权有十八项，其中经济方面有三项："（五）编制和执行国民经济和社会发展计划和国家预算；（六）领导和管理经济工作和城乡建设、生态文明建设；（七）领导和管理教育、科学、文化、卫生、体育和计划生育工作。"领导和管理科学工作是其中一项重要职权，或者说是重要责任。宪法规定："县级以上地方各级人民政府依照法律规定的权限，管理本行政区域内的经济、教育、科学、文化、卫生、体育事业、城乡建设事业和财政、民政、公安、民族事务、司法行政、计划生育等行政工作。"地方政府同样具有管理本地区科学工作的职权。虽然都有此项职权，但是各自提供或支持科学研究的范围、目的、作用、偏好是不相同的。科学研究作为一种公共物品，中央政府和地方政府都提供或支持，可是中央政府提供或支持的科学研究的外部性溢出范围大，受益者多，作用更强大，加之大型、先进、力量雄厚的科研机构主要属于国家，就要求中央政府进行更多更强的投入，推出更多更优秀的科研成果。而地方政府提供或支持的科学研究一般局限于本地区，溢出范围有限，作用有限，影响也小，加上地方科研力量和科研水平的限制，使得地方政府科学研究投入力度较弱。这是造成中央政府和地方政府支持科学研究的投入数额和比重差异的一个重要原因。

### (二) 财政体制

1994年我国进行了分税制改革,在中央政府与地方政府之间进行了事权与财权的重新划分。按照分税制改革方案,中央将税收体制变为生产性的税收体制,通过征收增值税,将75%的增值税收归中央,将25%的收益划归地方。在重点规定中央与地方收入划分的同时,对中央与地方的支出范围进行了划分。关于科学研究,《国务院关于实行分税制财政管理体制的决定》规定:中央财政承担中央直属企业的技术改造和新产品试制费,以及中央本级负担的文化、教育、卫生、科学等各项事业费支出。而地方财政主要承担本地区地方企业的技术改造和新产品试制经费。[①] 地方政府支出具体包括"地方文化、教育、卫生等各项事业费",并没有明确指出包括"科学事业费"。显然,科学事业费并不是地方政府支出的重点。这是造成中央政府和地方政府科学研究投入数额和比重差异的又一个重要原因。

2007年,我国全面实施政府收支分类改革,建立新的政府支出功能分类体系,支出功能分类不再按基建费、行政费、事业费、科技三项费用等经费性质设置科目,而是根据政府管理和部门预算的要求,统一按支出功能设置类、款、项三级科目。17个大类中包括"科学技术",中央和地方均是如此。这样可以更加完整、明晰地反

---

[①] 《国务院关于实行分税制财政管理体制的决定》指出:中央财政主要承担国家安全、外交和中央国家机关运转所需经费,调整国民经济结构、协调地区发展、实施宏观调控所必需的支出以及由中央直接管理的事业发展支出。具体包括:国防费,武警经费,外交和援外支出,中央级行政管理费,中央统管的基本建设投资,中央直属企业的技术改造和新产品试制费,地质勘探费,由中央财政安排的支农支出,由中央负担的国内外债务的还本付息支出,以及中央本级负担的公检法支出和文化、教育、卫生、科学等各项事业费支出。地方财政主要承担本地区政权机关运转所需支出以及本地区经济、事业发展所需支出。具体包括:地方行政管理费,公检法支出,部分武警经费,民兵事业费,地方统筹的基本建设投资,地方企业的技术改造和新产品试制经费,支农支出,城市维护和建设经费,地方文化、教育、卫生等各项事业费,价格补贴支出以及其他支出。

映政府"科学技术"收支活动，对科学技术等重点支出占全部政府支出的比重等形成更加清晰的判断，以实行全口径预算管理，合理配置财政资源，优化财政支出结构。

（三）经济资源控制

改革开放以来，我国国有企业焕发了生机与活力，民营企业和三资企业迅速发展壮大，企业增加值和利润不断增加，对经济资源的控制力大为增强，企业成为经济活动的重要主体，成为研究与开发活动的重要主体。

以 2008 年为例，企业增加值为 314045.4 亿元，而国家财政收入为 61330.35 亿元，企业掌握的经济资源是政府的 5 倍，企业有更多的资源进行科技活动，表现为在科技活动经费筹集中，政府资金所占比重逐步降低，而企业资金所占比重大幅攀升。从 1995 年到 2008 年，企业资金比重从 31.7% 上升到 69.8%，政府资金比重从 25.8% 下降到 20.8%。

2017 年，我国研究与开发经费中，来源于企业资金的部分提高到 76.5%，来源于政府资金的部分继续下降到 19.8%。

（四）科研观念

在我国科学研究活动中，基础研究和应用研究投入与试验发展投入差距较大。以 2009 年研究与开发经费为例，基础研究的比重为 4.7%，应用研究的比重为 12.6%，试验发展的比重为 82.7%。从 1995 年至 2009 年研究与开发活动的经费看，基础研究的比重较小，平均为 5.2%；应用研究的比重持续下降，平均为 19.3%；试验发展的比重却不断上升，平均为 75.5%。企业以赢利为导向，注重实用科技成果的发明、转化和利用，对投入多、见效慢的基础研究动力不足，因此其科学研究主要是进行试验发展活动，企业又是科学研究活动的主体，造成整个研究与开发经费中试验发展经费数额大、比重高。具有长远效应、转化实用价值较弱的基础研究，主要靠政府资金支持。2017 年研究与开发经费中，基础研究的比重略有增加，为 5.5%；应用研究的比重继续下降，为 10.5%；试验发展的比重大幅提高,达到84%。

## 六 小结

总体而言,我国科学技术财政投入的结构是符合实际的,也发挥出了显著效用,但也有不甚合理之处。

从负担结构来看,我国科学技术财政投入的比重发生了从中央政府到地方政府此消彼长的转变。中央政府科学技术投入比重逐步下降,而地方政府科学技术投入比重逐步上升。但应当注意相对地方政府财政总支出,其科学技术投入相对较少,强度不足。

此外,中央政府科技拨款占本级财政总支出的比重平均为10.6%,而地方政府科技拨款占本级财政总支出的比重平均为2.31%,可见地方财政科技投入比例偏小,应当加大对科学技术的投入力度。

从投入结构来看,来源于企业的资金增长最快,来源于政府的资金增长次之,来源于金融机构的贷款增长较缓。从三部分资金占比来看,政府资金保持大体稳定,金融机构贷款略微下降,企业资金上升较大。

在研究与开发经费中,政府投入资金总量不断增长,但所占比重却呈下降趋势;企业投入资金增加较快,所占比重也呈上升趋势;国外来源资金和其他来源资金总量有所增长,但所占比重都呈下降趋势。

从地区结构来看,无论是研究与开发经费的投入数额还是投入强度,经济相对发达的地区较强,而经济发展相对落后的地区较弱。各省区市政府投入资金的数额、增长水平、占财政支出的比例等差距较大。

从使用结构来看,按功能性质分类,科技三项费用和科学事业费是科学技术财政支出的主体;按研究类型分类,基础研究经费所占比重较低,应用研究经费所占比重降幅较大,而试验发展经费所占比重增长较快。基础研究和应用研究经费的比重较低,特别是基础研究经费的比重太低，不利于科学技术的长远发展。

从分配结构来看，企业得到的研究与开发经费最多，其次是研发机构，再次是高等教育部门，最后是其他部门。高等学校是科学研究的重要阵地，需要加大对高等学校的投入。从执行部门看，企业所得研究与开发经费大部分来自企业，研发机构所得主要来自政府，高等学校所得较多来自政府，2018年政府资金分配给研发机构和高等学校的一共占81.8%。

从国际比较情况来看，我国研究与开发经费中政府投入比例较低，投向基础研究和应用研究的比例较低，都需要进一步提高。

影响我国科学技术财政投入结构的主要因素有：中央政府和地方政府在支持科学研究的职能上有所差别，中央政府负有发展科学技术的主要责任；中央政府和地方政府财政事权有所区分，科学事业费并不是地方财政的支出重点；企业掌握更多的经济资源，有从事科学研究的资金优势；我国重实用的科研观念比较强，对基础研究重视不够。为扩大科学研究的溢出效应，中央政府应持续加大科技经费投入，同时地方政府也应加大科技经费投入。

# 第五章 科学技术财政投入的管理

科学技术财政投入从经费预算、经费拨付，到经费使用、经费结算等流程，都面临管理的问题。首先，管理是经费筹措和经费使用的必备环节，否则财政活动和科研活动便无法组织；其次，管理能够确保经费合法有效使用；再次，管理有利于提高经费的使用效益。

科学技术得到财政资金和其他资金资助，是科学技术史上革命性的变化。科学研究早已有之，但早期的科学研究，是出于科研人员兴趣爱好的自由探索，科研资金大多来源于自家财富或得到权贵富人的捐助。18世纪末法国大革命之后科学家开始职业化，此种趋势从法国影响到欧洲其他国家。到19世纪后半期，科学家职业化兴起，出现了专门的科学家。美国也是在南北战争后，才开始科学家职业化的。在此过程中，国家逐步认识到科学技术可以增加国家财富和国家实力，开始有意识地培养科学人才，并对科学研究提供资助。

新中国成立以来，我国政府高度重视科学技术。1956年召开全国科技大会，提出了"向科学进军"的口号；同年制定了首个科学技术发展长远规划，即《1956—1967年科学技术发展远景规划》（以下简称《十二年科技规划》），从此我国科学事业迈上了蓬勃发展的道路。到"文化大革命"前，全国科研机构已增至1700多个，从事科学研究的人员达到12万人，初步建立起一支力量较为雄厚的科技队伍。1978年召开首次全国科学大会，邓小平同志提出"科学技术是第一生产力"，开始了科学的春天。其后，我国相继制定了多个科学技术发展规划，用以指导科学技术的发展。在《十二年科技规划》执行的基础上，1963年制定《1963—1972年科学技术发展规划》（以下简称《十年规划》）。1978年制定《1978—1985年全国科学技术发展规划纲要》（以下简称《八年规划纲要》）。1982年制定《1986—2000年科学技术发展规划》《1986—1990年全国科学技术发展计划纲要》和12个领域的技术政策。20世纪80年代末制定《国家中长期科学技术发展纲要》。1991年制定《1991—2000年科学技术发展十年规划和"八五"计划纲要》。1994年开始编制《全国科技发展"九五"计划和2010年长期规划纲要》，但1998年经国家科教领导小组讨论后该规划并未对外正式发布。[①] 2001年制定《国民经济和社会发展第十个五年计划科技教育发展专项规划（科技发展规划）》。2006年制定《国家中长期科学和技术发展规划纲要（2006—2020年）》和《国家"十一五"科学技术发展规划》。2011年制定《国家"十二五"科学和技术发展规划》。2016年制定《"十三五"国家科技创新规划》。2020年开始编制中长期科技发展规划和"十四五"科技创新规划。

  为保证各项科技规划的实施，加强国家对科技活动的管理，全面推动科技进步，我国相继出台了一系列科技计划，如国家高技术研究发展（863）计划、国家重点基础研究发展（973）计划、集中解决重大问题的科技攻关（支撑）计划、推动高技术产业化的火炬计划、面向农村的星火计划、支持基础研究重大项目的攀登计划；设立了科技资助基金，如国家自然科学基金、国家社会科学基金、科技型中小企业技术创新基金等，并不断加大财政投入；制定了相关科技法律法规，建立起科技管理制度。这些都为科技发展规划的顺利实施和科技事业的发展进步提供了重要保障。

---

① 《历史上的科技发展规划》，http://www.most.gov.cn/kjgh/lskjgh.

## 一 投入体制

我国科学技术管理实行的是统一领导、分级管理的体制。国务院是最高决策和管理机构。1998年成立了国家科技教育领导小组，负责制定国家科技教育发展的重大战略和政策。2003年成立了国家中长期科学和技术发展规划领导小组，负责国家中长期科学和技术发展规划制定的领导和组织工作。科技部、国家发改委、国防科工委及国务院有关部门和中国科学院、中国社会科学院等为中央一级科技管理组织。地方各级政府、科技厅、发改委等构成地方一级科技管理组织。

相应地，科学技术财政投入经费管理也实行类似的管理体制，全国财政科技经费分为中央管理的经费和地方管理的经费。中央管理的科技经费分别由科技部等国务院有关部门和中国科学院、中国社会科学院的经费构成；地方管理的科技经费由各省区市及所属市县的科技经费构成。

科学技术财政投入主要用于支持市场机制不能有效配置资源的基础研究、前沿技术研究、社会公益研究、重大共性关键技术研究开发等公共科技活动。

### （一）经费投入部门

中央和地方科学技术财政投入经费，分别由国家财政部和地方政府财政部门负责。

科学技术财政投入是政府投入，资金来源于税收，由财政部和地方财政厅（局）按照全国和地方人民代表大会批准的预算方案拨付给一级预算单位，由一级预算单位进行管理，并通过实施科学研究计划划拨科研单位使用。因此，形成了经费投入部门、经费管理部门和经费使用部门等相互贯通的管理体系，以及上下承接的管理层级。

## (二) 经费管理部门

中央科技口一级预算单位有科技部、中国科学院、中国工程院、中国社会科学院、中国科学技术协会、国家自然科学基金委员会、全国哲学社会科学工作办公室等，各个单位负责管理财政拨付本单位的科学技术经费。

科技部是主管全国科学技术工作的国务院组成部门。作为全国宏观科技管理部门，科技部并不管理全国的科技经费，只负责管理本部门的科技经费。"负责本部门预算中的科技经费预决算及经费使用的监督管理，会同有关部门提出科技资源合理配置的重大政策和措施建议，优化科技资源配置。"① 2018 年国务院机构改革后，科技部职能为："拟订国家创新驱动发展战略方针"；"牵头建立统一的国家科技管理平台和科研项目资金协调、评估、监管机制。会同有关部门提出优化配置科技资源的政策措施建议，推动多元化科技投入体系建设，协调管理中央财政科技计划（专项、基金等）并监督实施"；"拟订国家基础研究规划、政策和标准并组织实施"；"编制国家重大科技项目规划并监督实施"，等等。②

中国科学院是我国科学技术方面的最高学术机构和全国自然科学与高新技术的综合研究与发展中心。按照《中国科学院章程》，中国科学院依据国家预算管理制度，实行以国家财政拨款为基础、有效集成外部资源的收入预算制度，院所两级全部收入均应纳入预算控制范围。收入来源主要包括国家财政拨款、承担国家和地方及企业各类科研项目经费、知识技术转移与经营性国有资产收益、国际合作项目经费、社会捐赠以及其他经费。实行合法、透明、规范、科学且具有强约束力的支出预算制度。③

中国工程院是中国工程科学技术界的最高荣誉性、咨询性学术

---

① 《科技部职能》，http：//www.most.gov.cn/zzjg/kjbzn/.
② 《科学技术部职能配置、内设机构和人员编制规定》，http：//www.most.gov.cn/zzjg/kjbzn/201907/t20190709_147572.htm.
③ 《中国科学院章程》，http：//www.cas.cn/zz/yk/201410/t20141016_4225139.shtml.

机构。按照《中国工程院章程》，工程院的经费主要包括国家财政拨款、承担各类科研项目经费、社会捐赠以及其他经费。工程院按照国家财政制度执行财务管理，并纳入中央部门预算决算管理，定期向国家财政部门报告，同时接受国家有关部门的审计和监督。[1]

中国社会科学院是中国哲学社会科学研究的最高学术机构和综合研究中心。中国社会科学院除组织各研究所承担相当数量的国家哲学社会科学规划重点研究项目外，还根据国家社会主义物质文明建设、精神文明建设、民主法制建设的需要和各学科的特点及其发展，确定院重点项目和所重点项目。同时积极承担国家有关部门提出或委托的国家经济与社会发展中具有全局意义的重大理论问题和实际问题的研究任务。[2]

中国科学技术协会是中国科学技术工作者的群众组织。按照2016年中国科学技术协会第九次全国代表大会通过的《中国科学技术协会章程》，财政拨款是中国科学技术协会的重要经费来源。建立学术交流、科学技术普及、人才举荐和奖励等专项基金。建立常务委员会领导下的民主理财管理体制。[3]

国家自然科学基金委员会依法管理国家自然科学基金，相对独立运行，负责资助计划、项目设置和评审、立项、监督等组织实施工作。根据国家发展科学技术的方针、政策和规划，按照与社会主义市场经济体制相适应的自然科学基金运作方式，运用国家财政投入的自然科学基金，资助自然科学基础研究和部分应用研究，发现和培养科技人才，发挥自然科学基金的导向和协调作用，促进科学技术进步和经济、社会发展。负责国家自然科学基金管理。制定和发布基础研究和部分应用研究指南，受理课题申请，组织专家评审，择优资助，着力营造有利于创新的研究环境。协同科学技术部

---

[1] 《中国工程院章程》，http：//www.cae.cn/cae/html/main/col6/2018-07/03/20180703085613404277383_1.html.

[2] 《中国社会科学院概况》，http：//cass.cssn.cn/gaikuang/.

[3] 《中国科学技术协会章程》，http：//www.cast.org.cn/col/col13/index.html.

拟定国家基础研究的方针、政策和发展规划。①

全国哲学社会科学工作办公室为全国哲学社会科学工作领导小组的办事机构，负责处理领导小组日常工作。主要职责是：负责组织制定国家哲学社会科学发展战略和中长期规划，研究制定实施有关专项规划。负责管理国家社会科学基金，组织基金项目评审和成果转化应用等工作。②

此外，国务院各有关部门分别归口管理本部门的科学技术经费。国家发展和改革委员会、教育部、农业农村部、司法部、财政部、文化和旅游部等部门都设有本部门的科学技术经费，资助项目研究。

地方政府的科学技术经费同中央一级的科学技术经费管理大同小异，也由地方财政部门拨付不同的管理部门，进行多头管理。

（三）经费使用部门

经费使用部门向一级预算单位领报科研经费，或者通过项目申报方式获得科研经费。经费使用部门可能是一级预算单位的下属机构，如中国社会科学院下属的研究所，也可能是之外的其他单位，如北京大学通过申报国家社会科学基金项目立项获得国家社会科学基金项目经费。经费使用部门，从经费自我管理这个角度讲，也是一层级经费管理部门，负责科学研究经费的具体使用管理。

全国科学技术财政投入经费根据科学研究的性质分别由各归口单位进行管理、使用，有利于各单位自行制定研究规划和组织实施项目研究，但是从全局看，也存在统一拨付、多头管理、交叉重叠、缺乏协调的问题。一是中央各部门资助项目的重复，如国家自然科学基金设有管理学，国家社会科学基金也设有管理学，以及相近的学科经济学和政治学，虽然每年双方会互相核对，避免同一申

---

① 国家自然科学基金委员会：《职能》，http：//www.nsfc.gov.cn/publish/portal0/jg-sz/02/.

② 全国哲学社会科学工作办公室：《机构职能》，http：//www.nopss.gov.cn/n1/2018/1226/c220819-30488974.html.

请人两边同时获得立项资助,但没有建立起真正的协调机制,对课题立项缺乏紧密协调,同一课题或相似课题的重复立项在所难免,类似课题资助额却差距较大。还如国家社会科学基金项目和教育部资助项目也存在一定的重复问题。二是中央和地方资助项目的重复。各省也都有自然科学基金和社会科学基金,对课题分别进行资助。也是各干各的,缺乏统筹协调。在目前这种体制下,尚不能形成资源的有效配置。三是研究单位资助课题的重复。全国众多的研究单位,包括高等院校、社科院、党校、党政机关内设研究单位、军队系统研究单位等各行其是,相同或类似课题重复资助者不在少数。

反复深入研究有一定的必要性,但低水平重复资助也造成一定的资源浪费,应当统筹全国科学研究,以提高科学研究的效率,减少资金和人力的浪费。

## 二 管理制度

国家投入了巨额的科学技术经费,建立规范的管理制度十分必要。为了加强科技经费宏观管理,合理有效地使用科技拨款,加强科学研究纵深配置,保证国家科学技术规划顺利实施,国家及政府有关部门制定了一系列法律和规章,大力加强法治化建设,努力实现规范化、科学化、民主化管理。

(一) 党的决定和国家法规

改革开放以来,党和国家高度重视发展科学技术,专门就科学技术工作作出规定,制定法律法规,其中对财政投入作出了相关规定。

1985年3月,中共中央颁布《关于科学技术体制改革的决定》。这是我国关于科学技术工作的重要文件,确定了国家资助科学研究新的方式。文件强调中央和地方财政的科学技术拨款,应以高于财政经常性收入增长的速度逐步增加。同时,要广开经费来源，鼓励部门、企业和社会集团向科学技术投资。改革对研究机构的拨款制度，按照不同类型科学技术活动的特点，实行经费的分类管理。对列入中央和地方计划的重大科学技术研究、开发项目和重点实验室、试验基地的建设项目，分别由中央财政和地方财政拨款；对技术开发工作和近期可望取得实用价值的应用研究工作，逐步推行技术合同制；对基础研究和部分应用研究工作，逐步试行科学基金制，基金来源主要靠国家预算拨款；对从事医药卫生、劳动保护、计划生育、灾害防治、环境科学等社会公益事业的研究机构，以及从事情报、标准、计量、观测等科学技术服务和技术基础工作的机构，仍由国家拨给经费，实行经费包干制；对于变化迅速、风险较大的高技术开发工作，可以设立创业投资给予支持；从事多种类型研究工作的机构，其经费来源可以分具体情况，通过多种渠道解决。各类研究机构的基本建设投资，均按国家基本建设管理制度规定的渠道解决。该决定对于改进财政资金资助方式、解放科研生产力具有重要指导意义。

1986年1月，颁布《国务院关于科学技术拨款管理的暂行规定》，规定按照科技经费拨款的增长速度高于财政经常性收入增长速度的原则，安排中央财政支出的科技三项费用（中间试验、新产品试制、重大科研项目补助费）和科研事业费的预算拨款额度。国家重大科技项目原则上都应当实行招标，普遍实行合同制，经费由主持项目的部门或省、自治区、直辖市委托银行监督使用。还规定了从事不同性质研究的单位科研事业费的拨付办法。各类科研单位的基本建设投资，按照国家基本建设管理规定办理。

1993年7月，国家颁布《中华人民共和国科学技术进步法》，2007年12月进行了修订。该法规定，国家加大财政性资金投入，并制定产业、税收、金融、政府采购等政策，鼓励、引导社会资金投入，推动全社会科学技术研究开发经费持续稳定增长。国家逐步提高科学技术经费投入的总体水平；国家财政用于科学技术经费的增长幅度，应当高于国家财政经常性收入的增长幅度。全社会科学技术研究开发经费应当占国内生产总值适当的比例，并逐步提高。财政性科学技术资金应当主要用于下列事项的投入：科学技术基础条件与设施建设；基础研究；对经济建设和社会发展具有战略性、基础性、前瞻性作用的前沿技术研究、社会公益性技术研究和重大共性关键技术研究；重大共性关键技术应用和高新技术产业化示范；农业新品种、新技术的研究开发和农业科学技术成果的应用、推广；科学技术普及。该法是关于科学技术的专门法律，标志着我国科技立法工作迈上了新的台阶。

1995年5月，中共中央、国务院颁布了《关于加速科学技术进步的决定》，规定进一步改革科技拨款机制，促进科学技术工作新型运行机制的建立。强调必须采取有力措施，调整投资结构，鼓励、引导全社会多渠道、多层次地增加科技投入，尽快扭转我国科技投入过低的局面，提高各项科技经费的使用效益。要求到2000年全社会研究与开发经费占国内生产总值的比重达到1.5%；加大财政科技投入；中央和地方财政科技投入的年增长速度要高于财政收入的年增长速度；运用经济杠杆和政策手段，引导、鼓励各类企业增加科技投入，使其逐步成为科技投入的主体；继续拓宽科技金融资金渠道，大幅度增加科技贷款规模。

1996年5月，颁布《中华人民共和国促进科技成果转化法》，2015年8月进行修订。规定了促进科技成果转化的经费保障措施。国家对科技成果转化合理安排财政资金投入，引导社会资金投入，推动科技成果转化资金投入的多元化。科技成果转化的国家财政经费，主要用于科技成果转化的引导资金、贷款贴息、补助资金和风险投资以及其他促进科技成果转化的资金用途。国家对科技成果转化活动实行税收优惠政策。国家鼓励金融机构、保险机构为科技成果转化提供金融支持、保险服务。国家鼓励设立科技成果转化基金或者风险基金，其资金来源由国家、地方、企业、事业单位以及其他组织或者个人提供，用于支持高投入、高风险、高产出的科技成果的转化，加速重大科技成果的产业化。

1999年5月，国务院发布《国家科学技术奖励条例》，决定设立国家最高科学技术奖、国家自然科学奖、国家技术发明奖、国家科学技术进步奖、中华人民共和国国际科学技术合作奖，奖励在科学技术进步活动中做出突出贡献的公民、组织。2003年12月、2013年7月进行了两次修订。

2002年6月，国家颁布《中华人民共和国科学技术普及法》，规定各级人民政府应当将科普经费列入同级财政预算，逐步提高科普投入水平，保障科普工作顺利开展。各级人民政府有关部门应当安排一定的经费用于科普工作。国家支持科普工作，依法对科普事业实行税收优惠。2002年6月，国家颁布《中华人民共和国中小企业促进法》，规定国家设立中小企业发展基金，用于重点扶持中小企业技术创新等。

2007年6月，中共中央发布《关于科学技术体制改革的决定》，强调使各方面的科学技术力量形成合理的纵深配置。按照不同类型科学技术活动的特点，实行经费的分类管理。中央和地方财政的科学技术拨款，在今后一定时期内，应以高于财政经常性收入增长的速度逐步增加。

党的十八大以来，党中央、国务院高度重视科技工作，对科技体制改革和创新驱动发展作出了全面部署，出台了一系列重大改革举措，旨在深入实施创新驱动发展战略，改革和创新科研经费使用和管理方式，进一步推进简政放权、放管结合、优化服务，进一步完善中央财政科研项目资金管理，打通科技创新与经济社会发展通道，最大限度地激发科技第一生产力、创新第一动力的巨大潜能，促进形成充满活力的科技管理和运行机制，以深化改革更好地激发广大科研人员积极性，有力地激发创新创造活力，推动大众创业、万众创新，推动科技事业全面发展。

2014年3月，国务院发布《关于改进加强中央财政科研项目和资金管理的若干意见》，强调使科研项目和资金配置更加聚焦于国家经济社会发展重大需求，明显提升财政资金使用效益；加强科研项目和资金配置的统筹协调，实行科研项目分类管理，改进科研项目管理流程，改进科研项目资金管理，加强科研项目和资金监管；规范项目预算编制，及时拨付项目资金，规范直接费用支出管理，完善间接费用和管理费用管理，改进项目结转结余资金管理办法等。

2014 年 12 月，国务院印发《关于深化中央财政科技计划（专项、基金等）管理改革的方案》，提出优化中央财政科技计划（专项、基金等）布局，整合形成五类科技计划（专项、基金等），即国家自然科学基金、国家科技重大专项、国家重点研发计划、技术创新引导专项（基金）、基地和人才专项。建成中央财政科研项目数据库，实现科技计划（专项、基金等）安排和预算配置的统筹协调，修订或制定科技计划（专项、基金等）和资金管理制度，营造良好的创新环境。

2015 年 9 月，中共中央办公厅、国务院办公厅印发《深化科技体制改革实施方案》，提出以构建中国特色国家创新体系为目标，全面深化科技体制改革，推动以科技创新为核心的全面创新；改革科研项目和资金管理，建立符合科研规律、高效规范的管理制度。建立五类科技计划（专项、基金等）管理和资金管理制度，制定和修订相关计划管理办法和经费管理办法，改进和规范项目管理流程，提高资金使用效率。

2016 年 3 月，中共中央印发《关于深化人才发展体制机制改革的意见》，提出完善符合人才创新规律的科研经费管理办法。改革完善科研项目招投标制度，健全竞争性经费和稳定支持经费相协调的投入机制，提高科研项目立项、评审、验收科学化水平。进一步改革科研经费管理制度，探索实行充分体现人才创新价值和特点的经费使用管理办法。

2016 年 7 月，中共中央办公厅、国务院办公厅印发了《关于进一步完善中央财政科研项目资金管理等政策的若干意见》，强调改革和创新科研经费使用和管理方式，促进形成充满活力的科技管理和运行机制，以深化改革更好地激发广大科研人员积极性。改进中央财政科研项目资金管理，简化预算编制，下放预算调剂权限；提高间接费用比重，加大绩效激励力度；明确劳务费开支范围，不设比例限制；改进结转结余资金留用处理方式。完善中央高校、科研院所差旅会议管理；完善中央高校、科研院所科研仪器设备采购管理；完善中央高校、科研院所基本建设项目管理等。

2016年11月，中共中央办公厅、国务院办公厅印发了《关于实行以增加知识价值为导向分配政策的若干意见》，提出推动形成体现增加知识价值的收入分配机制，扩大科研机构、高校收入分配自主权包括项目经费管理自主权，进一步发挥科研项目资金的激励引导作用，加强科技成果产权对科研人员的长期激励，允许科研人员和教师依法依规适度兼职兼薪等。

2018年7月国务院办公厅发布《关于成立国家科技领导小组的通知》，领导小组的主要职责是研究、审议国家科技发展战略、规划及重大政策；讨论、审议国家重大科技任务和重大项目；协调国务院各部门之间及部门与地方之间涉及科技的重大事项。由国务院总理李克强任组长。

2018年7月，国务院印发《关于优化科研管理提升科研绩效若干措施的通知》，提出简化科研项目申报和过程管理，赋予科研人员更大的技术路线决策权，赋予科研单位科研项目经费管理使用自主权，加大对承担国家关键领域核心技术攻关任务科研人员的薪酬激励，推动项目管理从重数量、重过程向重质量、重结果转变，实行科研项目绩效分类评价，加强绩效评价结果的应用等。

2018年9月，中共中央、国务院发布《关于全面实施预算绩效管理的意见》，提出要构建全方位预算绩效管理格局，实施政府预算绩效管理。

按照2016年8月《国务院关于推进中央与地方财政事权和支出责任划分改革的指导意见》规定，2019年5月，国务院办公厅印发《科技领域中央与地方财政事权和支出责任划分改革方案》，强调抓紧形成完整规范、分工合理、高效协同的科技领域财政事权和支出责任划分模式，加快建立权责清晰、财力协调、区域均衡的中央和地方财政关系。进一步明晰政府与市场支持科技创新的功能定位，科学合理地确定政府科技投入的边界和方式。合理划分中央与地方权责。中央财政侧重支持全局性、基础性、长远性工作，以及面向世界科技前沿、面向国家重大需求、面向国民经济主战场组织实施的重大科技任务。地方财政侧重支持技术开发和转化应用，构建各具特色的区域创新发展格局。进一步优化科技创新发展的财政体制和政策环境。将科技领域财政事权和支出责任划分为科技研发、科技创新基地建设发展、科技人才队伍建设、科技成果转移转化、区域创新体系建设、科学技术普及、科研机构改革和发展建设等方面，并明确了在各方面中央和地方政府各自的支出责任。

总的来看，我国科技立法工作取得了相当大的成绩，从制度上有力地保障了科技事业的发展。但也要看到我国科技立法工作还存在一定的不足：一是立法少，仅有《中华人民共和国科学技术进步法》《中华人民共和国促进科技成果转化法》《中华人民共和国科学技术普及法》《中华人民共和国中小企业促进法》《国家科学技术奖励条例》等少数几个法律法规。二是有不少立法空白，一些迫切需要的科技法律还没出台，如科学技术投入法、科学技术基金法、科技奖励法等。三是立法层级较低，由全国人民代表大会及其常委会制定的法律较少，部门规章较多。四是立法质量有待提高，主要体现在原则性的规定过多，操作性不够强，相当一部分立法不具备前瞻性。五是没有形成科技法律体系。今后应进一步加强以下几个方面的科技立法工作：关于推动农村科技进步的立法、保障和促进企业进步的立法、进一步完善知识产权保护的立法、信息技术和基因工程方面的立法以及科技奖励法、民营科技企业法、科技中介服务法、高新技术开发区法、科技基金和风险投资法等。

（二）部门规章

关于科学研究经费管理，国务院有关部门制定了一些规章。

1987年2月，国家科学技术委员会、财政部联合发布《关于科学事业费管理的暂行规定》，规定实行科学事业费分类管理，保证合理而有效地使用科学事业费。属于技术开发类型的科研单位，实行差额预算管理；属于基础研究类型的科研单位，实行全额预算管理；属于社会公益事业等社会服务性质的科研单位，科学事业费仍由国家拨给，并按经费与任务挂钩的原则，实行全额管理、经费包干；属于多种类型的科研单位，其科学事业费按照审定的科学技术活动分类比重，分别按前述办法管理。

2001年1月，科技部发布《国家科技计划管理暂行规定》和《国家科技计划项目管理暂行办法》，提出科技部根据国家科技发展战略、科技发展规划，结合国民经济和社会发展以及国家安全等对科技的现实需求，适时向国务院提出需由中央财政新增经费支持而设立的国家科技计划的建议；规范以中央财政投入为主的各类国家科技计划的项目立项、实施管理、项目验收和专家咨询等项目管理工作。

2001年12月，科技部、财政部、国家计委、国家经贸委联合发布《关于国家科研计划实施课题制管理的规定》，规定对国家科研计划实施课题制管理。建立课题立项审批机制和预算管理机制，实行全额预算管理和预算评估评审制度，建立健全监督机制。文件要求细化预算编制，加强预算管理，实行预算评估；合理确定课题资助方式；加强经费来源预算管理；建立健全经费支出预算体系；严格执行预算调整程序；按规定及时足额拨付课题经费；加强课题成本核算；加强课题结余经费管理；按规定编报课题研究费决算等。

2006年8月，财政部、科技部联合发布《关于改进和加强中央财政科技经费管理的若干意见》，这是关于中央财政科技经费管理的一个专门文件。强调在确保财政科技投入稳定增长的同时，必须进一步规范财政科技经费管理，提高经费使用效益。要求完善国家科技计划（基金等）及重大科技事项的决策机制；建立部（局）际联席会议制度，加强协调沟通，减少重复、分散和浪费；加强对地方科技资源配置和科技经费管理工作的指导和协调。优化中央财政科技投入结构，财政科技投入主要用于支持市场机制不能有效配置资源的基础研究、前沿技术研究、社会公益研究、重大共性关键技术研究开发等公共科技活动。建立和完善国家科技计划（基金等）经费管理制度，严格规定科研项目经费的开支范围与开支标准，并加强科研项目经费支出的管理。创新财政经费支持方式，推动产学研结合。健全科研项目立项及预算评审评估制度。强化科研项目经费使用的监督管理。

2009年9月，财政部、科技部和发展改革委联合发布《民口科技重大专项资金管理暂行办法》，规范对民口科技重大专项资金的使用和管理。规定对重大专项采取前补助、后补助等财政支持方式；重大专项资金由项目（课题）经费、不可预见费和管理工作经费组成，分别予以核定与管理；项目（课题）经费分为直接费用和间接费用。建立的间接费用补偿机制特别是人员激励机制，解决了长期以来国家科技计划等项目经费中不得直接开支项目承担单位编制内有工资性收入的科研人员的人员性费用等问题。

2016年12月财政部、科技部制定《国家重点研发计划资金管理办法》，2017年6月财政部、科技部、发展改革委制定《国家科技重大专项（民口）资金管理办法》，规定两类资金的支持对象和开支范围，支持方式分为前补助、后补助，资金实行概算预算管理，资金由直接费用和间接费用组成等。

2016年、2017年财政部相继印发《中央和国家机关差旅费管理办法》《中央财政科研项目专家咨询费管理办法》《中央和国家机关培训费管理办法》《中央和国家机关会议费管理办法》的通知等，规范相关资助经费的管理。

2017年6月，财政部、科技部、发展改革委印发《国家科技重大专项（民口）管理规定》《国家科技重大专项（民口）资金管理办法》，提出重大专项的资金筹集坚持多元化的原则。针对重大专项任务实施，科学合理配置资金，加强审计与监管，提高资金使用效益。重大专项资金来源包括中央财政资金、地方财政资金、单位自筹资金以及从其他渠道获得的资金。统筹使用各渠道资金，提高资金使用效益。中央财政资金严格执行财政预算管理和重大专项资金管理办法的有关规定；其他来源的资金按照相应的管理规定进行管理。重大专项资金要专款专用、单独核算、注重绩效。重大专项的财政支持方式分为前补助、后补助。

2019年7月，科技部、教育部、发展改革委、财政部、人社部和中科院联合印发《关于扩大高校和科研院所科研相关自主权的若干意见》，要求从"完善机构运行管理机制""优化科研管理机制""改革相关人事管理方式""完善绩效工资分配方式""确保政策落实见效"等方面出台具体措施，支持高校和科研院所依法依规行使科研相关自主权，充分调动单位和人员的积极性和创造性，增强创新动力活力和服务经济社会发展能力，为建设创新型国家和世界科技强国提供有力支撑。

2019年12月，财政部、科技部印发《中央财政科技计划（专项、基金等）后补助管理办法》，明确后补助是指单位先行投入资金开展研发活动，或者提供科技创新服务等活动，中央财政根据实施结果、绩效等，事后给予补助资金的财政支持方式；后补助包括研发活动后补助、服务运行后补助。

通过这些规章，建立了国家科技计划（基金等）及重大科技专项等财政投入决策机制，建立起部（局）际联席会议制度的协调机制。明确了资金支持方式和重点支持领域，财政科技投入主要用于支持市场机制不能有效配置资源的公共科技活动，优化了中央财政科技投入结构。明确经费开支范围和管理办法。

（三）地方规章

各省区市根据本地实际情况制定了涉及科学技术财政投入的规章。如北京制定了《北京市自然科学基金资助项目经费管理办法》《北京市科技课题合同经费预算编制规定（试行）》《北京市财政支持高新技术成果转化项目等财政专项资金实施办法》《北京市支持中小企业发展专项资金管理暂行办法》《北京市科技型中小企业技术创新资金管理办法》《关于支持高新技术产业创新及产业化的暂行办法》《中关村科技园区发展专项资金使用管理办法》等。新疆制定了《新疆维吾尔自治区科学技术进步条例》《新疆维吾尔自治区实施〈中华人民共和国促进科技成果转化法〉办法》《中共新疆维吾尔自治区委员会　新疆维吾尔自治区人民政府关于贯彻〈中共中央、国务院关于加速科学技术进步的决定〉的意见》等。

从各地制定的地方性法规规章来看，涉及科学技术管理工作特别是相关财政投入的法规规章较少，支持高新技术发展的相关规章较多；纯粹本地区的规章较少，贯彻中央决定和国家法律的规章较多。

## 三　资助方式

按照科学技术法律法规的有关规定，并根据科学研究工作实际，我国财政资金支持科学研究主要采取以下形式。

### （一）在立项方式上，以招标制为主、委托制为辅

我国财政资金对科学研究的资助，一般采取项目资助的形式。

在立项方式上，主要实行招标制，即招标单位发布招标公告或投标邀请书，公布课题指南，投标单位或投标人填报标书，招标单位或招标代理机构组织专家评标，择优立项，向中标人发出中标通知。

少部分科学研究项目实行委托制。当招标单位对某个研究者情况非常了解和信任，认为该研究者是最佳的项目承担人；或者课题涉及国家机密或其他不宜公开招标的情况下，招标单位就直接将课题委托给某个研究者承担。

以国家社会科学基金项目为例，其重大项目、年度项目都以招标的方式评选立项；但国家社会科学基金特别委托项目，就是以委托研究的方式予以立项资助。

项目立项一般包括申请、审批、签约三个基本程序。

## (二) 在资助模式上，实行课题制

当前，我国财政科技投入实现了从对科研机构的一般支持，转变为以项目（课题）为主的重点支持，在基础研究领域尤其如此。

课题制是当前普遍实行的一种科研组织和管理模式，即以一个课题为研究对象，一般由多人组建课题组进行研究工作。获得资金资助的课题一般被称为项目。项目组也可以称为课题组。

课题制适用于以国家财政拨款资助为主的各类科研计划的课题以及相关的管理活动。课题立项须引入评估或评审机制，符合招标投标条件的，则实行招标投标管理。

实行课题制的关键，是建立专家评议和政府决策相结合的课题立项审批机制。既充分发挥专家和社会中介机构的作用，确保课题立项的科学性；又要确保中标课题符合招标人需要，特别是社会科学领域的课题，有很强的意识形态属性，必须把好政治关和政策关。

实行课题制的核心，是实行课题责任人负责制。课题责任人在批准的计划任务和预算范围内享有充分的自主权。一个课题一般确立一个课题责任人。

我国研究与开发经费资助的项目数近年有大幅度增长，2011年为953124项，2018年达到1745228项（见表5-1），增长了83.1%。

表5-1　　　　　　研究与开发课题资助情况

| 年份 | R&D项目（课题）数（项） | R&D项目（课题）参加人员折合全时当量（人年） | R&D项目（课题）经费内部支出（万元） |
| --- | --- | --- | --- |
| 2011 | 953124 | 2560619 | 69063295 |
| 2012 | 1072383 | 2937707 | 84742365 |
| 2013 | 1164993 | 3211432 | 98305522 |
| 2014 | 1242429 | 3326423 | 106669716 |
| 2015 | 1304534 | 3388926 | 122025467 |

续表

| 年份 项目 | R&D 项目<br>（课题）数（项） | R&D 项目（课题）<br>参加人员折合<br>全时当量（人年） | R&D 项目（课题）<br>经费内部支出<br>（万元） |
| --- | --- | --- | --- |
| 2016 | 1413445 | 3533128 | 136807689 |
| 2017 | 1596334 | 3742128 | 163612591 |
| 2018 | 1745228 | 4063882 | 175763730 |

资料来源：相关年份《中国科技统计年鉴》。

**（三）在权责规范上，实行合同制**

国家财政资金资助项目普遍实行合同制。合同可以是投标书或申请书，也可以是专门的合同。在项目合同中，规定招标单位和申请人的权利、义务，重点是明确研究任务、研究目标、经费资助、成果形式等内容。

如《国务院关于科学技术拨款管理的暂行规定》要求，国家重大科技项目普遍实行合同制。用于这些项目的科技三项费用或其他财政拨款，应当根据项目的预测经济效益和偿还能力，在合同中规定分别实行有偿或无偿使用。凡经济效益好、具备偿还能力的项目，应当在合同中规定全部或部分偿还投资。承担单位是企业的，应当在缴纳所得税前，用该项目投产后的新增利润归还；是科研单位的，用该项目实现的收入归还。凡没有偿还能力的项目，可在合同中规定免还。国家重大科技项目的经费，由主持项目的部门或省、自治区、直辖市委托银行监督使用，并负责按照合同规定回收应该偿还的资金。回收的资金，一半上交中央财政，一半留在主持项目的部门或省、自治区、直辖市，继续用于国家的重大科技项目。

**（四）在资助对象上，有项目、人才、实验室、期刊等**

1. 资助项目（课题）

财政资金支持科学研究主要实行课题制，资助对象是课题或项目。

2. 资助人才

如国家自然科学基金建立了人才资助体系，设立国家杰出青年科学基金项目、青年科学基金项目、优秀青年科学基金项目、创新研究群体项目、地区科学基金项目、外国青年学者研究基金项目，最终目的都是资助人才成长。

3. 资助实验室

1998 年国家自然科学基金委员会制定《国家自然科学基金委员会优秀国家重点实验室研究项目基金管理办法》，设立优秀国家重点实验室研究项目基金，用于资助优秀国家重点实验室围绕其学术方向开展的研究工作。2008 年科技部和财政部联合发布《国家重点实验室建设与运行管理办法》，规定中央财政设立专项经费，支持重点实验室的开放运行、科研仪器设备更新和自主创新研究。专项经费单独核算，专款专用。国家各级各类科技计划、基金、专项等应按照项目、基地、人才相结合的原则，优先委托有条件的重点实验室承担。

4. 资助期刊

为提高我国学术期刊的水平，国家自然科学基金委员会制定《国家自然科学基金重点学术期刊专项基金管理办法》，设立专项基金，资助中国自然科学类重点期刊。重点学术期刊专项基金主要用于与提高期刊学术水平和整体质量直接有关的组稿、编辑、出版及发行等方面的支出；也可用于包括由自然科学基金会组织的面向编辑人员的各种业务培训、研讨会、座谈会和与国内外学术期刊同行的合作交流等。每两年评审一次。

全国哲学社会科学规划办公室 2012 年 6 月 12 日发布《国家社会科学基金学术期刊资助管理办法（暂行）》，2012 年 7 月 9 日发布《国家社会科学基金学术期刊资助经费管理办法（暂行）》，也对学术期刊进行资助。

**（五）在资助形式上，有多种形式**

1. 前补助和后补助

这是民口科技重大专项资金等采取的资助形式。前补助是指项目（课题）立项后核定预算，并按照项目（课题）执行进度拨付经费的财政支持方式；后补助是指相关单位围绕重大专项的目标任务，先行投入并组织开展研究开发、成果转化和产业化活动，在项目（课题）完成并取得相应成果后，按规定程序进行审核、评估或验收后给予相应补助的财政支持方式。后补助包括事前立项事后补助、事后立项事后补助两种方式。①

国家社会科学基金后期资助项目和教育部哲学社会科学研究后期资助项目也属于后补助形式。申请成果是研究人员自由选题的研究所得，一般要求已完成70%或80%以上。

2. 成本补偿式资助和定额补助式资助

成本补偿式是指对受资助课题的成本费用进行补偿的资助方式，最高为全额。由归口部门会同财政部门对此类课题预算建议书进行审查并批复，课题支出必须严格按照批复的预算执行。

定额补助式是指对受资助课题提供固定数额经费的资助方式，资助额度依据评议专家的意见和相关的财政、财务政策并按照规定的程序审核后确定，资助额度一经确定，不能调整。

863计划课题实行成本补偿式和定额补助式两种资助方式。对资助金额在30万元以上的课题实行成本补偿式资助方式；对资助金额在30万元以下（含30万元）的课题实行定额补助式资助方式。此外，国家科技攻关计划项目资助也采取这两种方式。

3. 直接资助和间接资助

直接资助，是指政府对科学研究直接通过给予资金或其他方式进行资助。如大多数课题立项后的项目经费。此外，还有人员工资、科研基建费、补贴等形式。

间接资助，是指政府对科学研究通过间接方式进行资助。如政府采购、优惠贷款、税收优惠。政府重点对研究与开发、企业科技成果应用、科技成果产业化以及科研机构转制等给予税收优惠。

从资助方式来看，我国财政资金支持科学研究采取招标制、课题制、合同制等制度，符合科学发展规律，切合现代科研工作实

---

① 财政部、科技部、发展改革委：《民口科技重大专项资金管理暂行办法》，2009年。

际，有利于确保资助工作的公平公正，有利于明确各方的权利义务，充分调动科研工作者的积极性、主动性和创造性。

## 四　项目资金管理

我国科学技术财政投入项目资金管理有以下普遍性规定：

1. 项目资金列入财政预算。依托（责任）单位是项目资金管理的责任主体，应当建立健全项目资金管理体制和制度，加强对项目资金的管理和监督。项目负责人是项目资金使用的直接责任人，对资金使用的合规性、合理性、真实性和相关性承担法律责任。直接费用应当纳入依托（责任）单位财务统一管理，单独核算，专款专用。

2. 明确项目资金的开支范围。项目资金分为直接费用和间接费用。项目负责人应当严格按照资金开支范围和标准办理支出。

3. 项目负责人（或申请人）应当根据目标相关性、政策相符性和经济合理性原则，编制项目收入预算和支出预算；项目负责人应当严格执行核准的项目预算，项目预算一般不予调整，确有必要调整的，应当按照规定报批。

为完善科研管理，提升科研绩效，赋予科研机构和人员更大的自主权，规定项目间接费用预算不得调整，直接费用预算可以调剂，但要符合一定的条件。如2015年4月施行的《国家自然科学基金资助项目资金管理办法》，规定了项目直接费用预算可以调整的情况。2016年7月中共中央办公厅、国务院办公厅印发的《关于进一步完善中央财政科研项目资金管理等政策的若干意见》规定，"下放预算调剂权限，在项目总预算不变的情况下，将直接费用中的材料费、测试化验加工费、燃料动力费、出版/文献/信息传播/知识产权事务费及其他支出预算调剂权下放给项目承担单位"。2018年7月《国务院关于优化科研管理提升科研绩效若干措施的通知》规定，直接费用中除设备费外，其他科目费用调剂权全部下放给项目承担单位。

4. 依托（责任）单位应当严格执行国家有关科研资金支出管理制度。会议费、差旅费、小额材料费和测试化验加工费等，应当按规定实行"公务卡"结算。专家咨询费、劳务费等支出，原则上应当通过银行转账方式结算，从严控制现金支出事项。

5. 项目研究结束后，项目负责人应当会同科研、财务、资产等管理部门及时清理账目与资产，如实编制项目资金决算，不得随意调账变动支出、随意修改记账凭证。

6. 项目通过结题验收并且依托（责任）单位信用评价好的，项目结余资金在2年内由依托（责任）单位统筹安排，专门用于基础研究的直接支出。

7. 依托（责任）单位项目资金管理和使用情况应当接受国家财政部门、审计部门的检查与监督。依托（责任）单位应当建立项目资金的绩效管理制度，结合财务审计和财务验收，对项目资金管理使用效益进行绩效评价。

8. 对于预算执行过程中，不按规定管理和使用项目资金、不按时报送年度收支报告、不按时编报项目决算、不按规定进行会计核算，截留、挪用、侵占项目资金的依托（责任）单位和项目负责人，按照法律法规进行处理。涉嫌犯罪的，移送司法机关处理。

9. 依托（责任）单位应当制定项目资金内部管理办法，加强项目预算审核把关，规范财务支出行为，完善内部风险防控机制，强化资金使用绩效评价，保障资金使用安全规范有效。

上述内容只是一般规定，各类基金项目经费还是有各自的管理特点。

### （一）国家自然科学基金项目资金

国家自然科学基金设立于1986年。2015年4月，财政部、国家自然科学基金委印发《国家自然科学基金资助项目资金管理办法》。

国家自然科学基金资助项目资金，是指国家自然科学基金按照《国家自然科学基金条例》规定，用于资助科学技术人员开展基础研究和科学前沿探索，支持人才和团队建设的专项资金。财政部根据国家科技发展规划，结合国家自然科学基金资金需求和国家财力可能，将项目资金列入中央财政预算，并负责宏观管理和监督。

国家自然科学基金资助项目实行定额补助式和成本补偿式两种资助方式。如《国家自然科学基金资助项目资金管理办法》规定，自然科学基金项目一般实行定额补助资助方式。对于重大项目、国家重大科研仪器研制项目等研究目标明确，资金需求量较大，资金应当按项目实际需要予以保障的项目，实行成本补偿资助方式。

项目预算包括收入预算与支出预算。收入预算按照从各种不同渠道获得的资金总额填列，包括国家自然科学基金资助的资金以及从依托单位和其他渠道获得的资金。支出预算根据项目需求，按照资金开支范围编列，并对直接费用支出的主要用途和测算理由等作出说明。直接费用包括设备费、材料费、差旅费、会议费、国际合作与交流费、劳务费、专家咨询费等；间接费用包括用于补偿依托单位为了项目研究提供的现有仪器设备及房屋，水、电、气、暖消耗，有关管理费用，以及绩效支出等。

以前的项目资金管理办法规定除研究经费外，国际合作与交流经费、劳务费、管理费等支出科目都规定了开支比例上限，但近年科研项目及经费管理改革，已取消了直接费用的开支比例限制，只是对间接费用开支作了比例限制，要求一般按照不超过项目直接费用扣除设备购置费后的一定比例核定，并实行总额控制。

可以外拨项目资金。有多个单位共同承担一个项目的，依托单位的项目负责人（或申请人）和合作研究单位参与者应当根据各自承担的研究任务分别编报资金预算，经所在单位科研、财务部门审核并签署意见后，由项目负责人（或申请人）汇总编制。有多个单位共同承担一个项目的，依托单位应当及时按预算和合同转拨合作研究单位资金，并加强对转拨资金的监督管理。

**（二）国家社会科学基金项目资金**

国家社会科学基金设立于1986年。2016年9月，财政部、全国哲学社会科学规划领导小组印发《国家社会科学基金项目资金管理办法》。

国家社会科学基金项目资金来源于中央财政拨款，是用于资助哲学社会科学研究，促进哲学社会科学学科发展、人才培养和队伍建设的专项资金。

国家社会科学基金项目资金支出是指在项目组织实施过程中与研究活动相关的、由项目资金支付的各项费用支出。项目资金分为直接费用和间接费用。直接费用是指在项目研究过程中发生的与之直接相关的费用，具体包括：资料费、数据采集费、会议费、差旅费、国际合作与交流费、设备费、专家咨询费、劳务费、印刷出版费、其他支出等。直接费用应当纳入责任单位财务统一管理，单独核算，专款专用。间接费用是指责任单位在组织实施项目过程中发生的无法在直接费用中列支的相关费用，主要用于补偿责任单位为项目研究提供的现有仪器设备及房屋、水、电、气、暖消耗等间接成本，有关管理费用，以及激励科研人员的绩效支出等。间接费用一般按照不超过项目资助总额的一定比例核定。间接费用由责任单位统筹管理使用。

以前项目经费管理办法规定了专家咨询费、劳务费、管理费等几种开支科目的上限比例，现在项目资金管理办法已取消了直接费用的开支比例限制，只是规定间接费用一般按照不超过项目资助总额的一定比例核定。

外拨项目资金有严格限制。跨单位合作的项目，确需外拨资金的，应当在项目预算中单独列示，并附外拨资金直接费用支出预算。间接费用外拨金额，由责任单位和合作研究单位协商确定。

项目负责人应当严格执行批准后的项目预算。确需调剂的，应当按规定报批。

项目资金实行预留资金制度，预留部分资金在项目成果通过审核验收后支付。未通过审核验收的项目，预留资金不予支付。

项目研究成果完成并通过审核验收后，结余资金可用于项目最终成果出版及后续研究的直接支出。若项目研究成果通过审核验收 2 年后结余资金仍有剩余的，应当按原渠道退回，结转下年统筹用于资助项目研究。

项目成果未通过审核验收的项目，或责任单位信用评价差的，结余资金应当在接到有关通知后 30 日内按原渠道退回。对于因故被终止执行的项目的结余资金，以及因故被撤销的项目的已拨资金，责任单位应当在接到有关通知后 30 日内按原渠道退回。

各省区市社科规划办和在京委托管理机构应当根据各自实际，对本地区本系统责任单位和项目负责人的资金使用和管理情况进行不定期检查或专项审计。发现问题的，应当及时督促整改，并向全国哲学社会科学工作办报告。

**（三）国家高技术研究发展计划（863 计划）经费**

863 计划于 1986 年制定并实施。2001 年 12 月，科技部、总装备部、国防科学技术工业委员会、财政部发布《国家高技术研究发展计划（863 计划）管理办法》，2006 年 10 月财政部、科技部、总装备部印发《国家高技术研究发展计划（863 计划）专项经费管理办法》。

863 计划专项经费来源于中央财政拨款。主要用于支持中国大陆境内具有独立法人资格的科研院所、高等院校、内资或内资控股企业等，围绕《国家中长期科学和技术发展规划纲要（2006—2020 年）》提出的前沿技术和部分重点领域中的重大任务开展研究工作。严格按照项目的目标和任务，科学合理地编制和安排预算，杜绝随意性。项目和课题经费应当纳入单位财务统一管理，单独核算，确保专款专用。专项经费管理和使用要建立面向结果的追踪问效机制。

863 计划领域内设专题和项目，专题下设课题，项目由课题组成。各专题、项目在选择课题承担单位的同时，应当组织课题申报单位编制课题预算。组织实施部门按照财政预算管理的要求，提出项目（课题）预算安排建议报经财政部批复后，下达项目（课题）

预算。项目（课题）年度预算由组织实施部门按照部门预算编制的要求报送财政部。组织实施部门根据财政部批复的预算，将课题年度预算下达到课题承担单位。

课题承担单位应当严格按照下达的课题预算执行，一般不予调整，确有必要调整时，应当按照程序进行核批。课题承担单位应当严格按照规定的课题经费开支范围和标准办理支出。严禁使用课题经费支付各种罚款、捐款、赞助、投资等，严禁以任何方式变相谋取私利。课题承担单位应当按照规定编制课题经费年度财务决算报告。

财政部、组织实施部门对专项经费拨付使用情况进行监督检查。项目（课题）完成后，项目牵头（主持）单位或课题承担单位应当及时向组织实施部门提出财务验收申请，财务验收是进行项目（课题）验收的前提。

2016年，随着国家重点研发计划出台，863计划结束。

### （四）国家重点基础研究发展计划（973计划）经费

973计划于1997年制定，1998年开始实施。1998年12月科学技术部、财政部发布《国家重点基础研究专项经费财务管理办法》，2006年9月印发《国家重点基础研究发展计划专项经费管理办法》。

973计划专项经费来源于中央财政拨款，主要用于支持中国大陆境内具有法人资格的科研机构和高等院校开展面向国家重大战略需求的基础研究和承担相关重大科学研究计划。专项经费优先支持国家重点研究基地及优秀团队依托单位承担973计划任务。国家累计向重点基础研究发展计划（973计划）投入资金超过310亿元。[①]

严格按照项目的目标和任务，科学合理地编制和安排预算，杜绝随意性。项目和课题经费应当纳入单位财务统一管理，单独核

---

① 国家统计局社科文司：《新中国70年科技创新发展报告》，https://www.sohu.com/a/330260261_585300.

算，确保专款专用，并建立专项经费管理和使用的追踪问效机制。973 计划项目预算由课题预算组成。

项目确定立项后，项目第一承担单位应当会同首席科学家组织课题承担单位编制前两年课题预算。科技部提出项目（课题）前两年预算安排建议报财政部批复后，下达项目（课题）前两年预算。其余年度的项目（课题）预算，结合中期评审评估的结果，按照同样程序进行编制。课题承担单位应当严格按照下达的课题预算执行，一般不予调整，确有必要调整时，应当按照程序进行核批。课题承担单位应当严格按照规定的课题经费开支范围和标准办理支出。严禁使用课题经费支付各种罚款、捐款、赞助、投资等，严禁以任何方式变相谋取私利。课题承担单位应当按照规定编制课题经费年度决算。在研课题的年度结存经费，结转下一年度按规定继续使用。项目完成后，首席科学家协助项目第一承担单位及时向科技部提出财务验收申请，财务验收是进行项目和课题验收的前提。项目通过验收后，各课题承担单位应当在一个月内及时办理财务结账手续。课题经费如有结余，应当及时全额上缴科技部，由科技部按照财政部关于结余资金管理的有关规定执行。

2016 年，随着国家重点研发计划出台，973 计划结束。

**（五）国家重点研发计划资金**

2016 年 12 月，财政部、科技部印发《国家重点研发计划资金管理办法》。

国家重点研发计划由若干目标明确、边界清晰的重点专项组成，重点专项采取从基础前沿、重大共性关键技术到应用示范全链条一体化的组织实施方式。

国家重点研发计划实行多元化投入方式，资金来源包括中央财政资金、地方财政资金、单位自筹资金和从其他渠道获得的资金。中央财政资金支持方式包括前补助和后补助，具体支持方式在编制重点专项实施方案和年度项目申报指南时予以明确。该办法主要规范中央财政安排的采用前补助支持方式的国家重点研发计划资金。

重点专项项目牵头承担单位、课题承担单位和课题参与单位应当是在中国大陆境内注册、具有独立法人资格的科研院所、高等院校、企业等。

重点研发计划资金实行分级管理、分级负责。财政部、科技部负责研究制定国家重点研发计划资金管理制度，组织重点专项概算编制和评估，组织开展对重点专项资金的监督检查；财政部按照资金管理制度，核定批复重点专项概预算；专业机构是重点专项资金管理和监督的责任主体，负责组织重点专项项目预算申报、评估、下达和项目财务验收，组织开展对项目资金的监督检查；承担单位是项目资金管理使用的责任主体，负责项目资金的日常管理和监督。

重点专项项目资金由直接费用和间接费用组成。直接费用是指在项目实施过程中发生的与之直接相关的费用。间接费用是指承担单位在组织实施项目过程中发生的无法在直接费用中列支的相关费用。

重点专项项目预算由收入预算与支出预算构成。项目预算由课题预算汇总形成。项目牵头承担单位应当根据课题研究进度和资金使用情况，及时向课题承担单位拨付资金。课题承担单位应当按照研究进度，及时向课题参与单位拨付资金。课题参与单位不得再向外转拨资金。承担单位应当将项目资金纳入单位财务统一管理，对中央财政资金和其他来源的资金分别单独核算，确保专款专用。按照承诺保证其他来源的资金及时足额到位。承担单位应当严格按照资金开支范围和标准办理支出，不得擅自调整外拨资金，不得利用虚假票据套取资金，不得通过编造虚假劳务合同、虚构人员名单等方式虚报冒领劳务费和专家咨询费，不得通过虚构测试化验内容、提高测试化验支出标准等方式违规开支测试化验加工费，不得随意调账变动支出、随意修改记账凭证，严禁以任何方式使用项目资金列支应当由个人负担的有关费用和支付各种罚款、捐款、赞助、投资等。

项目执行期满后，项目牵头承担单位应当及时组织课题承担单位清理账目与资产，如实编制课题资金决算。专业机构按照有关规定组织财务验收，并将验收结论报科技部备案。科技部、财政部对专项资金管理使用的规范性和有效性进行监督检查。

## 五 国际比较

世界强国普遍重视科学技术（一般称作研究与开发）工作，认为研究与开发是解决国家重大现实问题的重要活动，有利于国家目标的实现，也符合成本—效益原则。

总的来看，七国集团国家在科学技术及资助管理方面具有以下特点：一是政府对科学技术一直高度重视，干预力度比较大；二是管理机构比较健全，政府、议会、民间等有各种相关机构，管理制度也比较完善，形成了比较完整的科研管理体系；三是政府设立国家科学基金，并通过政府各部门对研究与开发给予资金支持，往往还采取税收优惠、政府采购等相关支持政策；四是在经费投入方面，政府资金占有较大比重，同时注重发挥民间资金的作用；五是非常重视基础研究和高技术研究；六是在项目管理上，实行合同制、课题制、同行评议制，重视项目成果质量的评估和成果的转化利用；七是重视科技立法，相关法律制度比较健全。

### （一）美国

美国是当今世界科学技术力量最强的国家，这与其一直重视科学技术发展分不开。美国于1836年成立了专利局，1863年成立美国科学院。到南北战争结束时，已建立了100多所高等学校。第一次世界大战前，美国建立了365个重要工业实验室。1916年成立全国研究理事会，成为联络联邦政府、大学、私人基金会和工业界并促进科技发展的重要机构。1933年，罗斯福总统实行新政，加强政府对经济的全面干预，主张科学研究是国家资源，政府需要加强对科学研究的支持。第二次世界大战期间，基础研究得到进一步重视，应用研究特别是国防研究取得显著成就。1941年，罗斯福总统放弃委员会形式，在国防委员会的基础上成立科学研究与发展局，统一调配全国的科学研究力量。科学技术为美国赢得第二次世界大战的胜利创造了重要条件。1945年7月，国家科学研究与开发局局长范内瓦·布什向罗斯福总统提交报告《科学——无止境的前沿》，强调政府应大力加强开发研究。1950年成立国家科学基金会。1951年设立科学咨询委员会，1957年升格为总统科学咨询委员会。1958年成立联邦科学技术会议。1962年成立科学技术局（OST）。1976年美国总统设立科学技术政策办公室，同年4月通过了《国家科技政策、组织和优先领域法案》。1993年设立国家科学技术委员会，协调制定国家科技政策，确保科技投入符合国家目标。总统通过白宫科学技术政策办公室和总统科技顾问协调全国科学技术工作。政府的科技计划和经费预算，经国会审议通过后，由总统签署生效。政府相关部门或科研机构发布研究计划，订立合同，组织评估。

20世纪90年代，美国政府相继就科技政策发表三个重要报告。1994年发表《为了国家利益的科学》，1995年发表《科学与技术》，1996年发表《为了国家利益的技术》。报告强调技术是经济增长的动力，科学知识是未来的关键，一个负责任的政府鼓励科学技术进步，科学投资将不断产生很高的回报率。

美国国会中与科学技术决策密切相关的机构有参议院的商务、科学和交通委员会，众议院的科学、空间和技术委员会，以及环境资源委员会，还有决策支持机构，如，美国国会预算局（CBO，主要任务是对联邦预算对经济的影响进行评估，对预算和立法程序提供经济和预算方面的信息，对税收和政府开支进行评估等）、总审计局（GAO）、国会研究服务部（CRS，主要是为国会的咨询问题提供答案，进行政策研究和分析等）。

政府部门中与科学技术决策相关的机构有行政管理和预算局（OMB，主要是帮助总统准备政府的预算方案，监督和控制财政预算）、国家科学技术委员会（NCST），科学技术政策办公室（OSTP），联邦科学、工程和技术协调委员会（FCCSET）。

美国各部和国家拨款的科研经费都要经国会通过和总统批准才能实现。政府各部所属的研究所、实验室根据研究目标和资助经费，制定项目方案，设置研究课题，进行日常管理。美国没有统一的机构对研究成果进行统一管理。

白宫行政管理和预算局制定了经费管理办法，如《联邦基金管理条例》《州和地方政府资助条例》《私人非营利机构及学院资助条例》等，各研究机构也都制定了各自的经费管理办法。

美国的研究经费分为内用经费（Intramural，用于支持自身的科研机构和人员）和外用经费（Extramural，用于资助非自身的科研机构和人员）。高等学校和企业绝大部分经费是用于支持自身的内用经费，而联邦政府和非营利机构的内用经费比重较低；联邦政府是外用经费的主要提供者，占全部外用经费的比重一般都高于90%。

可供科研人员申请的基金主要是联邦基金和基金会基金，其中联邦基金占绝大多数。申请人填写并提交申请书，基金管理部门组织同行专家进行评议，然后将评议结果通知申请人。

美国研究与开发投入的重点，第二次世界大战前主要是农业、国防和一些定向研究课题，承担人主要是国立研究机构和军队研究机构，企业得不到政府研究与开发经费资助；第二次世界大战期间及"冷战"期间重点是国防研究，民用研究薄弱；20世纪70年代之后，东西方关系有所缓和，民用研究与开发经费有所增长。

美国政府每年度按照一定的财政拨款比例，资助研究与开发事业，研发预算包括基础研究、应用研究、试验发展、设施装备研究四大块。联邦政府的研发经费主要由国防部、卫生和人类服务部、国家航空航天局、能源部、国家科学基金会、国土安全部6个部门负责掌管。同时，采取多种措施，鼓励民间研究与开发投入。例如：自1790年国会通过了首部专利法以来，建立起比较严密的专利制度，严格保护专利，促进专利权人对专利的开发利用；1945年政府规定，企业在当年纳税前，从销售收入中扣除从事研究与开发的全部成本，包括工具和重大设备的折旧费；1981年政府通过

《经济复兴税收法案》,之后连续多年通过税收修改法案,[①] 对企业研究与开发进行税收减免优惠,予以激励。还对公司、个人对科学、文化、教育等机构的捐款按一定限额扣减所得税,予以鼓励。

美国政府所属联邦实验室实行主任负责制,实验室提出项目建议书并经专家组评议后报主任确定是否立项。项目批准后经费拨付项目负责人单位,由项目负责人支配。项目负责人每年须提交项目年度进展报告和下年度经费预算。企业和高等学校所属科研机构为非营利机构的,依法成立和进行研究活动,享受免税待遇。

美国政府中有许多部门对科学技术研究进行资助,如国家科学基金会、国立卫生研究院、农业部、能源部、国家航空航天局、国防部。国家科学基金会主要资助一般性的、全面的基础研究,其他政府部门主要资助特定的基础研究和应用研究。

国家科学委员会是国家科学基金会的最高决策机构,负责重大项目的审批。国家科学基金会成立于1950年,使命是"促进科学进步;推进国民健康,国家繁荣昌盛;保证国家安全"。基金会主要支持基础研究和人们创造改变未来的知识,这种支持要成为美国经济的主要推动力,同时要加强国家安全,推动知识进步以维持全球领导地位。2010财年预算总额为70.45亿美元,2021年为85亿美元。[②] 国家科学基金会每年两次向全国征集项目,然后通过同行评议和专家评审会对3万多项申请课题进行评审批准,约1/3的申请课题获准立项。

美国研究与开发资助制度的基础是研究开发合同制,即通过按成本加固定报酬的计算方式,由政府提供资金,委托企业或大学研究机构进行研究开发。

(二)日本

日本1879年设立东京学士会院,1906年改组为帝国学士院,

---

① 1986年通过《税收改革法案》,1988年通过《技术与多种收入法案》,1996年通过《小企业就业保护法案》,2006年通过《税收减免与健康保护法案》。

② https://www.nsf.gov/about/glance.jsp.

负责促进全国学术发展，加强文化教育，对科学研究予以支援。1913 年开始实施科研费补助。1920 年在文部省设立学术研究会议，作为国际学术研究会议的国内机构。1932 年利用天皇为奖励学术研究活动而赐予文部省大臣的 150 万日元创建了日本学术振兴会，通过政府补助金和筹集的民间资金，对科学研究进行资助。2003 年 10 月 1 日日本学术振兴会改组为受文部科学省管辖的独立行政法人机构，负责科研项目的经费分配和具体管理。其管理的科学研究费补助金由文部科学省拨款，是日本政府资助范围最广、金额最多的科学研究基金，占日本政府全部竞争性科研费的 60% 以上，是日本本国基础研究的主要经费来源。2020 年日本学术振兴会经费预算为 2692 亿日元。[①] 基金面向社会公开、自由申报，主要资助以大学为主体的学术研究及国际交流活动，资助范围涵盖了自然科学、社会科学和人文科学领域的科学研究。日本学术振兴会设有科学研究费委员会，一般上年 9 月发布次年资助项目招标公告，经过两轮审查立项。

第二次世界大战后，日本掀起学术体制更新运动。1948 年成立日本学术会议。1956 年 5 月，日本政府设立专门负责综合推进科学技术的行政管理部门科学技术厅。1959 年 2 月，基于《科学技术会议设置法》，日本设立科学技术会议，作为总理府的咨询决策机构，负责制定科学技术综合政策，确定长期研究目标，并制定推进方案。具体行政职能则由科学技术厅与文部省分别承担。一般科学研究（人文科学及大学的研究除外）以及与科学技术振兴相关的基本措施的策划和实行等由科学技术厅负责；大学等研究机构开展的人文社会科学、自然科学等学术振兴的策划和实行由文部省负担。2001 年 1 月，基于《内阁府设置法》，日本政府实施中央机构改革方案，将科学技术会议改组为综合科学技术会议，负责科学技术综合振兴的基本政策，预算、人才资源配置的方针以及其他重要事项

---

① https://www.jsps.go.jp/aboutus/index5.html.

的设定；并将科学技术厅与文部省合并为文部科学省。2014年5月，通过修正《内阁府设置法》，日本政府重组成立综合科学技术创新会议，成为主导全国科技创新的主要参谋机构，承担着制定科学技术基本政策、统筹分配国家科技创新资源以及评估重大科技项目等职能，是政府与学术界和产业界的重要纽带。

2003年成立了统筹文化、科技的知识财产战略本部，属于日本内阁机构，负责从国家层面规划知识财产的发展。

第二次世界大战后，日本军事科技迅速向非军事转化，政府对科技发展大力扶持，以企业为科技活动主体，通过积极引进国外先进技术并消化吸收，科技水平得到快速提升，逐渐成为世界科技强国。1980年日本正式提出"技术立国"方针，政府大幅度地增加科研投入，努力推进自主开发技术。1995年日本制定并通过《科学技术基本法》，用法律形式确定科技立国的方针，开始实施科学技术基本计划。科学技术基本计划是以国家科学技术投资、人才培养、创新体系建设与完善为主要任务的综合计划。国家科研经费重点投向两大领域：第一类是科学家自由设想、自主命题的项目；第二类是为了解决国家、社会面临的问题，政府事先明确公示研究目标、类型的研究项目。从1996年至2000年是第一个科学技术基本计划时期，国家投入研究与开发资金17万亿日元。2001年至2005年是第二个科学技术基本计划时期，目标是把日本建成"具有国际竞争力和持续发展的国家"，国家投入研究与开发经费24万亿日元，重点是生命科学、信息通信、环境、纳米技术与新材料四大领域。2006年至2010年是第三个科学技术基本计划时期，提出"四个优先促进的领域"和"四个促进的领域"，政府为此投入27万亿日元。日本政府综合科学技术会议于2010年12月提出了第四期科学技术基本计划草案，实施时间为2011年到2015年，计划在未来五年将政府研究与开发投入提高到占国内生产总值的1%，重点领域是以应对地球变暖为主的环境问题以及与医疗、护理相关的公共健康问题等。2016年1月22日，日本内阁会议通过第五期（2016—

2020年）科学技术基本计划。该计划提出，未来10年，日本将大力推进和实施科技创新政策，把日本建成"世界上最适宜创新的国家"。为此，日本政府未来5年将确保研发投资规模，力求官民研发支出总额占GDP的比例在4%以上，其中政府研发投资占GDP的比例达到1%，约为26万亿日元。

除了经费资助，日本还对企业进行研究与开发实行税收优惠。税法规定，企业研究与开发费用超过上年支出部分的20%可从应税所得中扣除，基础技术研究开发资产70%的金额可从法人所得税中扣除，科研设备购进成本的70%可抵免应纳所得税，等等。

日本政府资助的公共科研经费可以分为稳定支持的"运营费交付金"（事业运行费）和"竞争性资金"两大类。运营费交付金是为维持独立行政法人科研机构和国立大学等机构业务正常运营的国家财政拨款。竞争性资金根据性质不同分为补助金（研究人员自由申请经资金分配机构审查通过得到的资助经费）和委托费（资金分配机构对特定课题公开招标审查通过后资助的经费）两类；竞争性资金根据使用方式的不同分为直接经费和间接经费。

### （三）英国

英国是工业革命的发源地，曾经是世界科技发展的中心，产生了牛顿、达尔文、法拉第、瓦特等著名科学家。1660年英国成立英国皇家学会（The Royal Society），主要通过政府拨款等资助科学研究。20世纪，英国成立了一系列国家实验室及其管理机构科学工业局，1916年成立了科学与工业研究部，1946年成立科学政策咨询会议和国防研究委员会。1959年设立科学部。

英国的科技管理机构主要包括如下机构，议会科学技术办公室（POST），主要是负责分析、整理与科技相关的提案和事务，为议员提供相关科技背景知识；上议院科学技术专门委员会（PSTSC），主要是研究和质询重要的科学技术问题；下议院科学技术委员会（HCSTC），主要是督察政府科技办公室以及相关公共机构的开支、管理及政策事务，并向下议院报告；议会与科学委员会（PSC），主要是向议员提供与公共事务相关的科技动态,讨论有关科技的提案。

1992年4月,英国政府成立科学技术办公室(OST),负责管理和协调有关科学、工程和技术方面的事务。1995年7月科学技术办公室并入贸易与工业部(DTI),主要职能是制定国家宏观科技政策,协调跨部门的科技合作,管理科研财政经费,掌握着大约2/3的政府科技经费。2006年4月,科学技术办公室同贸易与工业部创新委员会合并成立科学与创新办公室(OSI)。另一个管理科研财政经费的是教育技能部,掌握着1/3的政府科技经费。另设有主要从事科技咨询的政府科学技术委员会(CST)。2009年6月英国政府组建商业、创新和技能部(BIS),作为国家科技事业管理的核心,负责国家宏观科技发展战略和政策的制定,掌管大部分财政科研资金。2016年7月,英国政府合并商业、创新和技能部及能源和气候变化部,组建商业、能源和产业战略部(BEIS)。

英国执行科研经费具体管理的机构是研究理事会。1994年,英国根据《科学技术法案1965》和《皇家宪章》成立了7个研究理事会。7个研究理事会是独立法人实体,均属于非政府公共机构,履行政府的部分职能。作为英国关于科学技术的自治性研究管理机构,负责各领域的基础和应用研究,经费大部分来自政府预算(2012—2013年预算为31亿英镑),少部分来自政府各部门及工业界和国际组织。研究理事会主要以研究项目或研究计划的形式支持大学和公共研究机构的科学研究,有三种支持方式,一是设立合同项目、奖学金等方式直接支持;二是提供大型研究设备等方式间接支持;三是专业研究理事会所属的研究院所,可以独立从事科学技术研究活动。研究理事会项目评审基本采取同行评议机制,对各类型的项目从提交申请到项目执行和验收等都有明确的规定,并且所有规定都公开透明。2002年5月,成立研究理事会总会(RCUK),其职能包括科研经费处理系统、研究评估与影响、研究人员培训和发展、知识交流、国际合作和科技社会等。

英国对科学研究的资助,一是稳定性支持,主要指高等教育拨款委员会分配的经常性经费，支持对象为高等教育机构，按年度给予整笔拨款；二是竞争性支持，主要是研究理事会管理的经费，资助竞争性科研计划与项目，通过同行评议择优资助，支持方式主要是科研项目和人才项目两大类，每个项目资助多少经费，按照项目特定研究内容所需的人力物力成本核算确定。

政府对研究与开发资助的优先顺序是基础研究、战略研究和应用研究。英国政府始终把建设世界一流的科学、工程和技术基础作为战略目标，从而高度重视基础研究，加大科研基础设施投入，制定相关激励政策，重视提高知识转移能力，发挥科学技术对经济发展和生活质量的贡献。

进入21世纪，面对世界科技和经济竞争日益激烈的形势，英国政府出台了一系列政策和措施，加强对科技创新的支持，着力建立国家创新体系，推动经济可持续增长。

2015年11月25日，英国政府在其《支出审议》报告中提出，2016年正式启动全球挑战研究基金，计划5年（2016—2020年）预算总投入15亿英镑，目的在于通过提升英国在前沿和尖端的研究与创新，来应对和解决发展中国家面临的全球性问题，从而确保英国在这些重大问题研究上处于领先地位。

2016年5月，英国政府发布《高等教育和研究法案》，决定建立英国研究与创新署（UKRI），将原有的7个研究理事会、英格兰高等教育基金委员会和英国创新署（2014年8月由2004年成立的技术战略委员会更名而成）中稳定支持科研的职能进行整合。2018年5月，新成立的英国研究与创新署正式运行。新成立的英国研究与创新署仍然属于非政府部门公共机构，其主要职能是统筹管理英国每年60亿英镑的科研经费，确定英国研发总体战略方向。

2016年7月，新一届英国政府成立，将原能源和气候变化部及商业、创新和技能部合并，组建商业、能源和产业战略部，职责包括负责科学、研究和创新。2019年6月商业、能源和产业战略部发布部门计划，提出通过促进对科学、研究和创新的投资，确保英国成为世界上最具创新性的经济体,为此,到 2027 年研究与开发投入要达到 GDP 的 2.4%,以支持世界领先的科学和创新;最大限度地发挥英国研究与创新署的影响,在公共部门和私营部门之间合作,创造最佳的研究和创新环境。[1]

商业、能源和产业战略部作为英国主要的宏观科技管理部门,并不直接资助科学研究,而是通过英国 7 个研究理事会和英格兰高等教育基金委员会来进行。英格兰高等教育基金委员会主要以资助机构的方式为大学提供基金,维持基本的科研基础设施和科研能力以及教学经费,其经费分配主要按大学研究水平来确定;7 个研究理事会则采用资助研究项目或研究计划的方式来支持大学和公共研究机构的科学研究,其项目的分配采取同行评议竞争机制。英国这种科研资助体系被称作"双重资助体系"。

2017 年 4 月,英国商业、能源和产业战略部宣布,政府设立产业战略挑战基金,作为实施《产业发展战略》的重大战略措施,目的在于帮助英国充分利用其在健康医药、机器人和人工智能、清洁能源电池和储能技术等领域的研究和创新优势,培育和发展新兴产业,推动英国成为未来产业发展的领导者。该基金计划未来 4 年共投入 10 亿英镑,由英国研究与创新署组织实施。

英国政府在加强研究与开发经费投入的同时,建立了严格的评审制度,对于科研项目申请、在研项目实施和完成项目成果,都要进行同行专家评议。

英国政府还采取一系列政策支持科技创新:2010 年政府投资 2 亿英镑,由"创新英国"(Innovate UK)负责建立一批世界级技术创新中心(后来官方称之为"弹射中心")。政府拨款支持先进制造业领域能力提升,并实施面向中小企业的资助倾斜,如 2011 年

---

[1] Department for Business, Energy and Industrial Strategy single departmental plan, June 2019, https://www.gov.uk/government/publications/department-for-business-energy-and-industrial-strategy-single-departmental-plan/department-for-business-energy-and-industrial-strategy-single-departmental-plan-june-2019.

12月英国政府共投入1.25亿英镑，实施"先进制造业供应链举措"，2015年2月，英国推出制造业供应链行动计划。英国政府对企业实行科技税收优惠政策，如2000年实施的《中小企业投资研究开发减免税政策》；2016年英国政府又提出"超级竞争力经济体"计划，大幅削减企业利得税，还提高了中小企业可以扣除的研发费用，将低税负利益惠及中小企业；还通过政府采购对本国科技行业予以支持。

### （四）法国

法国于1930年设立国家科学基金，1959年设立科研发展基金，2010年设立国家研究开发基金和法国专利基金，2018年2月设立国家创新基金。

1939年设立国家研究中心，主要任务是从事自然科学、人文科学与社会科学等各个领域的基础研究和应用研究。此外，还承担科技成果推广和人才培养、跟踪和分析国内外科技发展形势和动态等任务。

法国的科研管理部门变化较为频繁。1901年建立科研经费管理处，1915年开始组建科技主管部门——国防事务发明局，1922年成立科研与发明局，1938年设立科研协调高级委员会，1959年正式在政府内部设立科研部，1974年把科研部并入工业部成立工业与研究部，1981年建立研究与技术部，恢复了科技相对独立的管理体制。1982年将研究与技术部改组为研究与工业部，1983年又改为工业与研究部，1984年政府两次改组恢复了研究与技术部建制。1986年将研究与技术部并入国民教育部，1988年又恢复研究与技术部。1992年改为研究与空间部，1993年改为高等教育与研究部。2000年4月，法国政府将国民教育与研技部分开，设立了研究技术部。2002年改组为青年、国民教育与研究部，2007年改组为高等教育与研究部。2006年9月，法国成立国家科学与技术高等理事会，负责国家科技管理的顶层设计，对国家科研战略提出建议。

2005年法国创立国家科研署，2007年正式成立，主要任务是对大型科研项目进行资助，支持科研创新，推动科研成果向市场的转化。项目招标分为：政府引导的专题项目和自由申请的非专题项目。科研项目招投标主要面向两类单位：一是公共科研机构和包括私营机构在内的基金会形式的研究机构；二是以企业为主的其他机构。两类机构有不同的经费预算审批表，使用不同的税基计算方法和资助比例。项目预算主要包括人员费、设备费、外部咨询和委托服务费、差旅费、小型设备和耗材购置费、内部有偿服务费和总费用4%的项目运行管理费等。

法国国家创新署还通过合同制对创新型企业贷款，支持其技术创新。

2008年，法国国家科研中心将原6大学部改组为8个研究院，加上原有的2个国立科学研究院，共形成10个研究院。这些研究院负责组织科研并对项目进行资助。

1982年12月法国颁发《税务总条例》，实行科研税收信贷优惠政策，规定企业的研究与开发投资年增长率比上两年的平均值增长超过50%的，可以享受减税优惠，增加部分的50%可从企业应该缴纳的所得税中扣除。现在，科研税收信贷已成为法国支持私营研发的主要手段。1995年2月法国颁发《规划整治与国土开发指导法》，将企业享受的科研税收信贷的减税率调整为企业研究与开发投资增加值的75%，并根据研究与开发活动的地域确定不同的减税率。

1999年，法国通过《技术创新与科研法》，加强科技界与企业界的交流合作，促进科研成果的转化利用。

法国政府通过与科研机构和大学签订科研合同，落实科研政策。合同规定科研机构和大学的相关责任，政府则提供财政经费予以支持。

（五）德国

1957年德国成立学术审议会。1962年成立科学研究部。1970年德国成立联邦—州教育规划委员会。1975年11月，联邦和各州签订《关于共同促进研究的框架协议》，决定联合资助科学研究，为此，1976年联邦—州教育规划委员会改为联邦—州教育规划与研究促进委员会。其主要职责是协调联邦和各州的研究政策和规划，制定科研发展中期规划及具体方案，提出资助经费建议。

德国联邦政府科技投入的管理机构是联邦教育与研究部，主要负责制定并实施科学技术发展方针、政策，管理国家科研经费以及国家科学技术研究与开发，对国家科技活动进行宏观调控，负责协调联邦政府各部之间以及联邦政府与州政府之间的科技政策和科研活动。联邦教育与研究部管理联邦政府约60%的研究与开发经费。政府对科学研究的财政支持主要包括对机构的资助、对特定目标的项目资助和对部门研究的资助三个部分。对机构（和部门研究的资助基本上按照预算拨付和委托资助的方式进行；对项目的资助主要采取竞争性经费的方式进行支持，目的是推动技术研发及其应用，使科技创新成为经济增长的力量。联邦教育与研究部采用招标方式设置项目管理办公室，对政府资助的科技项目进行管理，其中心工作是审定项目资助。财政经费可以支持高校、科研机构和企业，对高校、科研机构根据项目成本核拨经费，对企业只支持50%的经费，另外50%的经费须由企业自筹。项目资助一般通过专家评审的方式提出是否立项的意见。

为加强联邦与各州之间、联邦各部之间科研资助的协调，德国设立了联邦、州教育规划与科学研究促进委员会和科学理事会。联邦和州共同资助亥姆霍尔茨联合会、德意志研究联合会、马克斯·普朗克学会、弗劳霍夫学会、莱布尼茨联合会五大科研机构。

（六）意大利

1923年11月意大利创建国家研究委员会，是该国最大的综合性国立研究机构，隶属教育大学研究部。1945年3月，改组为具有法人地位的政府科技管理部门，负责科技管理，组织实施科学研究。

意大利科技政策的决策权由多个部门行使。1996年11月成立的由总理直接领导的国家研究与创新政策部长委员会，是科技战略指挥机构，负责协调国家科技政策、创新政策和其他如国家安全、经济发展、社会等重大战略决策。1967年成立的经济计划部际协调委员会，主要负责制定国家经济发展政策，在科技和创新方面侧重于审批年度和重大国家科技计划，配置创新资源。部长理事会是由总理主持的经常性部长会议，对包括科技政策和计划在内的国家发展政策做出决定。2001年6月重组的教育、大学与科研部，负责管理、协调全国的普教、高教和科研工作；重建的技术创新部，属于不管部性质，专门负责协调全国"信息化社会"的政策。2006年5月重组的经济发展部，主要负责意大利国内产业政策和经济发展协调。

1968年意大利通过1089号法，建立国家应用研究基金，主要通过低息贷款方式（不超过全部研究经费的55%，中小企业和南方企业可达65%），资助技术创新及技术转化活动。1982年政府通过第46号国家重要经济领域干预法，决定新设技术创新基金（资助方式为提供不超过项目总经费35%的贴息贷款），建立国家研究计划。1989年国家研究计划正式建立。

意大利政府1997年出台《国家科研体系改革大纲》，要求改革科研管理体制，按学科重组科研院所，促进科技成果的扩散和应用，加大科研投入等。1998年意大利大学科研部颁布《科学技术研究评估、协调和计划条例》，要求加强国家科技经费的管理，建立国家科学技术大会和国家科学理事会，建立科研项目匿名评审制度和国家科研评估制度。

科研项目匿名评审制度将国家研究项目的资助评审，分为基础研究项目和应用研究项目两类。基础研究项目由大学科研部根据研究领域，送给世界上著名的专家进行初审，再提交国家研究评价委员会和国家研究项目经费管理机构进行评审。应用研究项目由大学科研部自己的国家研究项目评审专家组和国家研究项目经费管理机构进行评审，再提交国家研究评价委员会审议。

意大利实行科研"税收信用"政策，政府根据企业在科研和技术创新方面的经费开支，按一定比例在企业应缴税款中扣除。1997

年意大利政府通过第 140 号和第 449 号法,对企业进行技术创新、吸收科技人才、与科研机构开展联合研究等实行税收优惠政策(每年信用额度为 1.8 亿欧元,根据企业规模设定不同优惠比例)。2003 年通过第 326 号法,对企业的研究与开发费用给予 10% 的财政补助,并对前三年平均研究与开发费用的 30% 给予补助;对于中小企业在工业区内组建联合体或协作组织,从事信息技术创新,同样给予补助。

2006 年意大利决定将大学与科研部现有的应用研究基金、基础研究基金和国家重大利益计划合并为科学技术研究投资基金,并在原有基础上增加经费,计划 2007 年到 2009 年增加 9.6 亿欧元。

### (七)加拿大

1971 年联邦政府成立科学和技术国务部,主管全国的科技政策。后改由工业部主管联邦政府层面的科学技术发展工作。在工业部内有一位国务部长,负责全国科技政策事务,同时主管联邦的科技政策的咨询和制定。2007 年,加拿大内阁设立科技与创新委员会,作为政府最高科技咨询机构。2015 年加拿大新总理贾斯汀·特鲁多上任,新设立了科学部长一职。

1996 年加拿大制定了联邦第一个科技发展战略——《面向新世纪的科学技术》,明确了促进经济增长、提高生活质量和推动科技进步三项基本目标,确定了长期空间计划、信息高速公路建设、技术协作网、生物技术等优先发展目标和项目。1997 年政府设立创新基金,着力加强大学、研究型医院和其他非营利机构开展世界级研究和技术开发的能力。2002 年 2 月,加拿大政府发表《加拿大创新战略》,进一步明确加拿大建设创新型经济和社会的系列任务目标和政策措施。

加拿大在支持研究与开发上,是将科学研究和技术开发分开的,分别由不同的机构来负责经费管理和项目管理。(1)支持科学研究的机构主要有三大拨款机构:成立于 1977 年的社会科学与人文研究理事会,成立于 1987 年的自然科学与工程研究理事会,成立于 2000 年的加拿大卫生研究院。三者对从事科学研究的机构和人员进行财政资助。三个理事会根据申请单位提交的申请,由专家进行评审,然后对项目进行拨款资助。1997 年加拿大政府成立了加拿大创新基金,主要资助加拿大的大专院校、医疗研究机构建立科研基础设施。该基金分为 5 类,即创新基金、新机遇基金、基础设施运行基金、国际合作基金、首席研究员基金。(2) 支持技术开发的机构主要是国家研究理事会。国家研究理事会是联邦政府最大的研究机构,下属有研究所,从国家直接获得财政拨款。

以自然科学与工程研究理事会为例,该理事会的支持经费主要用于三个方面:人才、科学发现和创新。研究理事会的项目评审采用会议评审的方式进行。

此外,加拿大为鼓励企业投资研究与开发,对企业研究与开发投资进行税基扣除并给予贴税补助,

## 六 小结

我国科学技术管理实行统一领导、分级管理的体制。相应地,科学技术财政投入经费管理也实行类似的管理体制,全国财政科技经费分为中央管理的经费和地方管理的经费。

财政科技经费管理部门可以分为经费投入部门、经费管理部门、经费使用部门,构成以经费流转为特征的管理体系,以及上下承接的管理层级。

财政科技经费管理制度由党的相关决定、国家法律法规、部门规章及地方法规构成。总的说来,我国科技立法数量有限、层级较低、法律法规不太健全。

我国财政科技经费的资助方式主要表现为:在立项方式上,以招标制为主,委托制为辅;在资助模式上,实行课题制;在权责规范上,实行合同制;在资助对象上,有项目、人才、实验室、期刊等;在资助形式上,有前补助和后补助、成本补偿式资助和定额补

助式资助、直接资助和间接资助等。

在项目经费管理上，实行全额预算管理，严格规定项目经费的开支范围与开支标准，强化经费内部管理制度，严格经费报销制度，加强经费的审计监督等。

从国际比较来看，西方主要发达国家在科技经费管理方面具有以下特点：政府对科学技术一直高度重视，干预力度比较大；在经费投入方面，政府资金占有较大比重，同时注重发挥民间资金的作用；政府设立国家科学基金，并通过政府各部门对研究与开发给予资金支持，往往还采取税收优惠、政府采购等相关支持政策；在项目资助方式管理上，实行合同制、课题制、同行评议制等。

# 第六章　科学技术财政投入的绩效

科学技术财政投入的绩效是指财政投入资金资助科学技术研究所产生的直接和间接经济效益和社会效益，包括对其他科技投入的挤入效应，产生的直接成果如论文、专著、专利，对科研机构建设和科技人才培养的推进作用，对整个科学技术发展的推动作用，对全社会经济增长的促进作用，等等。

科技政策的基本目标是促进经济增长，提高社会福利和生活质量。科技投入是为落实科技政策服务的，目的在于追求科技政策目标的实现。科学技术财政投入从根本上说是为了推动经济社会发展，但其直接成果主要表现为论文、专著、专利等。

绩效分析的目的在于提高政府财政投入活动的效率，改进决策和管理，形成合理的投入规模、结构，以取得更大的效益。

但是，科学技术财政投入的绩效分析遇到一个难题，即研究成果的产生，不一定完全是财政资金的结果。财政资金和非财政资金存在较大的黏性，研究成果往往是各种经费投入累积作用的结果，国有科研机构可能会接受企业科研资金的支持，而企业所属的研究与开发机构又可能会接受财政资金的资助，要完全区分哪项成果是哪种资金支持的结果非常困难。事实上，正因为如此，故缺乏相关数据，难于进行定量分析。

不过，由于以下因素，对科学技术财政投入还是可以作一个大概的分析。一是新中国成立以来，决定于社会主义国家的性质，我国科研机构基本上都属于国家所有,从人员工资到研究经费完全受财政资金支持。二是改革开放以后,随着企业不断壮大,企业(主要是国有企业,还有一些上市公司)建立了一些研究与开发机构,数量不断增加,但多是小型机构,大型、重要的科研机构主要还是国家所属,基本上还是受财政资金支持。三是国家科技计划,以及重大的科学研究活动,主要还是由国有科研机构承担,它们是科研活动的主体,并且产生的重量级科研成果主要还是财政资金支持的结果。四是从研究领域来说,财政资金重点支持基础研究和应用研究,论文和著作是其主要成果;而企业资金重点投向试验发展,专利是其主要成果。

因此,考察财政投入的绩效,我们主要看国家重大科技计划的成果、发表论文、出版著作和专利数量,以及对经济增长的推动作用等。

## 一 带动效应

科学技术财政投入(即财政科技投入)对其他科技投入具有双重效应,即挤入效应和挤出效应。挤入效应是指财政投入可以带来其他投入,从而导致整个投入的增加。挤出效应是指财政投入增加引起其他投入的减少。

财政科技投入表示国家对于科技的重点支持领域,有很强的导向性,对其他科技投入包括企业、高等学校和研究机构的研究与开发投入,起着带动作用和杠杆作用。但是我国财政科技投入对其他科技投入的挤入效应较小,这是由于两个方面的原因:一是财政资金的主要投向是基础研究、社会公益研究、部分应用研究、高技术研究和社会科学研究,而我国科技投入主体企业的资金主要投向周期短、见效快、应用性强的试验发展,如2017年企业投入占研究与开发总投入的76.5%,而且试验发展投入达到研究与开发总投入的84%,政府资金投向重点和企业资金投向重点不同,交集不多,减弱了政府资金的带动效应；二是地方政府科技投入占本级财政支出的比重较低，发挥不了较大的杠杆作用。如 2018 年占全国财政科技投入 60.7% 的地方政府科技投入，只占本级财政支出的 3.1%，而中央政府科技投入占本级财政支出的比重为 11.4%。

要发挥财政资金的引导作用，就要进一步提高财政科技投入在整个科技投入中的比重，特别是要大力提高地方政府科技投入的强度。

不可忽视的是，财政科技投入对企业的科技投入不同程度地存在一定的挤出效应。

## 二 产出成果

投入的目的是要有所收获，财政科技投入的主要收益就表现在其产生的成果上。经过中央和地方政府财政多年持续支持，在人才培养、机构建设、科研成果等方面取得了巨大成就，有力地推动了我国科学技术事业的发展。

### （一）人才培养

我国一贯重视科技人才，并注重对科技人才的培养。新中国成立特别是改革开放以来，我国的科技人力资源开始建立并不断发展，科技研发人员的水平与素质不断提高，逐步形成了一支具有较大规模和较高水平的科技人才队伍。截至 2007 年年底，国有企事业单位拥有工程技术人员、农业技术人员、科学研究人员、卫生技术人员和教学人员五类专业技术人员 2255 万人，是 1978 年的 5.2 倍，是新中国成立时的 45100 倍（新中国成立时专门从事科学研究的人员不足 500 人）。同时，我国科技人力的投入不断增加，科技研发人员的水平与素质不断提高，逐步形成了一支具有较大规模和较高水平的科技人才队伍。全国从事科技活动人员达 454.4 万人，是 1991 年的 2 倍；全国研究与试验发展（R&D）折合全时人员达 173.6 万人年，其中科学家和工程师 142.3 万人年，分别是 1991 年的 2.6 倍和 3 倍；科学家和工程师所占比重由 1991 年的 70.3% 提高到 82%，增加了 11.7 个百分点。①

进入 21 世纪特别是党的十八大以来，我们坚持科教兴国、人才强国战略，使我国科技人才队伍不断壮大。2017 年，全国研发人员总量达到 621.4 万人，按折合全时工作量计算的研发人员为 403.4 万人年，是 1991 年的 6 倍，1992—2017 年年均增长 7.1%。2018 年，全国按折合全时工作量计算的研发人员总量为 419 万人年。我国研发人员总量在 2013 年超过美国，已连续 6 年稳居世界第一位。②

以中国科学院为例，全国先后有 1200 余位科学家当选为中国科学院院士，他们是新中国科技工作者的杰出代表。中国科学院汇聚和造就出一大批为新中国科技事业做出重大贡献的科学家，其中代表人物有"两弹一星元勋"、国家最高科学技术奖获得者、新中国主要学科的奠基人和开拓者，还有一批勇攀世界科技高峰的杰出科学家。中国科学院立足创新实践，培养造就了近千名新一代科技领军人物和科技尖子人才，形成了一支高水平的科技创新队伍，包括 300 余位 "973" 计划项目首席科学家，1000 余位国家杰出青年科学基金获得者，140 余个国家自然科学基金创新群体，900 余人在重要国际科技组织、学术期刊担任重要职务。同时向社会输送了大批高素质创新创业人才。③ 应该说，财政资金的支持发挥了非常重要的作用。

**（二）机构建设**

新中国成立之初，旧中国遗留下来的科技专门研究机构仅有 30 多个，至"文化大革命"以前，全国科研机构增加到 1700 多个，初

---

① 国家统计局：《改革开放 30 年报告之十四：科技创新取得了举世瞩目的巨大成就》，发布时间：2008 年 11 月 13 日。

② 国家统计局：《科技进步日新月异 创新驱动成效突出——改革开放 40 年经济社会发展成就系列报告之十五》，发布时间：2018 年 9 月 12 日。

③ 中国科学院，《院况简介》，http://www.cas.cn/jzzky/jbjs/.

步形成了由中科院、高校、产业部门、地方科研单位和国防部门五方面组成的科学技术体系。① 至 2000 年发展到 28461 个。不仅科研机构的数量增加了，这些科研机构在基础设施建设，包括仪器设备、办公条件、国际交流等方面都发生了根本变化，取得了重要进展。

表6-1　　　　　　　　科技机构数量　　　　　　　　单位：个

| 年份 | 1995 | 1996 | 1997 | 1998 | 1999 | 2000 |
| --- | --- | --- | --- | --- | --- | --- |
| 科技机构数 | 24985 | 23610 | 22531 | 22151 | 22223 | 28461 |

资料来源：《中国统计年鉴2001》。

科研机构增加了，科研力量增强了，但是，面对科技进步的新要求，面向市场经济的大环境，科研机构在体制机制上还有诸多不适应的方面：管理体制存在条块分割、分散重复、人员过多、效率不高、面向市场的机制不完善的问题，科技与经济脱节的问题，科技向现实生产力转化能力薄弱的问题，高新技术产业化程度较低的问题，等等。为此，1999 年中共中央、国务院颁发《关于加强技术创新，发展高科技，实现产业化的决定》，提出通过深化改革，从根本上形成有利于科技成果转化的体制和机制，加强技术创新，发展高科技，实现产业化。其中规定对科研机构转制为企业给予专项政策扶持。2000 年国务院办公厅转发科技部等部门《关于深化科研机构管理体制改革的实施意见》，提出全面优化科技力量布局和科技资源配置，加快国务院部门（单位）所属科研机构改革步伐；国家以支持项目为主，通过竞争择优方式扶持技术创新活动；国家财政科技投入集中于应由国家支持、亟须发展的领域和少数精干、高水平的重点科研机构。规定技术开发科研机构实行企业化转制；社会公益类科研机构分别不同情况实行改革；以社会科学（含经济、文化、法律等）领域研究为主的科研机构，按照国家关于其他

---

① 国家统计局：《科技发展大跨越　创新引领谱新篇——新中国成立70周年经济社会发展成就系列报告之七》，发布时间：2019 年 7 月 23 日。

类型事业单位的改革部署进行改革;中科院所属科研机构结合"知识创新工程"试点方案进行改革。"九五"期间,242个国家级技术开发类研究院所已基本完成转制工作,多数科研机构的运作直接面向市场需求。①

经过转制改革,我国科技机构数量有一定程度的减少。从研究与开发机构数量来看,2005年为3901个,2017年为3547个,12年减少了约9%。

表6-2　　　　　　　　研究与开发机构数量　　　　　　　　单位:个

| 年份 | 2005 | 2006 | 2007 | 2012 | 2017 |
| --- | --- | --- | --- | --- | --- |
| 机构数 | 3901 | 3803 | 3775 | 3674 | 3547 |
| 中央属 | 679 | 673 | 674 | 710 | 728 |
| 地方属 | 3222 | 3130 | 3101 | 2964 | 2819 |

资料来源:《中国科技统计年鉴(2006—2018)》。

### (三) 科研成果

七十余年来,缘于我国社会主义制度,科研机构由国家设立,科技人员工资由财政负责,科学事业主要也是在财政资金支持下发展起来的。尽管经历了"文化大革命",但科学事业依然取得了巨大的成就。

1. 代表成果

改革开放以前,我国科学研究在极为困难的条件下,仍然取得了显著成就。1958年我国第一台电子管计算机试制成功,1959年半导体三极管、二极管研制成功,同年李四光等人提出"陆相生油"理论,1960年王淦昌等人发现反西格玛负超子,1964年第一颗原子弹装置爆炸成功,同年第一枚我国自行设计制造的运载火箭成功发射,1965年在世界上首次人工合成牛胰岛素,1967年第一

---

① 国家计委、科技部:《国民经济和社会发展第十个五年计划科技教育发展专项规划(科技发展规划)》,2001年5月。

颗氢弹空爆成功，1970年"东方红一号"人造地球卫星发射成功，70年代初期陈景润完成了哥德巴赫猜想中的"1+2"……这一时期，虽然我国科技总体水平相对落后，但社会主义国家集中力量办大事的体制，却有利于我国在某些关键科技、重大国防科技方面取得突破。

改革开放以后，我们迎来了科学的春天，科技事业迅猛发展，科学研究取得了新的辉煌成就。1981年人工合成酵母丙氨酸转移核糖核酸获得成功，1985年我国第一个南极科学考察站——长城站建立，1986年发现起始转变温度为48.6K的锶镧铜氧化物超导体，1987年建成"神光"高功率激光装置，1988年北京正负电子对撞机对撞成功，1990年"风云一号"气象卫星甚高分辨率扫描辐射计研制成功，1991年我国第一套拥有自主知识产权的大型数字程控交换机诞生，1993年北京自由电子激光装置获红外自由激光，1995年"曙光1000"大规模并行计算机系统研制成功，1999年我国进行首次北极科考，2000年超级杂交稻研究取得重大成果，2001年人类基因组"中国卷"绘制完成，2003年中国第一艘载人飞船——"神舟"五号发射成功，2005年青藏铁路全线铺通，2006年世界首个全超导托卡马克核聚变实验装置建成，2007年我国自主研制的第一颗月球探测卫星"嫦娥一号"发射成功，2008年"神舟"七号载人航天飞船发射圆满成功，2009年三峡工程基本完成，2012年"蛟龙"号载人潜水器创造了下潜的世界载人深潜纪录，2016年"海斗"号无人潜水器创造最大深潜纪录，2016年"神舟"十一号载人飞船与天宫二号空间实验室成功实现自动交会对接，2017年国产C919大型客机成功首飞、第四代隐形战斗机服役，2019年北斗导航卫星实现全球组网，2020年"海斗一号"成功完成首次万米海试与试验性应用任务并再次刷新我国潜水器最大下潜深度纪录（最大下潜深度10907米），等等。

此外，我国在量子科学、铁基超导、暗物质粒子探测卫星、CIPS干细胞等基础研究领域取得重大突破。新建了中国散裂中子源、500 米口径球面射电望远镜（FAST）、"科学"号海洋科考船、JF12 激波风洞等一批重大科技基础设施。截至 2018 年年底，正在运行的国家重点实验室达 501 个，已累计建设国家工程研究中心 132 个、国家工程实验室 217 个。

"我国的创新能力在全球 129 个经济体中的排名连续 5 年攀升，2019 年达到 14 位，是唯一进入全球前 20 的中等收入国家。""高技术产品出口额从 1995 年的 100 亿美元，增长到 2016 年的 6000 多亿美元。"[①]

可以说，经过广大科技工作者的不懈努力，目前我国科技水平已达到一个新的高度，居于世界前列。我们从中发现，这些重大科技成就几乎都是由政府设立的科研机构取得的，这得益于财政资金的支持。

2. 奖励

为奖励在科技进步活动中作出突出贡献的公民、组织，国务院设立了五项国家科学技术奖：国家最高科学技术奖、国家自然科学奖、国家技术发明奖、国家科学技术进步奖和中华人民共和国国际科学技术合作奖。国家科学技术奖的发展情况是：1955 年，国务院发布了《中国科学院科学奖金暂行条例》。1957 年 1 月，中国科学院科学奖金进行了首次评审，有 34 项成果获奖。1958 年，国务院批准成立了国家科学技术奖励工作办公室，标志着中国科技奖励体系基本完成。1963 年 11 月，国务院发布了《发明奖励条例》和《技术改进奖励条例》。1966 年 5 月，批准了发明奖励 297 项，但只对获奖者颁发发明证书，未颁发奖章和奖金。1978 年，党中央召开了全国科学大会，会上奖励了 7657 项科技成果，标志着科技奖励制度的恢复。1999 年 5 月 23 日，朱镕基总理签署中华人民共和国国务院第 265 号令，发布实施了《国家科学技术奖励条例》。改

---

① 《数说中国丨70 年来，科技实力实现历史性跨越　专利申请连续 8 年领跑全球》，http://news.cctv.com/2019/09/17/ARTI5KMljaXqvXBFo0Sc6Ci5190917.shtml.

革后，国家科学技术奖励制度更加完善，形成了五大奖项。2000年，国家最高科学技术奖正式设立。

各类奖项的情况是：2000 年至 2018 年，被授予国家最高科学技术奖的共有 31 项；1956 年至 2018 年，被授予国家自然科学奖的共有 1302 项；1979 年至 2018 年，被授予国家技术发明奖的共有 3883 项；1985 年至 2018 年，被授予国家科学技术进步奖的共有 12420 项。1995 年至 2018 年，被授予中华人民共和国国际科学技术合作奖共有 20 个国家和地区的 118 位外籍专家和 2 个国际组织、1 个外国组织。

表 6-3　　　　　　　　　　国家级科技奖励　　　　　　　　　单位：项

| 项目＼年份 | 2000 | 2005 | 2010 | 2011 | 2012 | 2013 | 2014 | 2015 | 2016 | 2017 | 2018 |
|---|---|---|---|---|---|---|---|---|---|---|---|
| 合计 | 292 | 321 | 356 | 384 | 337 | 323 | 327 | 302 | 287 | 280 | 285 |
| 一、国家科学技术进步奖 | 250 | 236 | 273 | 283 | 212 | 188 | 202 | 187 | 171 | 170 | 173 |
| 特等 |  |  | 3 | 1 | 3 | 3 | 3 | 3 | 2 | 3 | 2 |
| 一等 | 22 | 18 | 31 | 20 | 22 | 24 | 26 | 17 | 20 | 21 | 23 |
| 二等 | 228 | 218 | 239 | 262 | 187 | 161 | 173 | 167 | 149 | 146 | 148 |
| 二、国家技术发明奖 | 23 | 40 | 46 | 55 | 77 | 71 | 70 | 66 | 66 | 66 | 67 |
| 一等 |  | 1 | 2 | 2 | 3 | 2 | 3 | 1 | 3 | 4 | 4 |
| 二等 | 23 | 39 | 44 | 53 | 74 | 69 | 67 | 65 | 63 | 62 | 63 |
| 三、国家自然科学奖 | 15 | 38 | 30 | 36 | 41 | 54 | 46 | 42 | 42 | 35 | 38 |
| 一等 |  |  |  |  |  | 1 | 1 | 1 | 1 | 2 | 1 |
| 二等 | 15 | 38 | 30 | 36 | 41 | 53 | 45 | 41 | 41 | 33 | 37 |
| 四、国家最高科学技术奖 | 2 | 2 | 2 | 2 | 2 | 2 | 1 | — | 2 | 2 | 2 |
| 五、中华人民共和国国际科学技术合作奖 | 2 | 5 | 5 | 8 | 5 | 8 | 8 | 7 | 6 | 7 | 5 |

资料来源：《中国科技统计年鉴 2019》。

从国际上的科学技术奖来看，我国科学家获奖还不多。

诺贝尔奖（The Nobel Prize）是以瑞典的著名化学家、硝化甘油炸药的发明人阿尔弗雷德·贝恩哈德·诺贝尔（Alfred Bernhard Nobel）的部分遗产（3100 万瑞典克朗）作为基金在 1895 年创立的奖项。在世界范围内，诺贝尔奖通常被认为是所有颁奖领域内最重要的奖项。诺贝尔奖于 1901 年首次开始颁发，现设有诺贝尔化学奖、诺贝尔物理学奖、诺贝尔生理学或医学奖、诺贝尔文学奖、诺贝尔和平奖、诺贝尔经济学奖六个奖项。2015 年，中国中医科学院终身研究员屠呦呦获得诺贝尔生理学或医学奖。

科学突破奖（Breakthrough Prize）于 2012 年由俄罗斯亿万富翁尤里·米尔纳夫妇设立，旨在表彰全球顶尖物理、数学和生命科学家的研究成果。科学突破奖奖项有生命科学突破奖、基础物理学突破奖、数学突破奖、物理学新视野奖、数学新视野奖以及青年挑战突破奖。科学突破奖单项奖金高达 300 万美元，被称为"超豪华版诺贝尔奖"。2015 年，中国科学院研究员王贻芳领导的大亚湾反应堆中微子实验团队获基础物理学突破奖。

这些重大科技成果和做出突出贡献的科技工作者获得的国家奖励和国际奖励，是我国科学研究重大成就的显著标志。

目前，我国尚未设立哲学社会科学的国家奖励。

3. 论文

改革开放以后，我国科学生产力得到了巨大解放，科研成果不断涌现，科学论文产出实现快速增长。

比如，1991 年发表论文 9.4 万篇，2009 年发表论文 52.1 万篇，增长了 4.5 倍。特别是国外三大权威索引系统（SCI、EI、ISTP，简称三系统）收录的我国论文增长速度更快，从 1991 年的 1.4 万篇增长到 2009 年的 26.5 万篇，增长了 17.9 倍（见图 6-1）。

从论文发表单位来看，2001 年至 2009 年，高等学校是论文发表的主体，约占 66%；研究机构次之，约占 10%；而企业多年来大致保持一个相对稳定的数量，即 1.3 万篇至 1.8 万篇，数量变化不

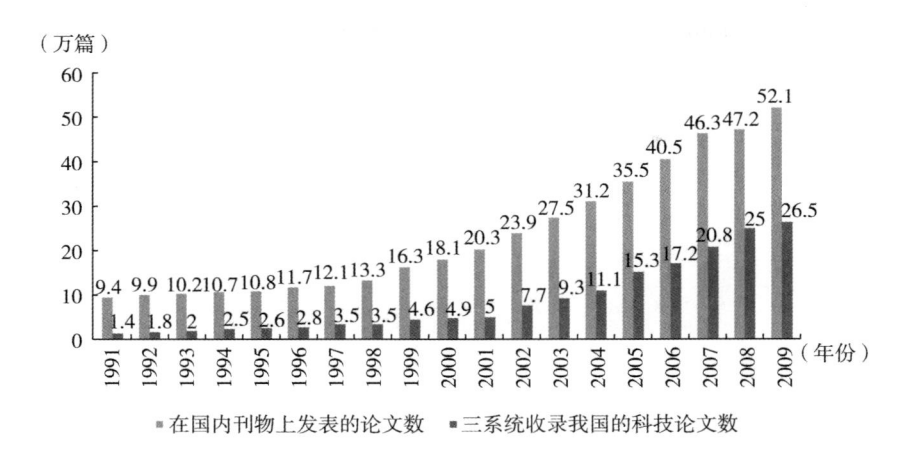

图 6-1 全国科技论文发表及国外收录情况

大，但无疑比重却下降了，从 2001 年的 6.9% 下降到 2009 年的 3.5%。企业发表论文较少，比较符合科研工作实际，企业的科学研究以试验发展为主，成果形式表现为专利、专有知识、创新产品原型或样机等，而论文主要是基础研究和应用研究的成果，高等学校在此方面具有较大优势。

2006 年中文科技期刊刊登的科技论文达 40.5 万篇（见表 6-4），是 1990 年的 4.6 倍。而据国际上几种较有影响的主要检索工具收录的最新数字显示，科学引文索引（SCI）2006 年收录我国论文 7.1 万篇（见表 6-5），是 1987 年的 14.6 倍，论文总量的世界排位从 1987 年的第 24 位跃升到 2006 年的第 5 位；工程索引（EI）2006 年收录我国论文 6.5 万篇，是 1987 年的 15.7 倍，世界排名从第 10 位升至第 2 位；科学技术会议录索引（ISTP）2006 年收录我国论文 3.6 万篇，是 1987 年的 36.7 倍，世界排名从第 14 位跃居第 2 位。从论文引用情况看，从 2002 年到 2006 年共有 69.2 万篇 SCI 收录的我国科技论文被引用，是 1995 年到 1999 年累计量的 4.9 倍。①

---

① 国家统计局：《改革开放 30 年报告之十四：科技创新取得了举世瞩目的巨大成就》，发布时间：2008 年 11 月 13 日。

表 6-4　　　　　　　　全国科技论文发表情况　　　　单位：万篇；%

| 年份 | 总数 | 高等学校 | 比重 | 研究机构 | 比重 | 企业 | 比重 | 医疗机构 | 比重 | 其他 | 比重 |
|---|---|---|---|---|---|---|---|---|---|---|---|
| 2001 | 20.3 | 13.3 | 65.5 | 2.9 | 14.3 | 1.4 | 6.9 | 2.0 | 9.9 | 0.7 | 3.4 |
| 2002 | 23.9 | 15.8 | 66.1 | 2.9 | 12.1 | 1.6 | 6.7 | 2.6 | 10.9 | 1.0 | 4.2 |
| 2003 | 27.5 | 18.2 | 66.2 | 3.0 | 10.9 | 1.6 | 5.8 | 3.3 | 12.0 | 1.4 | 5.1 |
| 2004 | 31.2 | 21.4 | 68.6 | 3.4 | 10.9 | 1.4 | 4.5 | 3.6 | 11.5 | 1.4 | 4.5 |
| 2005 | 35.5 | 23.5 | 66.2 | 3.8 | 10.7 | 1.4 | 3.9 | 5.2 | 14.6 | 1.6 | 4.5 |
| 2006 | 40.5 | 24.3 | 60.0 | 4.2 | 10.4 | 1.3 | 3.2 | 9.1 | 22.5 | 1.4 | 3.5 |
| 2007 | 46.3 | 30.6 | 66.1 | 4.7 | 10.2 | 1.5 | 3.2 | 7.6 | 16.4 | 1.9 | 4.1 |
| 2008 | 47.2 | 31.8 | 67.4 | 5.0 | 10.6 | 1.6 | 3.4 | 7.1 | 15.0 | 1.7 | 3.6 |
| 2009 | 52.1 | 34.2 | 65.6 | 5.6 | 10.7 | 1.8 | 3.5 | 8.7 | 16.7 | 1.8 | 3.5 |

资料来源：科学技术部。

表 6-5　　　　　国外主要检索工具收录我国论文情况　　　　单位：万篇

| 年份 | 2001 | 2002 | 2003 | 2004 | 2005 | 2006 | 2007 | 2008 | 2009 |
|---|---|---|---|---|---|---|---|---|---|
| 总数 | 5 | 7.7 | 9.3 | 11.1 | 15.3 | 17.2 | 20.8 | 25 | 26.5 |
| SCI | 3.1 | 4.1 | 5 | 5.7 | 6.8 | 7.1 | 8.9 | 9.6 | 12 |
| EI | 1.3 | 2.3 | 2.5 | 3.4 | 5.4 | 6.5 | 7.6 | 8.9 | 9.3 |
| ISTP | 0.6 | 1.3 | 1.8 | 2 | 3.1 | 3.6 | 4.3 | 6.5 | 5.2 |

资料来源：科学技术部。

从近年来看，2013 年，中国发表国内科技论文为 51.32 万篇，比上年减少了 0.3%；2014 年，中国发表国内科技论文 58.52 万篇，比上年增加了 14.0%；2015 年，中国发表国内科技论文 56.95 万篇，比上年下降了 2.7%；2016 年，中国发表国内科技论文（自然科学领域）49.4 万篇，比上年增长 0.1%；2017 年，中国发表国内科技论文（自然科学领域）47.2 万篇，比上年下降 4.5%。①

近年来，我国在国外发表的论文数量已居世界前列，而且质量有较大提高，被国外权威索引系统收录的论文数量也居世界前列

---

① 科学技术部：2013—2017 年《中国科技论文统计分析》。

（见表6-6），显著缩小了与世界先进水平的差距。

表6-6　　　国外主要检索工具收录我国论文总数
及在世界上的位次　　　　　　　单位：篇

| 年份<br>项目 | 1995 | 2000 | 2005 | 2010 | 2011 | 2012 | 2013 | 2014 | 2015 | 2016 | 2017 |
|---|---|---|---|---|---|---|---|---|---|---|---|
| 篇数 | | | | | | | | | | | |
| SCI | 13134 | 30499 | 68226 | 143769 | 165818 | 192761 | 232070 | 264522 | 296847 | 324189 | 361220 |
| EI | 8109 | 13163 | 54362 | 119374 | 127420 | 124382 | 163688 | 172914 | 218666 | 226495 | 227985 |
| CPCI-S | 5152 | 6016 | 30786 | 37780 | 52757 | 77518 | 68501 | 56642 | 41657 | 78236 | 73626 |
| 位次 | | | | | | | | | | | |
| SCI | 15 | 8 | 5 | 2 | 2 | 2 | 2 | 2 | 2 | 2 | 2 |
| EI | 7 | 3 | 2 | 1 | 1 | 1 | 1 | 1 | 1 | 1 | 2 |
| CPCI-S | 10 | 8 | 5 | 2 | 2 | 2 | 2 | 2 | 2 | 2 | 1 |

资料来源：《中国科技统计年鉴2019》。

2013年，SCI收录中国论文为23.14万篇，按数量计，中国连续5年排在世界第2位，占总数的13.5%，占比提升了1.4个百分点。EI收录中国论文为16.35万篇，占总数的28.8%，数量比2012年增长了31.4%，占比增加0.9个百分点，排在世界第1位。CPCI-S收录中国论文5.08万篇，比2012年减少了34.4%，占总数的13.8%，排在世界第2位。SSCI收录中国论文为0.91万篇，占总数的3.45%，比2012年增加1054篇，增长13.16%（见表6-7），按收录数排序，我国居世界第7位，与2012年相比提升了一位。2004年至2014年（截至2014年9月）我国科技人员共发表国际论文136.98万篇，排在世界第2位，比2013年统计时增加了19.8%；论文共被引用1037.01万次，排在世界第4位。我国平均每篇论文被引用7.57次，比上年度统计时的6.92次提高了9.4%。[1]

---

[1]　中国科技论文统计与分析课题组：《2013年中国科技论文统计与分析简报》，《中国科技期刊研究》2015年第1期。由于数据来源不同，与表6-6数据略有差别。

2014年，SCI收录中国论文为26.35万篇，按数量计，中国连续6年排在世界第2位，占总数的14.9%，占比提升了1.4个百分点。EI收录中国论文为17.29万篇，占总数的31.6%，数量比2013年增长5.7%，占比增加2.8个百分点，排在世界第1位。CPCI-S收录中国论文5.66万篇，比2013年增加了11.4%，占总数的15.3%，排在世界第2位。SSCI收录中国论文为1.1万篇，占总数的4.0%，比2013年增加1855篇，增长20.88%，按收录数排序，中国居世界第6位，与2013年相比提升了一位。2005年至2015年（截至2015年9月）我国科技人员共发表国际论文158.11万篇，继续排在世界第2位，数量比2014年统计时增加了15.4%；论文共被引用1287.60万次，增加了24.2%，排在世界第4位。我国平均每篇论文被引用8.14次，比上年度统计时的7.57次提高了7.5%。虽然我国国际科技论文被引用次数增长的速度超过其他国家，但与美国、德国、英国等国的论文被引次数相比，还有较大差距，仍明显低于世界平均值（11.29次/篇）。[①]

2015年，SCI收录中国论文为29.68万篇，按数量计，中国连续7年排在世界第2位，占总数的16.3%，占比提升了1.4个百分点。EI收录中国论文为21.73万篇，占总数的32.0%，数量比2014年增长25.67%，占比增加0.4个百分点，排在世界第1位。CPCI-S收录中国论文7.12万篇，比2014年增加了25.8%，占总数的15.2%，排在世界第2位。SSCI收录中国论文为12694篇，占总数的4.44%，比2014年增加1742篇，增长15.9%，按收录数排序，中国居世界第6位，与2014年排名相同。2006年至2016年（截至2016年9月）我国科技人员共发表国际论文174.29万篇，继续排在世界第2位，数量比2015年统计时增加了10.2%；论文共被引用1489.85万次，增加了15.7%，排在世界第4位，位次保持不变。中国平均每篇论

---

① 中国科技论文统计与分析课题组：《2014年中国科技论文统计与分析简报》，《中国科技期刊研究》2016年第1期。

文被引用 8.55 次，比上年度统计时的 8.14 次提高了 5.0%，但仍低于世界平均值（11.5 次/篇）。①

2016 年，SCI 收录中国论文 32.42 万篇，按数量统计，中国连续 8 年位居世界第 2，占收录科技论文总数的 17.1%，占比提升了 0.8%。EI 收录中国论文 22.65 万篇，占总数的 33.2%，数量比 2015 年增长了 4.2%，占比增加了 1.2%，排在世界第 1 位。CPCI-S 收录中国论文共 8.63 万篇，比 2015 年增加了 21.2%，占总数的 15.3%，排在世界第 2 位。SSCI 收录中国论文为 1.55 万篇，占总数的 5.12%，比 2015 年增长 22.1%，按照收录文章数量排序，中国居世界第 6 位，与 2015 年排名相同。2007 年至 2017 年（截至 2017 年 10 月）我国科技人员发表国际论文共 205.82 万篇，继续排在世界第 2 位，数量比 2016 年统计时增加了 18.1%；论文总被引频次为 1935.00 万次，同比增加了 29.9%，排在世界第 2 位，比 2016 年上升 2 位。中国平均每篇论文被引用 9.40 次，比 2016 年统计时的 8.55 次提高了 9.9%，但仍低于世界平均值（11.8 次/篇）。②

2017 年，SCI 收录中国论文 36.12 万篇，按数量统计，中国连续 9 年位居世界第 2，占总数的 18.6%，占比提升了 1.5%。EI 收录中国论文 22.80 万篇，占总数的 34.5%，数量比 2016 年增长了 0.66%，占比增加了 1.3%，排在世界第 1 位。CPCI-S 收录中国论文共 7.36 万篇，比 2016 年减少了 14.7%，占总数的 14.2%，排在世界第 2 位。SSCI 收录中国论文为 2.00 万篇，占总数的 6.18%，比 2016 年增长 29.03%，按照收录文章数量排序，中国居世界第 4 位，相比 2016 年排名上升 2 位。2008 年至 2018 年（截至 2018 年 10 月）我国科技人员发表国际论文共 227.22 万篇，继续排在世界第 2 位，国际论文数量比 2017 年统计时增加了 10.4%；论文总被引频次

---

① 中国科技论文统计与分析课题组：《2015 年中国科技论文统计与分析简报》，《中国科技期刊研究》2017 年第 1 期。
② 中国科技论文统计与分析课题组：《2016 年中国科技论文统计与分析简报》，《中国科技期刊研究》2018 年第 1 期。

为 2272.40 万次,同比增加了 17.4%,排在世界第 2 位。中国平均每篇论文被引用 10.00 次,比 2017 年统计时的 9.40 次提高了 6.4%,但仍低于世界平均值（12.61 次/篇）。①

2018 年,SCI 收录中国论文 41.82 万篇,按数量统计,中国连续 10 年位居世界第 2,占总数的 20.2%,占比提升了 1.6%。EI 收录中国论文 26.77 万篇,占总数的 35.8%,数量比 2017 年增长 17.4%,占比增加了 1.3%,排在世界第 1 位。CPCI-S 收录中国论文共 7.37 万篇,与 2017 年基本持平,占总数的 14.7%,排在世界第 2 位。SSCI 收录中国论文为 2.64 万篇,占总数的 7.5%,比 2017 年增长 32%,按照收录文章数量排序,中国居世界第 3 位,相比 2017 年排名上升 1 位。2009 年至 2019 年（截至 2019 年 10 月）我国科技人员发表国际论文共 260.64 万篇,继续排在世界第 2 位,国际论文数量比 2018 年统计时增加了 14.7%；论文总被引频次为 2845.23 万次,同比增加了 25.2%,排在世界第 2 位。中国平均每篇论文被引用 10.92 次,比 2018 年统计时的 10 次提高了 9.2%,但仍低于世界平均值（12.68 次/篇）。②

表 6-7　　国外主要检索工具收录我国论文总数及占比

单位:万篇;%

| 类别<br>年份 | SCI 中国论文 | SCI 占比 | SCI 占比增长率 | EI 中国论文 | EI 占比 | EI 占比增长率 | CPCI-S 中国论文 | CPCI-S 占比 | CPCI-S 数量增长率 | SSCI 中国论文 | SSCI 占比 | SSCI 数量增长率 |
|---|---|---|---|---|---|---|---|---|---|---|---|---|
| 2013 | 23.14 | 13.5 | 1.4 | 16.35 | 28.8 | 0.9 | 5.08 | 13.8 | -34.4 | 0.91 | 3.45 | 13.16 |
| 2014 | 26.35 | 14.9 | 1.4 | 17.29 | 31.6 | 2.8 | 5.66 | 15.3 | 11.4 | 1.10 | 4.00 | 20.88 |
| 2015 | 29.68 | 16.3 | 1.4 | 21.73 | 32.0 | 0.4 | 7.12 | 15.2 | 25.8 | 1.27 | 4.44 | 15.90 |

---

① 中国科技论文统计与分析课题组:《2017 年中国科技论文统计与分析简报》,《中国科技期刊研究》2019 年第 1 期。
② 中国科技论文统计与分析课题组:《2018 年中国科技论文统计与分析简报》,《中国科技期刊研究》2020 年第 1 期。

续表

| 类别\年份 | SCI 中国论文 | SCI 占比 | SCI 占比增长率 | EI 中国论文 | EI 占比 | EI 占比增长率 | CPCI-S 中国论文 | CPCI-S 占比 | CPCI-S 数量增长率 | SSCI 中国论文 | SSCI 占比 | SSCI 数量增长率 |
|---|---|---|---|---|---|---|---|---|---|---|---|---|
| 2016 | 32.42 | 17.1 | 0.8 | 22.65 | 33.2 | 1.2 | 8.63 | 15.3 | 21.2 | 1.55 | 5.12 | 22.10 |
| 2017 | 36.12 | 18.6 | 1.5 | 22.80 | 34.5 | 1.3 | 7.36 | 14.2 | -14.7 | 2.00 | 6.18 | 29.03 |
| 2018 | 41.82 | 20.2 | 1.6 | 26.77 | 35.8 | 1.3 | 7.37 | 14.7 | 0.1 | 2.64 | 7.50 | 32.00 |

资料来源：《中国科技论文统计与分析简报》（2013—2018年）。

从论文发表来看，中国科学技术信息研究所发布的2018年中国科技论文统计结果显示，我国在国际顶尖学术期刊上发表论文数量排名前进到世界第4位，国际论文被引用次数排名继续保持世界第2位。[1]

单从近年中国科研人员论文发表数量和被国际权威索引系统收录数量看，我国发表的论文数量已居世界前列。从被引用情况看，中国论文被引频次总量居世界前列，但每篇论文被引用频次明显低于世界平均值，这说明我国论文质量与世界先进水平相比还有较大差距。

中国社会科学院是中国哲学社会科学研究的最高学术机构和综合研究中心，是政府所属科研机构，其生产的成果基本上能够从一个单位的角度，反映财政资金的效益。中国社会科学院以学术著作、科学论文、调查研究报告、资料翻译和文献整理等形式向社会各界提供科研产品。"截至2016年底，共完成专著12938部，学术论文147003篇，研究报告27140篇，译著3724部，译文23473篇，学术资料33266种，古籍整理514种，教材1108部，普及读物1819种，工具书1886部。"[2]

---

[1] 《国际顶尖学术期刊发表论文数量中国第四》，http://scitech.people.com.cn/n1/2018/1102/c1007-30378451.html.

[2] 《书写中国特色哲学社会科学的壮美篇章——中国社会科学院建院40年发展成就综述》，http://www.xinhuanet.com/2017-05/17/c_1120990554.htm.

4. 专利

专利是指受法律规范保护的发明创造，包括发明、实用新型和外观设计。专利情况是反映一国科技创新能力和水平的重要指标。

为保护知识产权，鼓励发明创造，促进技术交流，1984 年我国颁布《中华人民共和国专利法》（1992 年、2000 年和 2008 年三次修订）。专利法的实施，揭开了我国知识产权制度建设的新篇章，知识产权保护环境明显改善，知识产权意识普遍增强，专利申请量和授权量逐年增加。1985 年我国开始受理专利申请，当年提交了 1.4 万多件。从 1986 年到 2008 年，我国国内专利申请量和授权量分别以 16.9% 和 24.6% 的年平均增长速度递增，至 2008 年年底，我国专利部门已累计受理国内专利申请 403 万件，授予国内专利权 214 万件。[①] 其中 2008 年当年受理国内专利申请 71.7 万件，是 1986 年的 31.1 倍；其中技术含量较高的发明专利申请 19.5 万件，是 1986 年的 25.7 倍；发明专利所占比重为 27.1%。2008 年授予国内专利权 35.2 万件，其中发明专利 4.7 万件，是 1986 年的 518 倍；发明专利所占比重为 13.2%，比 1986 年提高了 10 个百分点。

另据统计，1999 年至 2008 年，我国国内专利申请量增长了 5.52 倍，国外专利申请量增长了 3.58 倍；国内专利授权量增长了 2.83 倍，国外专利授权量增长了 6.40 倍。由此可见，我国国内专利申请量增长超过国外专利申请量，但国内专利授权量增长却不如国外专利授权量。

2018 年，我国专利申请量和授权量分别为 432.3 万件和 244.7 万件，分别是 1991 年的 86 倍和 98 倍。专利质量得到同步提升。以最能体现创新水平的发明专利为例，2018 年，发明专利申请数达

---

① 截至 2010 年 2 月底，中国已累计受理专利申请 595 万件，授予国内专利权 317 万件。《中国专利法实施 25 周年 受理专利申请近 600 万件》，中国新闻网，http://www.chinanews.com/gn/news/2010/04-02/2204212.shtml。

154.2万件，占专利申请数比重为35.7%，比1991年提高12.9个百分点；平均每亿元研发经费产生境内发明专利申请70件，比1991年提高19件，专利产出效益得到明显提高。①

2009年到2018年，中国国家知识产权局国内专利申请量增长约3.73倍，国外专利申请量增长了约0.78倍；国内专利授权量增长了约3.65倍，国外专利授权量增长了约0.4倍（见表6-8）。由此可见，我国国内专利申请量增长远超国外专利申请量，而且国内专利授权量增长也远超国外专利授权量。我国发明专利申请量已经连续8年领跑全球。我国向其他国家和地区提交的国际专利申请量居世界第二。在所有国际专利申请中，85%属于最能体现创新水平的发明专利，而且有超过7成获得了授权。②

表6-8　　　国家知识产权局专利申请受理量及授权量　　　单位：件；%

| 年份 | 申请量 |  |  |  | 授权量 |  |  |  |
|---|---|---|---|---|---|---|---|---|
|  | 国内 | 增长率 | 国外 | 增长率 | 国内 | 增长率 | 国外 | 增长率 |
| 1996 | 83026 |  | 19709 |  | 40337 |  | 3443 |  |
| 1997 | 90071 | 8.5 | 24137 | 22.5 | 46389 | 15.0 | 4603 | 33.7 |
| 1998 | 96233 | 6.8 | 25756 | 6.7 | 61378 | 32.3 | 6511 | 41.5 |
| 1999 | 109958 | 14.3 | 24281 | -5.7 | 92101 | 50.1 | 8055 | 23.7 |
| 2000 | 140339 | 27.6 | 30343 | 25.0 | 95236 | 3.4 | 10109 | 25.5 |
| 2001 | 165773 | 18.1 | 37800 | 24.6 | 99278 | 4.2 | 14973 | 48.1 |
| 2002 | 205544 | 24.0 | 47087 | 24.6 | 112103 | 12.9 | 20296 | 35.6 |
| 2003 | 251238 | 22.2 | 57249 | 21.6 | 149588 | 33.4 | 32638 | 60.8 |
| 2004 | 278943 | 11.0 | 74864 | 30.8 | 151328 | 1.2 | 38910 | 19.2 |
| 2005 | 383157 | 37.4 | 93107 | 24.4 | 171619 | 13.4 | 42384 | 8.9 |
| 2006 | 470342 | 22.8 | 102836 | 10.4 | 223860 | 30.4 | 44142 | 4.1 |

---

① 国家统计局：《科技发展大跨越　创新引领谱新篇——新中国成立70周年经济社会发展成就系列报告之七》，发布时间：2019年7月23日。
② 《数说中国 | 70年来，科技实力实现历史性跨越　专利申请连续8年领跑全球》，http://news.cctv.com/2019/09/17/ARTI5KMljaXqvXBFo0Sc6Ci5190917.shtml。

续表

| 年份 | 申请量 |  |  |  | 授权量 |  |  |  |
|---|---|---|---|---|---|---|---|---|
|  | 国内 | 增长率 | 国外 | 增长率 | 国内 | 增长率 | 国外 | 增长率 |
| 2007 | 586498 | 24.7 | 107419 | 4.5 | 301632 | 34.7 | 50150 | 13.6 |
| 2008 | 717144 | 22.3 | 111184 | 3.5 | 352406 | 16.8 | 59576 | 18.8 |
| 2009 | 877611 | 22.4 | 99075 | -10.9 | 501786 | 42.4 | 80206 | 34.6 |
| 2010 | 1109428 | 26.4 | 112858 | 13.9 | 740620 | 47.6 | 74205 | -7.5 |
| 2011 | 1504670 | 35.6 | 128677 | 14.0 | 883861 | 19.3 | 76652 | 3.3 |
| 2012 | 1912151 | 27.1 | 138498 | 7.6 | 1163226 | 31.6 | 91912 | 19.9 |
| 2013 | 2234560 | 16.9 | 142501 | 2.9 | 1228413 | 5.6 | 84587 | -8.0 |
| 2014 | 2210616 | -1.1 | 150627 | 5.7 | 1209402 | -1.5 | 93285 | 10.3 |
| 2015 | 2639446 | 19.4 | 159054 | 5.6 | 1596977 | 32.0 | 121215 | 29.9 |
| 2016 | 3305225 | 25.2 | 159599 | 0.3 | 1628881 | 2.0 | 124882 | 3.0 |
| 2017 | 3536333 | 7.0 | 161512 | 1.2 | 1720828 | 5.6 | 115606 | -7.4 |
| 2018 | 4146772 | 17.3 | 176340 | 9.2 | 2335411 | 35.7 | 112049 | -3.1 |

资料来源：《国家知识产权局统计年报》（1998—2018年）。

从国内发明专利各部门申请量看，1991年到2018年各部门专利申请总量都有大幅增长，企业增长了近935倍，大专院校增长314.6倍，科研单位增长68.7倍，机关团体增长近37.2倍。从各部门所占比重看，企业所占比重持续上升，1991年仅为31.4%，持续攀升至2018年的74.6%；大专院校的专利申请从1991年至2017年经历了一个下降回升再下降的过程，1991年为23.5%，之后曲线下降，到2000年为15.4%，然后缓慢上升，到2009年大致恢复到1992年的水平，为22.0%，然后又开始下降，到2018年下降到18.9%；科研单位所占比重持续下降，1991年为27.2%，2018年下降到4.8%；机关团体所占比重急剧下降，从1991年的17.9%萎缩到2007年的0.9%，然后再缓慢上升到2018年的1.7%（见表6-9、图6-2）。

表6-9　　　按部门分布的国内职务发明专利申请统计　　　单位：件；%

| 年份 | 合计 | 大专院校 | 比重 | 科研单位 | 比重 | 企业 | 比重 | 机关团体 | 比重 |
|---|---|---|---|---|---|---|---|---|---|
| 1991 | 3053 | 718 | 23.5 | 831 | 27.2 | 958 | 31.4 | 546 | 17.9 |
| 1992 | 3786 | 841 | 22.2 | 944 | 24.9 | 1049 | 27.7 | 952 | 25.1 |
| 1993 | 4157 | 774 | 18.6 | 1011 | 24.3 | 1256 | 30.2 | 1116 | 26.8 |
| 1994 | 3585 | 654 | 18.2 | 969 | 27.0 | 815 | 22.7 | 1147 | 32.0 |
| 1995 | 2993 | 574 | 19.2 | 865 | 28.9 | 1086 | 36.3 | 468 | 15.6 |
| 1996 | 3488 | 604 | 17.3 | 1036 | 29.7 | 1725 | 49.5 | 123 | 3.5 |
| 1997 | 4248 | 635 | 14.9 | 1262 | 29.7 | 2239 | 52.7 | 112 | 2.6 |
| 1998 | 4618 | 794 | 17.2 | 1248 | 27.0 | 2480 | 53.7 | 96 | 2.1 |
| 1999 | 6009 | 988 | 16.4 | 1413 | 23.5 | 3490 | 58.1 | 118 | 2.0 |
| 2000 | 12609 | 1942 | 15.4 | 2228 | 17.7 | 8316 | 66.0 | 123 | 1.0 |
| 2001 | 14815 | 2636 | 17.8 | 2659 | 17.9 | 9371 | 63.3 | 149 | 1.0 |
| 2002 | 22668 | 4282 | 18.9 | 3429 | 15.1 | 14657 | 64.7 | 300 | 1.3 |
| 2003 | 34731 | 7704 | 22.2 | 4711 | 13.6 | 21858 | 62.9 | 458 | 1.3 |
| 2004 | 41750 | 9683 | 23.2 | 4543 | 10.9 | 27029 | 64.7 | 495 | 1.2 |
| 2005 | 62270 | 14643 | 23.5 | 6726 | 10.8 | 40196 | 64.6 | 705 | 1.1 |
| 2006 | 81485 | 17312 | 21.2 | 6845 | 8.4 | 56455 | 69.3 | 873 | 1.1 |
| 2007 | 107664 | 23001 | 21.4 | 9748 | 9.1 | 73893 | 68.6 | 1022 | 0.9 |
| 2008 | 140452 | 30808 | 21.9 | 12435 | 8.9 | 95619 | 68.1 | 1590 | 1.1 |
| 2009 | 172181 | 37965 | 22.0 | 14332 | 8.3 | 118257 | 68.7 | 1627 | 0.9 |
| 2010 | 223754 | 48294 | 21.6 | 18254 | 8.2 | 154581 | 69.1 | 2625 | 1.2 |
| 2011 | 324224 | 63028 | 19.4 | 25222 | 7.8 | 231551 | 71.4 | 4423 | 1.4 |
| 2012 | 428427 | 75688 | 17.7 | 29518 | 6.9 | 316414 | 73.9 | 6807 | 1.6 |
| 2013 | 571073 | 98509 | 17.2 | 36582 | 6.4 | 426544 | 74.7 | 9438 | 1.7 |
| 2014 | 648023 | 111993 | 17.3 | 39625 | 6.1 | 484747 | 74.8 | 11658 | 1.8 |
| 2015 | 776117 | 133645 | 17.2 | 44545 | 5.7 | 582512 | 75.1 | 15415 | 2.0 |
| 2016 | 982971 | 173049 | 17.6 | 55076 | 5.6 | 735533 | 74.8 | 19313 | 2.0 |
| 2017 | 1043770 | 179879 | 17.2 | 53308 | 5.1 | 788194 | 75.5 | 22389 | 2.1 |
| 2018 | 1202100 | 226628 | 18.9 | 57959 | 4.8 | 896648 | 74.6 | 20865 | 1.7 |

资料来源：《中国科技统计年鉴》（2000—2019年）。

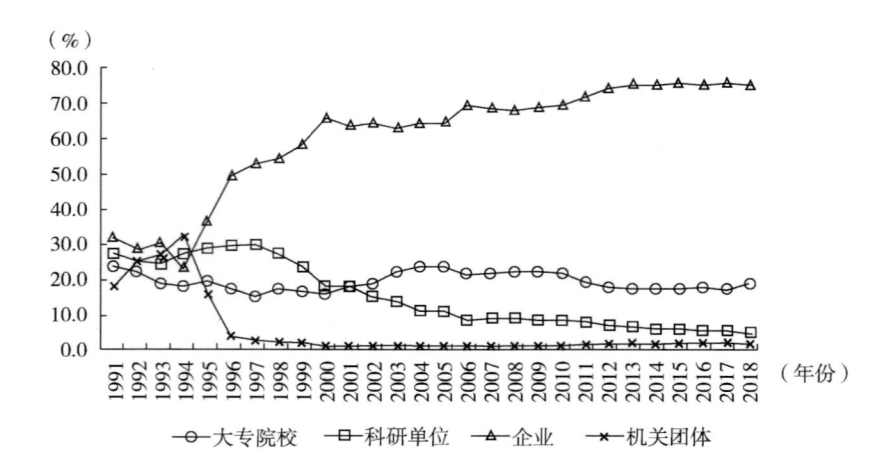

**图 6-2　各部门国内职务发明专利申请示意（1991—2018 年）**

上述情况表明，受到财政资金支持的机关团体、科研机构和大专院校在发明专利工作上成效不足，虽然数量上增长了，但所占比重却下降了；企业的科学研究重点放在试验发展上，成为专利申请的主体。

## 三　对经济增长的贡献

依据经济增长理论，科学技术对于经济增长具有重要的推动作用。

在我国，科学技术对经济增长是否具有推动作用？有多大贡献？财政科技投入与经济增长是何种关系，对经济增长有多大推动作用？

在计划经济时期，经济发展处于计划之下，科学技术对于经济的推动作用是存在的，但是难以有力发挥，加上我国科学技术整体相对落后的状况很长时间没有改变，科学技术对于经济增长的推动作用不大。改革开放以后，经济体制发生重要变革，科学技术加速发展，二者产生叠加效应，科学技术对于经济增长的贡献率提升，但是依然不太高。1979—1999 年，科技进步对经济增长的贡献率为 39.08%。[1] 1999 年 9 月 29 日，科技部部长朱丽兰在回答记者提问时说，中国科技对经济增长的贡献率目前为 30%，5 年后应当提高 10 个百分点。[2]

2006 年《国家"十一五"科学技术发展规划》，提出到 2010 年，科技进步对经济增长的贡献率要达到 45% 以上。《国家中长期科学和技术发展规划纲要（2006—2020 年）》提出，到 2020 年，力争科技进步贡献率达到 60% 以上。在我国实施科教兴国战略，高度重视科学技术发展，努力通过科技进步和创新转变经济发展方式的背景下，有理由相信能够实现这一目标。

2019 年 3 月，科技部部长王志刚在十三届全国人大二次会议新闻发布会上说："到 2020 年要进入创新型国家……，我们的科技贡献率要达到 60%，去年达到了 58.5%。"[3]

从实际情况看，我国科技进步贡献率不断提高，2002—2007 年为 46%，2013—2018 年已达到 58.7%。

表 6 - 10　　　　　科技进步贡献率　　　　　单位：%

| 时间<br>项目 | 2002—<br>2007 年 | 2003—<br>2008 年 | 2004—<br>2009 年 | 2005—<br>2010 年 | 2006—<br>2011 年 | 2007—<br>2012 年 | 2008—<br>2013 年 | 2009—<br>2014 年 | 2010—<br>2015 年 | 2011—<br>2016 年 | 2012—<br>2017 年 | 2013—<br>2018 年 |
|---|---|---|---|---|---|---|---|---|---|---|---|---|
| 科技进步贡献率 | 46.0 | 48.8 | 48.4 | 50.9 | 51.7 | 52.2 | 53.1 | 54.2 | 55.3 | 56.4 | 57.8 | 58.7 |

资料来源：《中国科技统计年鉴 2019》。

我国学者对科技投入包括财政科技投入与经济增长的关系进行

---

[1] 侯荣华：《中国财政支出效益研究》，中国计划出版社 2001 年版，第 145 页。
[2] 《中国科技对经济增长贡献率为 30%》，《中国青年报》1999 年 9 月 30 日。
[3] 《科技部：2018 年中国科技进步贡献率达 58.5%》，http://finance.sina.com.cn/roll/2019-03-11/doc-ihrfqzkc2881779.shtml。

了较充分的研究，大多通过回归分析、因果关系检验、协整分析和误差修正模型等进行定量分析，结论不尽相同。

我国财政科技投入与经济增长之间存在着较强的相关关系，以及明显的因果关系。研究表明，二者之间的相关系数为0.9075。[①]

我国科技投入是推动经济增长的重要原因，但是对经济增长的贡献率不高，与发达国家相比有较大差距。1953—2005年，科技投入对我国经济增长的贡献率约为17.5%，表明科技投入在一定程度上促进了我国经济增长，但其促进作用并不是十分明显。[②] 1953—2007年，我国财政科技投入贡献了经济增长的9.11%。[③] 1978—2007年，国家财政科技投入对经济增长的平均贡献率为20.496%，表明国家财政科技投入对GDP的拉动作用十分显著；国家财政科技投入每增加1%，经济增长将相应增加0.20496%。[④]

财政科技投入对于经济增长有着显著的带动作用，但有一定的滞后期。而且，只有当财政科技投入的增长超过经济的增长时，才能持续有力地促进经济快速增长。

中国必须走自己的技术创新道路，提高科学技术对经济增长的贡献率。要发挥科学技术这一经济增长内生因素的重要促进作用，不仅要继续增加科技投入的总量，优化科技投入的结构和提高科技投入经费的使用效率，还要增加人力资本投入，推动企业成为技术进步的主体，提高企业的技术开发和创新能力，推动产学研相结合，实现科技经济一体化。

---

① 朱春奎：《财政科技投入与经济增长的动态均衡关系研究》，《科学学与科学技术管理》2004年第3期。

② 江蕾、安慧霞、朱华：《中国科技投入对经济增长贡献率的实际测度：1953—2005》，《自然辩证法通讯》2007年第5期。

③ 田卫民：《中国科技投入对经济增长的贡献：1953—2007》，《经济问题探索》2011年第8期。

④ 刘拓、齐琳、傅毓维：《我国科教投入对经济增长贡献率的互谱分析》，《哈尔滨工程大学学报》2009年第8期。

## 四　成果转化

科技成果，是指通过科学研究与技术开发所产生的具有实用价值的成果。科技成果转化，是指为提高生产力水平而对科技成果所进行的后续试验、开发、应用、推广直至形成新技术、新工艺、新材料、新产品，发展新产业等活动。①

出成果是科学研究的直接目的，但不是最终目的，科学研究的最终目的是认识主客观世界，改造人类生存环境，推动经济社会发展，提高生活质量。科研成果必须实现转化和运用，才能实现最终目的，否则，便发挥不了作用，就会贬值。

2018年，全国技术市场成交合同41.2万项，涉及技术开发、技术转让、技术咨询和服务等方面，成交总金额达17697亿元，是1991年的186倍。经国家备案的众创空间达1952家，各类科技孵化器、加速器逾4800家，为各类创新主体提供融通合作的平台。②

每年我国产生大量的科技成果，但是科技成果的转化严重不足，"科技成果转化率仅为10%左右，远低于发达国家40%的水平。"③ 主要原因在于：科学家对成果转化的动力不足，由于科研体制和科研评价体系问题，科学家不可能也不愿意耗费大量人力、物力去做成果转化的工作；由于信息不对称，企业有动力但不了解成果情况，也缺乏技术基础，往往无力承担转化工作；由于成果转化机制未能有效建立起来，成果转化中介组织不够发达，缺乏规范的操作规则。

为加强科技成果转化，我国于1996年5月颁布，并于2015年

---

① 《中华人民共和国促进科技成果转化法》。
② 国家统计局：《科技发展大跨越　创新引领谱新篇——新中国成立70周年经济社会发展成就系列报告之七》，发布时间：2019年7月23日。
③ 《国家发改委官员：中国科技成果转化率仅10%》，中新社北京2013年12月21日电，http://www.chinanews.com/cj/2013/12-21/5647840.shtml。

8月修订《中华人民共和国促进科技成果转化法》。该法规定：国家对科技成果转化合理安排财政资金投入，引导社会资金投入，推动科技成果转化资金投入的多元化。国务院和地方各级人民政府应当加强科技、财政、投资、税收、人才、产业、金融、政府采购、军民融合等政策协同，为科技成果转化创造良好环境。地方各级人民政府根据本法规定的原则，结合本地实际，可以采取更加有利于促进科技成果转化的措施。国务院和地方各级人民政府应当将科技成果的转化纳入国民经济和社会发展计划，并组织协调实施有关科技成果的转化。对下列科技成果转化项目，国家通过政府采购、研究开发资助、发布产业技术指导目录、示范推广等方式予以支持：（一）能够显著提高产业技术水平、经济效益或者能够形成促进社会经济健康发展的新产业的；（二）能够显著提高国家安全能力和公共安全水平的；（三）能够合理开发和利用资源、节约能源、降低消耗以及防治环境污染、保护生态、提高应对气候变化和防灾减灾能力的；（四）能够改善民生和提高公共健康水平的；（五）能够促进现代农业或者农村经济发展的；（六）能够加快民族地区、边远地区、贫困地区社会经济发展的。国家鼓励研究开发机构、高等院校采取转让、许可或者作价投资等方式，向企业或者其他组织转移科技成果。研究开发机构、高等院校的主管部门以及财政、科学技术等相关行政部门应当建立有利于促进科技成果转化的绩效考核评价体系。国家鼓励研究开发机构、高等院校与企业相结合，联合实施科技成果转化。科技成果转化财政经费，主要用于科技成果转化的引导资金、贷款贴息、补助资金和风险投资以及其他促进科技成果转化的资金用途。国家依照有关税收法律、行政法规规定对科技成果转化活动实行税收优惠。国家鼓励银行业金融机构为科技成果转化提供金融支持。国家鼓励政策性金融机构采取措施，加大对科技成果转化的金融支持。国家鼓励创业投资机构投资科技成果转化项目。国家鼓励设立科技成果转化基金或者风险基金，加速重大科技成果的产业化。

2011年7月，科技部发布《国家"十二五"科学和技术发展规划》重点部署了科技成果转化工作，坚持把促进科技成果转化为现实生产力作为主攻方向。把科技进步和创新与产业升级紧密结合，推进先进科技成果向传统产业的转移和面向市场的商业化应用。围绕经济社会发展重大需求，努力攻克和掌握核心关键技术，推动高新技术产业化，加快培育发展战略性新兴产业，加强农业农村科技创新，支撑重点产业振兴和传统产业升级，促进现代服务业发展。强调优化科技成果转化和产业化环境。把握科技成果转化和产业化规律，把科研攻关与市场开发紧密结合，推动技术与资本等要素的结合，引导资本市场和社会投资更加重视投向科技成果转化和产业化。《国家"十二五"科学和技术发展规划》为科技成果转化工作指明了发展方向。

2015年9月，中共中央办公厅、国务院办公厅印发的《深化科技体制改革实施方案》，强调健全促进科技成果转化的机制，提出要深入推进科技成果使用、处置和收益管理改革，强化对科技成果转化的激励。将职务发明成果转让收益在重要贡献人员、所属单位之间合理分配；将财政资金支持形成的，不涉及国防、国家安全、国家利益、重大社会公共利益的科技成果的使用权、处置权和收益权，全部下放给符合条件的项目承担单位；完善职务发明制度；制定在全国加快推行股权和分红激励政策的办法。还提出要完善技术转移机制，加速科技成果产业化。

2016年11月，中共中央办公厅、国务院办公厅印发《关于实行以增加知识价值为导向分配政策的若干意见》，提出鼓励科研人员通过科技成果转化获得合理收入。积极探索通过市场配置资源加快科技成果转化、实现知识价值的有效方式。财政资助科研项目所产生的科技成果在实施转化时，应明确项目承担单位和完成人之间的收益分配比例。

2016年12月，科技部发布《"十三五"国家社会发展科技创新规划》，强调以科学部署关键技术体系，整体提升科技创新水平为根本，着力推进科技成果转化推广应用等工作。

2019年9月，财政部印发《关于进一步加大授权力度 促进科技成果转化的通知》，提出加大授权力度，简化管理程序，中央级研究开发机构、高等院校对持有的科技成果，可以自主决定转让、许可或者作价投资，除涉及国家秘密、国家安全及关键核心技术外，不需报主管部门和财政部审批或者备案；优化评估管理，明确收益归属，转化科技成果所获得的收入全部留归本单位，纳入单位预算，不上缴国库，主要用于对完成和转化职务科技成果做出重要贡献人员的奖励和报酬、科学技术研发与成果转化等相关工作。

国家对科技成果转化实施一系列鼓励和支持政策，关键在于落实。科技成果转化工作重点还要在微观体制和机制方面进行改进完善。要进一步改进科研体制，建立激励科学家积极转化科技成果的有效机制；完善成果评价奖励机制，推动科技成果的转化应用；建立产、学、研一体互动机制，发挥资金、科研、技术的循环支持作用；发展从事技术交易的场所或者机构，建立科技成果转化信息平台，有效撮合科研单位与企业的技术交易。

## 五 绩效评价

科学技术财政投入绩效评价是根据设定的绩效目标，运用科学合理的评价方法、指标体系和评价标准，对科学技术财政投入产出和效果进行客观、公正的评价。

科学技术财政投入绩效评价是财政支出管理和科技管理工作的重要部分，是有效运用国家财政资金，促进科技资源优化配置，营造良好科学研究及创新环境的重要手段。绩效评价要准确度量财政投入的效率和效益，从而进一步推动政府优化配置科技资源，提高科技决策与管理的科学化水平，提高科学研究的质量和水平，培养科技创新人才，促进科学技术持续健康发展。

绩效评价不仅是一种学术评价机制，还是政府制定科技政策、配置科技资源和实施有效科技管理的重要机制。

我国相继颁发了一些涉及财政科技投入绩效评价的规章。

2005年5月，财政部颁发《中央部门预算支出绩效考评管理办法（试行）》；2006年8月，财政部、科技部颁发《关于改进和加强中央财政科技经费管理的若干意见》；2007年8月，财政部颁发《中央级民口科技计划（基金）经费绩效考评管理暂行办法》；2009年6月，财政部颁发《财政支出绩效评价管理暂行办法》（2011年4月修订）。这些办法内容大致相同，主要规定了财政支出包括科技支出绩效评价的目的和原则、对象和内容、标准和方法、报告和结果等。可见，财政部门相当重视财政支出的绩效。

2016年12月，科技部、财政部、发展改革委印发《科技评估工作规定（试行）》，科技评估工作应当遵循独立、科学、可信、有用的原则；科技评估主要考察各类科技活动的必要性、合理性、规范性和有效性；按照科技活动的管理过程，科技评估可分为事前评估、事中评估和事后绩效评估；对重大科技活动的评估工作，根据工作需要组织具有独立、公正立场和相应能力与条件的第三方评估机构开展。

2018年7月，国务院印发《关于优化科研管理提升科研绩效若干措施的通知》，提出完善有利于创新的评价激励制度，强化科研项目绩效评价，开展基于绩效、诚信和能力的科研管理改革试点。强调推动项目管理从重数量、重过程向重质量、重结果转变；实行科研项目绩效分类评价；严格依据任务书开展综合绩效评价；加强绩效评价结果的应用。

2018年9月，中共中央、国务院发布《关于全面实施预算绩效管理的意见》，提出要构建全方位预算绩效管理格局，实施政府预算绩效管理，实施部门和单位预算绩效管理，实施政策和项目预算绩效管理；要求建立全过程预算绩效管理链条，建立绩效评估机制，完善全覆盖预算绩效管理体系；明确硬化预算绩效管理约束，切实做到花钱必问效、无效必问责。

2020年2月，财政部印发《项目支出绩效评价管理办法》，指出项目支出绩效评价是指财政部门、预算部门和单位，依据设定的绩效目标，对项目支出的经济性、效率性、效益性和公平性进行客观、公正的测量、分析和评判。绩效评价分为单位自评、部门评价和财政评价三种方式。提出了绩效评价的基本原则和主要依据，绩效评价的对象和内容，绩效评价指标、评价标准和方法。单位自评指标是指预算批复时确定的绩效指标，包括项目的产出数量、质量、时效、成本，以及经济效益、社会效益、生态效益、可持续影响、服务对象满意度等。绩效评价标准通常包括计划标准、行业标准、历史标准等。财政评价和部门评价的方法主要包括成本效益分析法、比较法、因素分析法、最低成本法、公众评判法、标杆管理法等。各部门应按要求将部门评价结果报送本级财政部门，评价结果作为本部门安排预算、完善政策和改进管理的重要依据；财政评价结果作为安排政府预算、完善政策和改进管理的重要依据。

（一）绩效评价的目的

绩效评价的目的，是通过建立科学、合理的绩效评价管理体系，提高财政资源配置效率和使用效益，实现对绩效目标的综合评价，以全面实施预算绩效管理，强化支出责任，合理配置资源，优化支出结构，规范资金分配，提高资金使用效益和效率。

（二）绩效评价的含义

绩效评价是指财政部门、预算部门和单位，依据设定的绩效目标，对项目支出的经济性、效率性、效益性和公平性进行客观、公正的测量、分析和评判。绩效评价分为单位自评、部门评价和财政评价三种方式。绩效评价期限包括年度、中期及项目实施期结束后。

（三）绩效评价的基本原则

绩效评价应当遵循以下基本原则：

1. 科学公正。绩效评价应当运用科学合理的方法，按照规范的程序，对项目绩效进行客观、公正的反映。

2. 统筹兼顾。单位自评、部门评价和财政评价应职责明确，各有侧重，相互衔接。单位自评应由项目单位自主实施，即"谁支出、谁自评"。部门评价和财政评价应在单位自评的基础上开展，必要时可委托第三方机构实施。

3. 激励约束。绩效评价结果应与预算安排、政策调整、改进管理实质性挂钩，体现奖优罚劣和激励相容导向，有效要安排、低效要压减、无效要问责。

4. 公开透明。绩效评价结果应依法依规公开，并自觉接受社会监督。

财政支出绩效评价的经济性（Economy）、效率性（Efficiency）、有效性（Effectiveness）和公平性（Equity），被称为"4E"原则，是国际通行的绩效评价基本原则。

（四）绩效评价的主要依据

1. 国家相关法律、法规和规章制度；

2. 党中央、国务院重大决策部署，经济社会发展目标，地方各级党委和政府重点任务要求；

3. 部门职责相关规定；

4. 相关行业政策、行业标准及专业技术规范；

5. 预算管理制度及办法，项目及资金管理办法、财务和会计资料；

6. 项目设立的政策依据和目标，预算执行情况，年度决算报告、项目决算或验收报告等相关材料；

7. 本级人大审查结果报告、审计报告及决定，财政监督稽核报告等；

8. 其他相关资料。

（五）绩效评价的内容

单位自评的内容主要包括项目总体绩效目标、各项绩效指标完成情况以及预算执行情况。对未完成绩效目标或偏离绩效目标较大的项目要分析并说明原因，研究提出改进措施。

财政评价和部门评价的内容主要包括：

1. 决策情况；
2. 资金管理和使用情况；
3. 相关管理制度办法的健全性及执行情况；
4. 实现的产出情况；
5. 取得的效益情况；
6. 其他相关内容。

### （六）绩效评价的指标

单位自评指标是指预算批复时确定的绩效指标，包括项目的产出数量、质量、时效、成本，以及经济效益、社会效益、生态效益、可持续影响、服务对象满意度等。

财政和部门绩效评价指标的确定应当符合以下要求：与评价对象密切相关，全面反映项目决策、项目和资金管理、产出和效益；优先选取最具代表性、最能直接反映产出和效益的核心指标，精简实用；指标内涵应当明确、具体、可衡量，数据及佐证资料应当可采集、可获得；同类项目绩效评价指标和标准应具有一致性，便于评价结果相互比较。

绩效评价指标的确定应当遵循以下原则：（1）相关性原则。绩效评价指标应当与绩效目标有直接的联系，能够正确反映目标的实现程度。（2）重要性原则。应当优先使用最具部门（单位）或行业代表性、最能反映评价要求的核心指标。（3）系统性原则。绩效评价指标的设置应当将定量指标与定性指标相结合，系统反映财政支出所产生的社会效益、经济效益和可持续影响等。（4）经济性原则。绩效评价指标设计应当通俗易懂、简便易行，数据的获得应当考虑现实条件和可操作性，符合成本效益原则。

绩效评价指标分为共性指标和个性指标。（1）共性指标是适用于所有部门的指标，主要包括预算执行情况、财务管理状况和资产配置、使用、处置及其收益管理情况以及社会效益、经济效益等衡量绩效目标完成程度的指标。（2）个性指标是针对部门和行业特点确定的适用于不同部门的指标。

绩效考评应根据基础研究、应用研究、技术研究与开发等不同科研类型和特点，设置不同的绩效目标，特别是注意区分基础性研究项目和应用技术研究项目。对于应用技术研究项目，应加强对成果转化情况的考核评价，设定对应的评价指标，真正考核科技项目的成果是否转化为生产力，符合市场需求。

可根据不同类型的研究，设置不同的具体评价标准。

基础研究：（1）诺贝尔奖获得者人数，或其他国际获奖奖次，（2）科学家的比例，（3）论文数量及引用率，包括被科学引文索引（SCI）、工程索引（EI）、科学技术会议录索引（CPCI-S）、社会科学引文索引（SSCI）和中文社会科学引文索引（CSSCI）等权威检索系统收录的论文数量及引用率。

技术开发：（1）技术开发的革新性（可分为根本性技术突破和主要技术改进），（2）技术水平及开发水平，（3）技术贸易的收支平衡（收支比），（4）专利注册件数。

衡量科学技术财政投入效益还有一个重要指标是科学技术推动经济增长的贡献率、拉动的就业率等。

（七）绩效评价的标准

绩效评价标准通常包括计划标准、行业标准、历史标准等，用于对绩效指标完成情况进行比较。

1. 计划标准。指以预先制定的目标、计划、预算、定额等作为评价标准。

2. 行业标准。指参照国家公布的行业指标数据制定的评价标准。

3. 历史标准。指参照历史数据制定的评价标准，为体现绩效改进的原则，在可实现的条件下应当确定相对较高的评价标准。

4. 财政部门和预算部门确认或认可的其他标准。

（八）绩效评价的方法

单位自评采用定量与定性评价相结合的比较法，总分由各项指标得分汇总形成。

财政评价和部门评价的方法主要包括成本效益分析法、比较法、因素分析法、最低成本法、公众评判法、标杆管理法等。根据评价对象的具体情况，可采用一种或多种方法。

1. 成本效益分析法。是指将投入与产出、效益进行关联性分析的方法。

2. 比较法。是指将实施情况与绩效目标、历史情况、不同部门和地区同类支出情况进行比较的方法。

3. 因素分析法。是指综合分析影响绩效目标实现、实施效果的内外部因素的方法。

4. 最低成本法。是指在绩效目标确定的前提下，成本最小者为优的方法。

5. 公众评判法。是指通过专家评估、公众问卷及抽样调查等方式进行评判的方法。

6. 标杆管理法。是指以国内外同行业中较高的绩效水平为标杆进行评判的方法。

7. 其他评价方法。

（九）绩效评价的结果

绩效评价结果采取评分和评级相结合的方式，具体分值和等级可根据不同评价内容设定。总分一般设置为100分，等级一般划分为四档：90（含）—100分为优、80（含）—90分为良、60（含）—80分为中、60分以下为差。

单位自评结果主要通过项目支出绩效自评表的形式反映，做到内容完整、权重合理、数据真实、结果客观。财政评价和部门评价结果主要以绩效评价报告的形式体现，绩效评价报告应当依据充分、分析透彻、逻辑清晰、客观公正。绩效评价工作和结果应依法自觉接受审计监督。

各部门应按要求将部门评价结果报送本级财政部门，评价结果作为本部门安排预算、完善政策和改进管理的重要依据；财政评价结果作为安排政府预算、完善政策和改进管理的重要依据。

## 六 国际比较

我国科学技术财政投入取得了丰硕的成果,有力地推动了我国科学技术的发展,推动了我国经济社会发展。但是,从国际比较角度看,我国科学技术财政投入的效率还不高。资金投入量大但投入产出率较低;产出科技成果多但高技术成果不多;论文数量多但引用率不高;科技人才众多但尖端人才较少。

我国财政科技投入产出效率较低,从以下例子可见一斑。中国科学院院士王志新曾对比中国科学院和德国马普协会的投入产出(1995年数据):马普协会有2900名科学家和6500名流动人员,每年科研经费11亿美元,每年发表被SCI收录的论文超过1万篇,平均每篇论文投入10万美元;而中科院有4万名科技人员和1万多名研究生,每年科研经费4亿美元,每年发表被SCI收录的论文2000篇,平均每篇论文投入20万美元,是德国马普协会的两倍。[①]

我国大力支持科学技术发展,争取跃居世界科技强国前列。2006年《国家中长期科学和技术发展规划纲要(2006—2020年)》提出,到2020年,本国人发明专利年度授权量和国际科学论文被引用数均要进入世界前5位。

从代表一国科学技术先进水平标志的诺贝尔奖获奖人数来看,在科学界目前我国本土仅有一人获奖,显示在世界科技最高峰,我国还没有竞争力。2015年10月,中国中医科学院研究员屠呦呦和一名日本科学家、一名爱尔兰科学家分享2015年诺贝尔生理学或医学奖,以表彰他们在疟疾治疗研究中取得的成就。屠呦呦由此成为迄今为止第一位获得诺贝尔科学奖项的本土中国科学家,实现了

---

[①] 曾国屏、李正风:《我国基础研究队伍的规模、结构和水平问题初探》,《科学学研究》2001年第2期。

在自然科学领域诺贝尔奖零的突破。

表 6-11　1901—2019 年各国诺贝尔奖获奖人数统计　　单位：人

| 序号 | 国籍 | 物理学 | 化学 | 生理学或医学 | 经济学 | 文学 | 合计 |
|---|---|---|---|---|---|---|---|
| 1 | 美国 | 100 | 80 | 102 | 57 | 10 | 349 |
| 2 | 英国 | 26 | 27 | 32 | 8 | 11 | 104 |
| 3 | 德国 | 21 | 29 | 16 | 1 | 8 | 75 |
| 4 | 法国 | 14 | 9 | 11 | 3 | 15 | 52 |
| 5 | 瑞典 | 4 | 5 | 8 | 2 | 8 | 27 |
| 8 | 日本 | 9 | 7 | 5 |  | 3 | 24 |
| 7 | 瑞士 | 5 | 7 | 6 |  | 2 | 20 |
| 6 | 俄罗斯 | 9 | 1 | 2 | 2 | 5 | 19 |
| 9 | 荷兰 | 8 | 4 | 2 | 1 |  | 15 |
| 10 | 意大利 | 3 | 1 | 3 | 1 | 6 | 14 |
| 11 | 奥地利 | 3 | 2 | 6 |  |  | 14 |
| 12 | 丹麦 | 3 | 1 | 5 |  | 3 | 12 |
| 13 | 加拿大 | 4 | 2 | 3 | 1 | 1 | 11 |
| 15 | 挪威 |  | 1 | 5 |  | 3 | 9 |
| 14 | 澳大利亚 | 1 | 6 |  |  | 1 | 8 |
| 16 | 西班牙 |  | 1 |  |  | 6 | 7 |
| 17 | 比利时 | 1 | 1 | 4 |  | 1 | 7 |
| 18 | 以色列 | 2 | 2 |  | 1 | 2 | 7 |
| 19 | 爱尔兰 | 1 |  |  |  | 3 | 4 |
| 20 | 印度 | 1 |  |  | 1 | 1 | 3 |
| 21 | 中国 |  |  | 1 |  | 1 | 2 |
| 22 | 爱尔兰 |  |  | 1 |  |  | 1 |
| 23 | 土耳其 |  | 1 |  |  |  | 1 |
| 24 | 芬兰 |  |  |  | 1 |  | 1 |
| 25 | 白俄罗斯 |  |  |  |  | 1 | 1 |
| 26 | 波兰 |  |  |  |  | 1 | 1 |

注：双重国籍者分别计入两国。

从被ESI收录的论文数量来看，2018年我国论文数量规模比较可观，居于世界第2位（见表6-12）；从被引用次数来看，我国也居于第2位（见表6-13）。但从每篇论文的平均被引用次数看，只有10次/篇，名列世界第16位，显示论文的质量还有待进一步提高。

表6-12 按ESI论文数量及次数排序的前20个国家和地区（2008—2018年）

| 国家（地区） | 位次 | 论文数量（篇） | 被引用次数（次） | 论文引用率（次/篇） |
| --- | --- | --- | --- | --- |
| 美国 | 1 | 3922346 | 70130397 | 17.88 |
| 中国 | 2 | 2272222 | 22723995 | 10.00 |
| 英国 | 3 | 1185214 | 21794333 | 18.39 |
| 德国 | 4 | 1042716 | 17452258 | 16.74 |
| 日本 | 5 | 820886 | 10064483 | 12.26 |
| 法国 | 6 | 728211 | 11707974 | 16.08 |
| 加拿大 | 7 | 649786 | 10809115 | 16.63 |
| 意大利 | 8 | 633688 | 9649571 | 15.23 |
| 印度 | 9 | 559822 | 4925388 | 8.80 |
| 西班牙 | 10 | 549582 | 7907313 | 14.39 |
| 澳大利亚 | 11 | 545752 | 8474129 | 15.53 |
| 韩国 | 12 | 521368 | 5491701 | 10.53 |
| 巴西 | 13 | 409878 | 3454699 | 8.43 |
| 荷兰 | 14 | 379242 | 7566912 | 19.95 |
| 俄罗斯 | 15 | 327019 | 2128475 | 6.51 |
| 瑞士 | 16 | 280369 | 5884932 | 20.99 |
| 中国台湾 | 17 | 270174 | 2898369 | 10.73 |
| 土耳其 | 18 | 267377 | 1912240 | 7.15 |
| 伊朗 | 19 | 261703 | 1964969 | 7.51 |
| 瑞典 | 20 | 252797 | 4474392 | 17.70 |

注：年限跨度从2008年1月至2018年4月30日。
资料来源：《中国科技统计年鉴2019》。

表6-13　按ESI论文被引用次数排序的前20个国家和地区
（2008—2018年）

| 国家（地区） | 位次 | 被引用次数（次） | 论文数量（篇） | 论文引用率（次/篇） |
| --- | --- | --- | --- | --- |
| 美国 | 1 | 70130397 | 3922346 | 17.88 |
| 中国 | 2 | 22723995 | 2272222 | 10.00 |
| 英国 | 3 | 21794333 | 1185214 | 18.39 |
| 德国 | 4 | 17452258 | 1042716 | 16.74 |
| 法国 | 5 | 11707974 | 728211 | 16.08 |
| 加拿大 | 6 | 10809115 | 649786 | 16.63 |
| 日本 | 7 | 10064483 | 820886 | 12.26 |
| 意大利 | 8 | 9649571 | 633688 | 15.23 |
| 澳大利亚 | 9 | 8474129 | 545752 | 15.53 |
| 西班牙 | 10 | 7907313 | 549582 | 14.39 |
| 荷兰 | 11 | 7566912 | 379242 | 19.95 |
| 瑞士 | 12 | 5884932 | 280369 | 20.99 |
| 韩国 | 13 | 5491701 | 521368 | 10.53 |
| 印度 | 14 | 4925388 | 559822 | 8.80 |
| 瑞典 | 15 | 4474392 | 252797 | 17.70 |
| 比利时 | 16 | 3782846 | 208838 | 18.11 |
| 巴西 | 17 | 3454699 | 409878 | 8.43 |
| 中国台湾 | 18 | 2898369 | 270174 | 10.73 |
| 波兰 | 19 | 2198772 | 249385 | 8.82 |
| 俄罗斯 | 20 | 2128475 | 327019 | 6.51 |

注：年限跨度从2008年1月至2018年4月30日。
资料来源：《中国科技统计年鉴2019》。

从专利的国际比较来看，据《专利合作条约》（Patent Cooperation Treaty，PCT）国际专利申请显示，1995年我国发明专利申请量排名为世界第23位，2008年为世界第5位，2017年上升到世界第2位。

从科学技术对经济增长的贡献率来看，世界主要发达国家科学技术对经济增长的贡献率，20 世纪初为 5%—20%，20 世纪中叶上升到 50%，20 世纪 80 年代上升到 60%—80%，目前有的国家已经超过了 80%。而我国 2000—2008 年，年均贡献率高达 55.46%；2009—2017 年，受 2008 年国际金融危机和传统产能大量过剩的影响，科技进步年均贡献率较上一阶段下滑约 7 个百分点，降至 48.78%。[①] 2018 年中国科技进步贡献率达到 58.5%。[②] 2019 年中国科技进步贡献率达到 59.5%。[③]

表 6-14　按来源国（地区）统计的 PCT 国际专利申请量　单位：件

| 国家（地区） \ 年份 | 2009 | 2010 | 2011 | 2012 | 2013 | 2014 | 2015 | 2016 | 2017 | 2018 |
|---|---|---|---|---|---|---|---|---|---|---|
| 美国 | 45655 | 45088 | 49206 | 51857 | 57451 | 61488 | 57132 | 56592 | 56685 | 56156 |
| 中国 | 7900 | 12300 | 16396 | 18616 | 21506 | 25542 | 29837 | 43092 | 48904 | 53352 |
| 日本 | 29810 | 32216 | 38864 | 43523 | 43772 | 42381 | 44053 | 45210 | 48205 | 49708 |
| 德国 | 16793 | 17560 | 18846 | 18749 | 17922 | 17983 | 18004 | 18308 | 18951 | 19748 |
| 韩国 | 8040 | 9604 | 10357 | 11787 | 12381 | 13119 | 14564 | 15555 | 15751 | 17013 |
| 法国 | 7217 | 7230 | 7406 | 7801 | 7905 | 8260 | 8420 | 8210 | 8014 | 7919 |
| 英国 | 5039 | 4892 | 4874 | 4918 | 4849 | 5267 | 5291 | 5504 | 5568 | 5634 |
| 瑞士 | 3677 | 3762 | 4046 | 4225 | 4377 | 4100 | 4257 | 4368 | 4486 | 4571 |
| 荷兰 | 3567 | 3303 | 3476 | 3600 | 3947 | 3913 | 3843 | 3719 | 3975 | 4168 |
| 瑞典 | 4421 | 4010 | 3511 | 4080 | 4190 | 4206 | 4335 | 4675 | 4430 | 4135 |
| 意大利 | 2653 | 2658 | 2684 | 2845 | 2869 | 3059 | 3072 | 3362 | 3225 | 3329 |
| 加拿大 | 2509 | 2689 | 2914 | 2738 | 2847 | 3071 | 2822 | 2336 | 2400 | 2422 |
| 澳大利亚 | 1555 | 1476 | 1449 | 1374 | 1607 | 1581 | 1685 | 1838 | 1816 | 1898 |
| 以色列 | 2123 | 2136 | 2075 | 2312 | 2095 | 1811 | 1584 | 1525 | 1602 | 1834 |

---

① 郑世林、张美晨：《科技进步对中国经济增长的贡献率估计：1990—2017 年》，《世界经济》2019 年第 10 期。
② 《科技部：2018 年中国科技进步贡献率达 58.5%》，http://finance.sina.com.cn/roll/2019-03-11/doc-ihrfqzkc2881779.shtml。
③ 《科技部：科技进步贡献率达到 59.5%》，央视网，2020 年 5 月 20 日。

续表

| 年份<br>国家（地区） | 2009 | 2010 | 2011 | 2012 | 2013 | 2014 | 2015 | 2016 | 2017 | 2018 |
|---|---|---|---|---|---|---|---|---|---|---|
| 芬兰 | 1736 | 1770 | 1748 | 1710 | 1603 | 1722 | 1741 | 1835 | 1852 | 1826 |
| 丹麦 | 1029 | 1144 | 1343 | 1319 | 1262 | 1387 | 1399 | 1422 | 1397 | 1475 |
| 西班牙 | 1339 | 1156 | 1288 | 1409 | 1264 | 1299 | 1327 | 1356 | 1430 | 1443 |
| 奥地利 | 1563 | 1770 | 1732 | 1705 | 1705 | 1703 | 1530 | 1507 | 1418 | 1396 |
| 比利时 | 388 | 479 | 539 | 536 | 805 | 853 | 1010 | 1065 | 1251 | 1343 |
| 土耳其 | 1005 | 1066 | 1188 | 1212 | 1103 | 1196 | 1180 | 1219 | 1354 | 1296 |
| 俄罗斯 | 736 | 814 | 1009 | 1111 | 1187 | 952 | 877 | 893 | 1058 | 1037 |
| 新加坡 | 583 | 643 | 668 | 714 | 838 | 940 | 907 | 864 | 871 | 935 |
| 挪威 | 633 | 707 | 705 | 664 | 708 | 687 | 679 | 653 | 820 | 767 |
| 波兰 | 179 | 206 | 237 | 251 | 332 | 348 | 439 | 344 | 330 | 334 |

注：本表顺序按 2018 年各国（地区）数量降序排列。
资料来源：《中国科技统计年鉴 2019》。

## （一）美国

美国非常重视科学技术及科技人才的重要作用，也非常重视高科技投入的支持作用。联邦科技事业具有下列四大职能：（1）促进新发现，保持美国科学研究事业的卓越水平。（2）及时地、创造性地应对国家遇到的挑战。（3）增加投入并将科学成果加速转化成国家收益。（4）使科学技术教育和劳动力开发达到优秀水平。[①]"一支强大的科技队伍对于保持、推进美国在经济上的领先地位进而实现强劲经济增长的目标至关重要。"[②]"联邦投入为明天的伟大发现和发明奠定了基础，并且为及时实现投资收益提供了便利。"[③]

美国获得诺贝尔奖的人数远超其他国家，特别是在物理学、化

---

[①] 美国国家科学技术委员会：《面向 21 世纪的科学》，科学技术文献出版社 2005 年版，第 10 页。
[②] 美国国家科学技术委员会：《面向 21 世纪的科学》，第 39 页。
[③] 美国国家科学技术委员会：《面向 21 世纪的科学》，第 4 页。

学、生理学或医学、经济学奖方面具有绝对的优势，文学奖也名列前茅。1901 年至 2019 年这五类奖共 349 项，是第二名英国的 3 倍多，是中国的 170 多倍（中国只有 2 项）。

按 ESI 论文统计，2008 年 1 月至 2018 年 4 月，在论文数量方面，美国共 392.2 万篇，中国为 227.2 万篇，美国约是中国的 1.73 倍；在论文被引用次数方面，美国共 7013 万次，中国为 2272.4 万次，美国约是中国的 3.09 倍；在论文引用率方面，美国每篇为 17.88 次，中国为 10 次，美国约是中国的 1.79 倍。可见中国与美国相比还是有明显差距的。

从 PCT 国际专利申请量来看，2018 年美国为 56156 件，中国为 53352 件，美国约是中国的 1.05 倍，差距是存在的，但不是特别大。

美国本国的科技奖励主要分为国家科技奖励和部门科技奖励。国家奖包括国家科学奖、国家技术奖、费米奖、青年科学家总统奖；部门奖包括美国科学院奖、美国工程院奖、美国物理学会奖。

美国联邦政府的科技评估基本上可以划分为三个层次：第一个层次是白宫决策机构，包括科技政策办公室、国家科技委员会和总统科技顾问委员会，主要考察国家科技发展战略和科技政策实施的效果及存在的问题；第二个层次是负责实施国家科技发展战略、执行联邦科技政策以及管理国立科研机构（或资助科研机构科研活动）的部门；第三个层次则是科研机构自身的评估，各国立科研机构或科学计划负责部门（负责人）按照政府绩效与结果法案的规定，每年向上级机构递交年度绩效报告。此外，国家科学院、国家工程院、医学研究院以及三者的常设机构——国家科学研究理事会构成的三院一会体系，是美国科学技术评估体系极其重要的组成部分。国家科学研究理事会一般只接受国会或联邦政府的委托，展开对重大科学研究项目的评估活动。[①]

---

① 李强、李晓轩、汪飙翔：《美国科技评估的建构与实施》，《科学管理研究》2007 年第 3 期。

美国科技成果的评估程序如下：技术专家和相关的风险分析专家组成一个综合评估小组；每一个重要的评估项目都指定一个经验丰富的专人负责；分析要评估的内容，明确可行性，选择主要的评估方法；评估小组做出工作计划和调研提纲；技术专家和风险分析家广泛接触，尽可能多地获得相关信息；起草、修改评估报告，提交委托方，通过后发布。①

1993 年美国通过《政府绩效与结果法案》，规定所有联邦政府机构必须向总统预算办公室提交战略计划；所有联邦政府机构必须在每一个财政年度编制年度绩效计划，设立明确的绩效目标；总统预算办公室在各部门年度绩效计划的基础上编制总体的年度绩效计划，为总统预算的一部分，各部门的预算安排应与其绩效目标相对应，并提交议会审议，联邦政府机构须向总统和议会提交年度绩效报告，对实际绩效结果与年度绩效目标进行比较，年度绩效报告必须在下一个财政年度开始后的 6 个月内提交。② 2011 年 4 月，美国联邦首脑备忘录"政府计划问责和 GPRA 执行改革方案"提出改革联邦绩效管理框架，要求各机构首脑和首席运行官（COO）在公共信息官（PIO）的协助下就近阶段优先领域目标实现情况至少每季度开展一次评估。

美国出台了多部鼓励科技成果转化的法律法规。1980 年美国国会通过了《史蒂文森—怀勒技术创新法》，确定联邦政府有关部门下属机构和联邦实验室的技术转让职责，要求成立研究和技术应用办公室，促进科技成果特别是政府资助取得的科技成果的转让和应用。1986 年和 1989 年美国国会又两次修改该法，出台《联邦技术转让法》和《国家竞争力技术转让法》，进一步开放联邦实验室，允许联邦实验室和大学与企业开展科研合作。1980 年，美国国会通

---

① 张丹凤、宋元：《美国的科技成果管理研究及对我国的启示》，《国土资源情报》2008 年第 5 期。

② 财政部教科文司：《国外绩效考评制度研究（一）——美国〈政府绩效与结果法案〉的主要内容》，《预算管理与会计》2003 年第 12 期。

过了《贝赫—多尔大学和小企业专利法》，允许大学和小企业保留联邦政府资助科研项目形成的知识产权，并可以进行技术许可与转让，积极鼓励大学向企业转让发明。1982年美国国会通过《小企业创新开发法》，批准建立小企业创新研究计划（简称SBIR），要求研究与开发预算达到或超过1亿美元的每个联邦机构按该预算留出一定比例的资金，用于资助小企业创新研究工作。1996年美国国会修订《小企业创新开发法》，增设了小企业技术转移计划（简称STTR），要求部分联邦政府机构与小企业和非营利机构合作研发有商业化前景的项目。其他还如1995年通过的《国家技术转让与促进法》，1997年通过的《联邦技术转让商业化法》，2000年通过的《技术转让商业化法》。

2011年9月16日，奥巴马总统签署《美国发明法案》（America Invents Act），对美国现行专利体制进行重大改革，最显著的是将沿用了二百多年的"先发明制度"改为大多数国家采用的"先申请制度"，以缩短专利审批时间。此外，法案还赋予美国专利商标局更大的财政自主权，许可其自行决定收费和加大对预算的控制，使其有更多资金处理每年不断增长的专利申请量。法案的修改将加快专利申请和转化过程，有利于鼓励产生更多新的发明创造，有利于推动科技创新，还可以促进经济增长和就业。

（二）日本

日本获得诺贝尔奖的人数较多，1901年至2019年物理学、化学、生理学或医学、经济学、文学奖这五类奖共24项。

按ESI收录论文统计，2008年1月至2018年4月，在论文数量方面，日本共82.1万篇，中国为227.2万篇，只有中国的36.1%；在论文被引用次数方面，日本共1006.4万次，只有中国2272.4万次的44.3%；在论文引用率方面，日本每篇为12.26次，中国为10次，日本略占优势。可见中国与日本相比，在论文数量、被引用次数上有较大优势，在论文质量方面相差不多。

从PCT国际专利申请量来看，2018年日本为49708件，中国为 53352 件，略占优势。

日本政府的科技奖励主要有：1937 年颁布《文化勋章令》，对在科学技术与艺术文化有显著功绩者授予"文化勋章"；根据《奖章条例》，对拥有重要科技领域的发明发现者授予"紫绶奖章"；文部科学省于 2004 年通过了《科学技术领域文部科学大臣表彰规程规定》，设立"文部科学大臣表彰"，以奖励为日本科技发展、相关科技研发和科普等做出突出贡献的人员，包括科学技术特别奖、科学技术奖、青年科学家奖、创意设想功劳者奖、创意设想培养功劳学校奖。此外，政府科技奖励还有日本学士院奖项、日本学术振兴会奖项。[①]

关于科技评价，日本依据 1995 年制定《科学技术基本法》和实施的科技基本计划，以及 2001 年通过的《关于行政机构实施政策评价的法律》，要求建立研究开发评价制度，推出适用于国家研究开发评价的大纲性指针，开展项目评价、机构评价、制度评价、研究人员评价等，强调重视事前评价和评价结果的充分利用等，基本上形成了较为全面完整的科技评价法规框架体系。

### (三) 英国

英国的科技投入效率较高。英国以占世界 1% 的人口承担着全世界 5%—6% 的科研任务，出版了占全世界 8% 的科技出版物；每年发表的科技文献数量占世界的 8%，被引证论文数量超过 9%，均居世界第二。如 1996 年英国发表被 SCI 收录的论文 81234 篇，占世界总数的 9%；2005 年发表 107783 篇，占世界总数的 8.3%。而同期中国 1996 年为 14654 篇，占世界总数的 1.6%；2005 年为 76931 篇，占世界的 5.9%。[②]

英国获得诺贝尔奖的人数较多，1901 年至 2019 年物理学、化学、生理学或医学、经济学、文学奖这五类奖共 104 项。

---

① 吴香雷：《日本科技奖励体系简析》，《全球科技经济瞭望》2015 年第 8 期。
② 游建胜：《英国科技政策与科学园》，厦门大学出版社 2008 年版，第 13—14 页。

按 ESI 收录论文统计，2008 年 1 月至 2018 年 4 月，在论文数量方面，英国共 118.5 万篇，中国为 227.2 万篇，只有中国的 52.1%；在论文被引用次数方面，英国共 2179.4 万次，不及中国的 2272.4 万次；在论文引用率方面，英国每篇为 18.39 次，中国为 10 次，英国约是中国的 1.84 倍。可见中国与英国相比，在论文数量上有优势，但在论文质量方面还是有明显差距。

从 PCT 国际专利申请量来看，2018 年英国为 5634 件，中国为 53352 件，中国约是英国的 9.47 倍，中国的优势相当明显。

英国没有国家科技奖或政府科技奖，英国的科技奖励主要有：皇家学会奖项，设 28 个奖项；皇家工程院奖项，设 12 个奖项。

英国建立了严格的成果评议制度。对于基础研究项目，主要将其发表论文的数量和质量作为评价标准；对于应用研究项目，主要把立项合同的规定内容和项目产生的经济效益作为评价标准。

英国非常重视技术转移和应用成果的产业开发，政府及各个研究机构制定了相关的激励政策。

20 世纪 80 年代，英国政府通过匹配资金和相应计划鼓励科研与工业，特别是大学与企业建立伙伴关系，鼓励大学建立"科学—工业园"，集研究、开发和试生产为一体，加快科技成果的转化。2004 年 7 月政府发布《科学和创新投入框架（2004—2014）》，其中科技成果转化是该框架的重要内容。2009 年政府启动"创新投资基金"，用于间接投资具有高增长潜力的技术型企业。2010 年启动第四轮高教创新基金，持续保证经费投入，加强大学与企业的互动，促进大学科研成果的转化。2011 年政府创建一系列技术创新中心，作为大学和商业界之间的桥梁，积极促进技术的商业化。

（四）法国

法国获得诺贝尔奖的人数较多，1901 年至 2019 年物理学、化学、生理学或医学、经济学、文学奖这五类奖共 52 项。

按 ESI 收录论文统计，2008 年 1 月至 2018 年 4 月，在论文数量方面，法国共 72.8 万篇，中国为 227.2 万篇，只有中国的 32%；

在论文被引用次数方面，法国共1170.8万次，只有中国2272.4万次的51.5%；在论文引用率方面，法国每篇为16.08次，中国为10次，法国约是中国的1.61倍。可见中国与法国相比，在论文数量、被引用次数上有优势，但在论文质量方面还是有一定差距。

从PCT国际专利申请量来看，2018年法国为7919件，中国为53352件，中国约是法国的6.74倍，中国的优势相当明显。

法国政府非常重视科研成果的宣传推广和转化运用，分别于1982年和1984年颁布了《科研方针和指导法》及《高等教育法》，明确规定了公共科研机构和高等学校在促进科研成果转化、发挥自身潜力、推动工业和经济发展方面的责任。法国建立了科技评估机构。1983年设立国会科技选择评价局，主要是为议会搜集信息，实施研究计划和开展评估；1989年设立国家研究评价委员会，主要是对政府制定的研究与技术开发政策及其效果进行评估。

2006年4月法国建立科研及高等教育评估署，负责对由政府资助的所有科研计划和项目进行评估，并向社会公布评审结果。

2010年3月，法国成立国家专利基金，资助公共部门和私营部门的科研活动，保护并促进专利价值转化。

法国注重产学研结合，采用财政、金融、税收优惠等措施进行扶持；加强科研成果转化，简化专利申请体制，完善专利市场；鼓励研发机构和企业之间的往来，强调专利成果的商业化；推动研发机构走向世界，加强国际科技合作。

（五）德国

德国获得诺贝尔奖的人数较多，1901年至2019年物理学、化学、生理学或医学、经济学、文学奖这五类奖共75项。

按ESI收录论文统计，2008年1月至2018年4月，在论文数量方面，德国共104.3万篇，中国为227.2万篇，只有中国的45.9%；在论文被引用次数方面，德国共1745.2万次，不及中国的2272.4万次；在论文引用率方面，德国每篇为16.74次，中国为10次，德国约是中国的1.67倍。可见中国与德国相比，在论文数量、被引用次数上有优势，但在论文质量方面还是有一定差距。

从 PCT 国际专利申请量来看，2018 年德国为 19748 件，中国为 53352 件，中国约是德国的 2.7 倍，中国存在明显的优势，但德国仍居于世界前列。德国于 1877 年颁布专利法，推动了专利申请和专利授权量大幅增长。现行德国专利制度由《专利法》《国际专利条约法》《实用新型法》《外观设计法》《雇员发明法》《专利律师规章》等构成。得益于德国比较完善的专利制度，德国在高技术成果转让领域位居世界前茅。

2011 年 11 月，德国科学委员会通过《科研成果评价与监管的建议》，提出了科研成果评价与监管的指导方针、方法改进、指标调整、机构评估、排名等，成为科学委员会进行科研成果评价的指南。

（六）意大利

意大利获得诺贝尔奖的人数不太多，1901 年至 2019 年物理学、化学、生理学或医学、经济学、文学奖这五类奖共 14 项。

按 ESI 收录论文统计，2008 年 1 月至 2018 年 4 月，在论文数量方面，意大利共 63.4 万篇，中国为 227.2 万篇，只有中国的 27.9%；在论文被引用次数方面，意大利共 965 万次，远不及中国的 2272.4 万次，只有中国的 42.5%；在论文引用率方面，意大利每篇为 15.23 次，中国为 10 次，意大利约是中国的 1.52 倍。可见中国与意大利相比，在论文数量、被引用次数上有巨大的优势，但在论文质量方面还是有一定差距。

从 PCT 国际专利申请量来看，2018 年意大利为 3329 件，中国为 53352 件，中国约是意大利的 16.03 倍，中国具有显著的优势。

1999 年意大利建立了全国科技成果技术转让数据库，共收集了 9000 多项科研成果，主要是应用技术成果，为大学、科研机构向企业转让技术成果搭建了一座桥梁。

（七）加拿大

加拿大获得诺贝尔奖的人数不多，1901 年至 2019 年物理学、化学、生理学或医学、经济学、文学奖这五类奖共 11 项。

按 ESI 收录论文统计，2008 年 1 月至 2018 年 4 月，在论文数量方面，加拿大共 65 万篇，中国为 227.2 万篇，只有中国的 28.6%；在论文被引用次数方面，加拿大共 1080.9 万次，远不及中国的 2272.4 万次，只有中国的 47.6%；在论文引用率方面，加拿大每篇为 16.63 次，中国为 10 次，加拿大约是中国的 1.66 倍。可见中国与加拿大相比，在论文数量、被引用次数上有巨大的优势，但在论文质量方面还是有一定差距。

从 PCT 国际专利申请量来看，2018 年加拿大为 2422 件，中国为 53352 件，中国约是加拿大的 22.03 倍，中国具有相当显著的优势。

成立于 1987 年的加拿大自然科学与工程研究理事会，设有针对科研成果转化的"创意到创新计划"，每年投入 1200 万加元。

## 七 小结

政府的科学技术财政投入从根本上说是为了推动我国经济社会发展，但其直接成果主要表现为论文、专著、专利等。

科学技术财政投入对其他科技投入具有双重效应，即挤入效应和挤出效应。财政科技投入具有很强的导向性，对其他科技投入包括企业、高等学校和研究机构的研究与开发投入，起着带动作用和杠杆作用。但是我国财政科技投入对其他科技投入的挤入效应较小，带动作用不强。

我国科学技术财政投入在人才培养、机构建设、科研成果等方面取得了巨大成就，有力地推动了我国科学技术事业的发展。如产生了"两弹一星"、杂交水稻、银河巨型计算机、载人航天等代表性成果；目前，国外三大检索工具 SCI、EI、CPCI-S 收录的我国科研论文数量位居世界第一位或第二位。我国发明专利申请量和授权量居世界首位。但我国也存在科技成果转化率不高的问题。

我国科技投入是推动经济增长的重要原因，但是对经济增长的贡献率不够高，1953—2005 年，科技投入对我国经济增长贡献率约为17.5%，而世界主要发达国家一般为50%—80%，显然与这些国家相比有较大差距，但处在持续上升的过程中，2018年已达到58.5%。据学者研究，1953—2007年，我国财政科技投入贡献了经济增长的9.1%；1978—2007年，国家财政科技投入对经济增长的贡献率为20.5%。可见，财政科技投入对我国经济增长具有较大的促进作用。

科学技术财政投入绩效评价是财政支出管理和科技管理工作的重要部分，是有效运用国家财政资金，营造良好科学研究及创新环境的重要手段，还是政府制定科技政策、配置科技资源和实施有效科技管理的重要机制。我国高度重视财政科技投入绩效评价，相继颁布了一系列规章，建立起比较规范的绩效评价制度。

从国际比较角度看，我国科学技术财政投入的效率总体较好，进步较大。随着我国资金大量投入，论文、专利等成果数量增长较快，已居于世界前列，高技术成果在不断增加，尖端人才也在增长。但是也还存在投入产出率不太高、论文引用率不高，特别是诺贝尔奖获奖太少等问题。

# 第七章 结论

新中国成立 70 多年来,我国科学技术财政投入取得了巨大成就,有力地促进了我国科学技术进步,推动了经济社会发展。同时,我们也应当看到,我国科学技术财政投入在规模、结构、管理和绩效方面也还存在一定的问题和不足,为此,本书提出了相应的对策建议。

## 一 提高财政科技投入强度

总的来说,在科学技术财政投入规模方面,70 多年来绝对规模增长非常巨大,增长速度也相当快,投入数额现居世界第二位,仅次于美国。在此支持下,我国科学研究事业蓬勃发展,取得了辉煌成就。

但是也还存在一定的问题和不足:一是科学技术财政投入占财政总支出的比重波动较大,没有形成稳定的增长机制。二是科学技术财政投入占 GDP 的比重比较低,1979 年以后持续下降,从 1997 年缓慢回升,直到 2010 年才回到 1% 以上水平,近些年都只略高于 1%。三是科学技术财政投入的增长率波动较大,从弹性系数看,1954—2018 年,科学技术财政投入增长率分别有 24 年和 32 年未能赶上财政总支出的增长率和 GDP 的增长率。四是我国研究与开发经费增长速度较快,研究与开发经费总量也位居世界前列,但其占GDP的比重仍较日本、德国、美国、法国等西方主要发达国家为低。

为此，应在以下几个方面作出努力：一是应当通过立法，建立财政科技投入稳定增长机制。二是进一步提高财政科技投入的强度，提高其占财政总支出的比重和占GDP的比重，确保财政科技投入随经济发展和财政收入的增长同步增长。三是要提高研究与开发经费占GDP的比重，与西方主要发达国家相比我国有较大差距。四要加大政府对研究与开发的投入力度，提高其占财政总支出的比重。

## 二　完善财政科技投入结构

我国科学技术财政投入的结构总体上是合理的，是符合我国国情和经济社会发展阶段的，符合我国科学研究工作和财政工作实际的，但也有需要改进之处。

对于以下问题，需要引起注意并加以改进：一是中央和地方科学技术财政投入比例不够协调，地方政府财政收入总量高而科学技术投入比重相对较低；中央财政科学技术投入在本级财政支出中占有较重分量，而地方财政科学技术投入在地方财政支出中占的分量较低。二是各地区之间科学技术财政投入不平衡，西部地区财政科学技术投入严重不足，与东部发达省份差距较大。三是政府科学技术投入相对企业投入的增长速度较慢。四是政府的研究与开发经费投入虽然资金总量不断增长，但在全部研究与开发经费中的比重却呈下降趋势。五是按执行部门和来源构成看，研究与开发经费中政府资金对企业和高等学校的投入有所不足。以2018年研究与开发经费为例，其中政府资金的12.3%投向了企业，57.4%投向了研究与开发机构，24.4%投向了高等学校。六是从研究类型来看，基础研究和应用研究投入较少，而试验发展投入偏高。以2018年研究与开发经费为例，试验发展占83.32%，应用研究占11.13%，而基础研究仅占 5.54%。

为此，应进一步完善财政科技投入的结构：一是要提高地方财政科技投入的比重，增强各地区财政科技投入的平衡性，进一步加强地方特别是中西部地区财政科技投入。二是在继续加强研究与开发经费中政府资金对企业投入的基础上，进一步向高等学校倾斜，提高高等学校在研究与开发经费分配中的比重。三是要进一步加大向基础研究和应用研究的投入力度，加大对原始性创新和集成创新的投入，加强关于环保、民生等社会公益研究的投入，加强关于前沿技术研究及共性技术和关键性技术研究的投入，巩固科技进步的基础。

## 三　加强财政科技投入管理

我国确立了以中央财政资金为主导、地方财政资金相协调共同资助科学研究的投入体制，建立了比较完善的科学研究管理制度，确定了符合国际惯例的资助方式，形成了健全规范的经费管理制度。

但是在一些方面还存在不足：一是财政资金对全社会科技投入的引导、带动作用还不够明显。二是存在多头资助、交叉重复的问题。其中既有中央各部门之间的重复，也有中央与地方之间的重复，还有各地方各单位之间的重复，不能形成科研资源的有效配置，造成一定程度的科研资源浪费和低效率。三是科技立法存在立法少、有不少立法空白、立法层级较低、操作性较差、没有形成科技法律体系等问题。四是财政资金投入方式和资助方式还比较单一，主要还是项目资助的方式。五是项目管理不够严格，缺乏相应的激励和处罚措施，特别是项目不能按时完成和精品成果不多的问题较为突出。六是经费监管不力，存在一定程度的违规开支和经费浪费。

为此，应进一步建立健全财政科技投入管理制度，提高管理的科学化、规范化水平：一是要通过科技计划、优惠政策，进一步发挥财政资金对于全社会科技投入的导向作用。二是要建立财政科技投入的宏观协调机制,加强《国家中长期科学和技术发展规划纲要》的宏观指导性,搭建中央与地方之间、部门与部门之间统筹协调的管理平台,统筹资源布局、人才队伍建设、科技计划设定、科技基础设施配置。各部门间实行年度会商,进行检查落实。三是在投入体制上,应由财政部出面委托科技部或其他单位,建立科技项目数据库,加强各部门的协调,避免重复资助项目,浪费科技资源。四是要加强科技立法,加紧制定科学技术投入法、科学技术基金法、科学技术奖励法、民营科技企业法、科技中介服务法、高新技术开发区法等,并完善部门规章,建立起完备的科技法律体系和现代管理制度。五是要制定并完善相关税收优惠、政府采购和科技贷款政策等,激活企业对技术创新的投资和内在需求。六是要开辟新的资助方式,建立多渠道、更加符合科学研究规律、有利于激发科研单位及科研人员积极性的项目资助体系。七是要建立项目奖励处罚制度,重视目标导向,促进项目按时完成和提高研究成果质量。八是要建立科学、简便、有效的经费管理制度,实现科学化、民主化、规范化、法制化管理,创造更加宽松的科研环境,充分调动科研人员的积极性,有效提高投入产出比,不断增强国际竞争力。

## 四 提升财政科技投入绩效

在财政投入的大力支持下,我国科学研究取得了巨大的成就,产生了一批居于世界先进水平的标志性重大成果如"两弹一星"、陆相成油理论与应用、杂交水稻、银河巨型计算机、载人航天等;培养造就了一支规模宏大、高素质的科技人才队伍。2018 年全社会 R&D 经费支出占 GDP 的比重为 2.19%。"研发人员总量预计达到 418 万人年,居世界第一。国际科技论文总量和被引次数稳居世界第二;发明专利申请量和授权量居世界首位。高新技术企业达到

18.1万家,科技型中小企业突破13万家,全国技术合同成交额为1.78万亿元。科技进步贡献率预计超过58.5%,国家综合创新能力列世界第17位。"①

但是,我国财政科技投入的整体效率还不是太高,在诸多方面存在不足:一是财政科技投入对其他科技投入的挤入效应不明显。二是高水平的科研成果不多,投入产出率不太高,论文引用率与世界强国有较大差距,特别是诺贝尔奖获奖太少。三是受到财政资金支持的机关团体、科研机构和大专院校在专利工作上成效不足。四是科技成果的转化严重不足,仅约10%的成果得到转化,与国外存在较大差距。五是我国科学技术对经济增长的贡献率有待进一步提高,2018年我国科技进步贡献率为58.5%,而有的西方国家高达80%以上。

为提高财政科技投入的绩效,要加强以下几个方面的工作:一是为发挥财政资金的引导作用,必须进一步提高财政科技投入在整个科技投入中的比重,特别是要大力提高地方财政科技投入的强度。二是要加大对青年人才和重点科研单位的支持力度,培养和造就一批高水平的科研人员,建立起一批能够承担国家重大科技攻关计划项目的大型科研机构。三是要瞄准世界科技前沿,占领科技制高点,开展扎实研究,努力生产一批具有世界影响的高水平科技论文。四是要充分发挥科研机构和大专院校的科研潜力,增强专利意识,重视发明创造,产出高科技创新成果。五是要进一步改进科研成果转化运用体制,建立激励科学家积极转化科技成果的有效机制,完善成果评价奖励机制,发展技术交易市场,推动科技成果的转化应用。六是要建立产、学、研一体互动机制,加强资金、科研、技术的良性互动,实现科技成果效益最大化。

---

① 《2019年全国科技工作会议在京召开》,2019年1月10日,http://www.gov.cn/xinwen/2019-01/10/content_ 5356484.htm。

# 参考文献

［德］阿尔弗雷德·格雷纳:《财政政策与经济增长》,经济科学出版社2000年版。

［英］阿瑟·刘易斯:《经济增长理论》,商务印书馆1983年版。

安秀梅:《政府公共支出管理》,对外经济贸易大学出版社2005年版。

柏冬秀、李茂生:《中国:财政政策的选择》,企业管理出版社1997年版。

［美］保罗·萨缪尔森、威廉·诺德豪斯:《经济学》,人民邮电出版社2008年版。

［美］贝拉尼克、拉尼斯:《科学技术与经济发展:几国的历史与比较研究》,科学技术文献出版社1988年版。

［澳］布伦兰、［美］布坎南:《宪政经济学》,中国社会科学出版社2004年版。

［英］C. V. 布朗、P. M. 杰克逊:《公共部门经济学》第4版,中国人民大学出版社2000年版。

财政部办公厅:《中华人民共和国财政史料》第2辑,《国家预算决算(1950—1981)》,中国财政经济出版社1983年版。

财政部财政科学研究所编:《中长期财政政策研究》,中国财政经济出版社1993年版。

财政部教科文司:《国外绩效考评制度研究(一)——美国〈政府绩效与结果法案〉的主要内容》,《预算管理与会计》2003年第 12 期。

陈共:《财政学》第 5 版,中国人民大学出版社 2008 年版。

陈共:《财政学》第 7 版,中国人民大学出版社 2012 年版。

陈黎编译:《德国科研体制与人文社会科学研究机构》,中国社会科学出版社 2003 年版。

陈实、孙晓芹:《我国政府 R&D 经费投入的分析与判定——基于国家科技计划以财政科技拨款为研究视角》,《科学学研究》2013 年第 11 期。

陈艳珍:《创新激励:公共财税政策的工具选择》,《经济问题》2009 年第 3 期。

陈勇:《加拿大科技政策和科技发展回顾》,《全球科技经济瞭望》2012 年第 52 期。

程华等:《政府科技投入与企业 R&D》,科学出版社 2009 年版。

程华、肖小波、倪梅娟:《政府科技投入对企业 R&D 投入的影响及因果分析——基于我国大中型工业企业的实证研究》,《浙江理工大学学报》2008 年第 3 期。

程振登等:《科技投入论:关于我国科技投入统一口径和投资体系的研究》,科学技术文献出版社 1992 年版。

"创新型国家支持科技创新的财政政策"课题组:《创新型国家支持科技创新的财政政策》,《经济研究参考》2007 年第 22 期。

丛树海等:《科技发展的公共政策研究》,中国财政经济出版社 2008 年版。

丛树海:《公共支出分析》,上海财经大学出版社 1999 年版。

丛树海:《公共支出学》,中国人民大学出版社 2002 年版。

丛树海主编:《中国宏观财政政策研究》,上海财经大学出版社 1998 年版。

崔禄春:《建国以来中国共产党科技政策研究》,华夏出版社 2002 年版。

樊春良:《全球化时代的科技政策》,北京理工大学出版社 2005 年版。

方东霖：《财政科技投入问题研究评述》，《科技管理研究》2012 年第 9 期。

方福前：《公共选择理论——政治的经济学》，中国人民大学出版社 2000 年版。

房汉廷、张缨：《中国支持科技创新财税政策述评（1978—2006 年）》，《中国科技论坛》2007 年第 9 期。

［美］菲利普·阿吉翁、彼得·霍依特：《内生增长理论》，北京大学出版社 2004 年版。

傅道忠：《促进技术进步的财政政策选择》，《石家庄经济学院学报》2004 年第 12 期。

高培勇、崔军：《公共部门经济学》第 2 版，中国人民大学出版社 2007 年版。

葛春雷：《德国重大科技计划》，《科技政策与发展战略》2013 年第 6 期。

葛俊、李琦、姜山：《2004 年意大利科技发展综述》，《全球科技经济瞭望》2006 年第 2 期。

辜胜阻、王敏：《支持创新型国家建设的财税政策体系研究》，《财政研究》2012 年第 10 期。

郭庆旺等编：《现代西方财政政策概论》，中国财政经济出版社 1993 年版。

郭庆旺：《科教兴国的财政政策选择》，中国财政经济出版社 2003 年版。

郭庆旺、赵志耘：《财政理论与政策》第 2 版，经济科学出版社 2003 年版。

国家科学技术委员会编：《中国科学技术政策指南：科学技术白皮书》，科学技术文献出版社 1995 年版。

［美］哈维·S. 罗森：《财政学》，中国人民大学出版社 2007 年版。

韩军主编：《意大利科学技术概况》，科学出版社 2005 年版。

韩霞：《完善我国科技投入管理体制的对策选择》，《国家行政学院学报》2007 年第 5 期。

韩振海：《中国科学研究事业投入产出分析》，《技术与创新管理》2004 年第 1 期。

郝立忠主编：《宏观科技管理学》，山东人民出版社 1997 年版。

侯荣华：《中国财政支出效益研究》，中国计划出版社 2001 年版。

胡乃武、金碚：《国外经济增长理论比较研究》，中国人民大学出版社 1990 年版。

胡维佳主编：《中国科技政策资料选辑》，山东教育出版社 2006 年版。

胡卫：《自主创新的理论基础与财政政策工具研究》，经济科学出版社 2008 年版。

黄日茜等：《德国国际科技合作机制研究及启示》，《中国科学基金》2016 年第 3 期。

黄彦：《关于财政科技投入的理性思考》，《财贸研究》2001 年第 9 期。

霍立浦、邱举良主编：《法国科技概况》，科学出版社 2002 年版。

[美] J. M. 布坎南：《公共财政》，中国财政经济出版社 1991 年版。

贾杰主编：《我国财政政策的演进》，中国财政经济出版社 2006 年版。

贾康等：《科技投入及其管理模式研究》，中国财政经济出版社 2006 年版。

江蕾、安慧霞、朱华：《中国科技投入对经济增长贡献率的实际测度：1953—2005》，《自然辩证法通讯》2007 年第 5 期。

姜山、李琦：《2004 年意大利科技发展综述》，《全球科技经济瞭望》2005 年第 4 期。

蒋洪等：《公共财政决策与监督制度研究》，中国财政经济出版社 2008 年版。

解德汝等主编：《云南科技投入：云南省全社会科技投入调查与分析》，云南科技出版社 1993 年版。

靳仲华、周国林主编：《欧盟科学技术概况》，科学出版社 2005 年版。

康华：《2000 年英国科技发展综述》，《全球科技经济瞭望》2001 年第 4 期。

[美] 康芒斯：《制度经济学》，商务印书馆 1962 年版。

科司：《2000 年意大利科技发展综述》，《全球科技经济瞭望》2001 年第 4 期。

寇铁军、孙晓峰：《我国财政科技支出实证分析与政策选择》，《地方财政研究》2007 年第 3 期。

李兵、胡光：《2005 年德国科技发展综述》，《全球科技经济瞭望》2006 年第 2 期。

李朝晨主编：《英国科学技术概况》，科学技术文献出版社 2002 年版。

李茂生、柏冬秀：《中国财政政策研究》，中国社会科学出版社 1999 年版。

李强、李晓轩、汪飙翔：《美国科技评估的建构与实施》，《科学管理研究》2007 年第 3 期。

李铄：《2002 年加拿大科技发展综述》，《全球科技经济瞭望》2003 年第 3 期。

李星、张宁：《2004 年德国科技发展综述》，《全球科技经济瞭望》2005 年第 6 期。

[美] 理查德·A. 马斯格雷夫：《比较财政分析》，上海三联书店 1996 年版。

[美] 理查德·A. 马斯格雷夫、佩吉·B. 马斯格雷夫：《财政理论与实践》第 5 版，中国财政经济出版社 2003 年版。

凌江怀、李成、李熙：《财政科技投入与经济增长的动态均衡关系研究》，《宏观经济研究》2012 年第 6 期。

刘春节、刘世玉：《政府的科技支出：规模与结构》，《东北财经大学学报》2006 年第 6 期。

刘凤朝、孙玉涛：《我国政府科技投入对其他科技投入的效应分析》，《研究与发展管理》2007 年第 12 期。

刘刚：《2001 年加拿大科技发展综述》，《全球科技经济瞭望》2002 年第 5 期。

刘辉、李铄、牛强：《2005年加拿大科技发展综述》，《全球科技经济瞭望》2006年第5期。

刘军民：《提升企业自主创新能力的财税政策分析》，《华中师范大学学报》2009年第2期。

刘全洲、王莹：《技术进步对我国经济增长作用的实证分析》，《当代经济科学》1999年第4期。

刘溶沧等：《促进经济增长方式转变的财政政策选择》，中国财政经济出版社2000年版。

刘拓、齐琳、傅毓维：《我国科教投入对经济增长贡献率的互谱分析》，《哈尔滨工程大学学报》2009年第8期。

刘小兵等：《中国财政政策分析：1998—2007》，中国财政经济出版社2008年版。

刘晓路、郭庆旺：《全球经济调整中的中国经济增长与财政政策定位》，中国人民大学出版社2008年版。

刘阳：《国外典型财政政策分析与我国财政政策选择》，《唯实》2004年第12期。

刘阳：《增加科技投入促进国民经济快速发展》，《山东财政学院学报》1997年第1期。

刘宇飞：《当代西方财政学（第二版）》，北京大学出版社2003年版。

[美]罗伯特·M.索洛等：《经济增长因素分析》，商务印书馆1991年版。

[美]罗伯特·M.索洛：《经济增长理论：一种解说》，上海人民出版社1998年版。

罗介平、李丽萍：《促进科技发展的财政投入政策研究》，《开发研究》2004年第2期。

罗伟编：《科技政策研究初探》，知识产权出版社2007年版。

马大勇：《供给侧结构性改革环境下我国财政科技投入问题及对策》，《财政监督》2018年第6期。

马拴友：《财政政策与经济增长》，经济科学出版社2003年版。

马学:《财政支持科技自主创新:动因、机理与途径》,《河北学刊》2007 年第 11 期。

[美] 曼昆:《经济学原理》第 5 版,北京大学出版社 2009 年版。

[美] 曼瑟尔·奥尔森:《集体行动的逻辑》,上海三联书店、上海人民出版社 1995 年版。

毛程连:《西方财政思想史》,经济科学出版社 2003 年版。

[美] 美国国家科学技术委员会:《面向 21 世纪的科学》,科学技术文献出版社 2005 年版。

孟曙光、王志强:《德国应对金融危机推动科技发展》,《全球科技经济瞭望》2010 年第 5 期。

莫燕、刘朝马:《科技投入结构分析及比较研究》,《科学学与科学技术管理》2003 年第 4 期。

欧阳煌:《财政政策促进经济增长》,人民出版社 2007 年版。

裴璐:《政府科研投入对 GDP 影响的协整性分析》,《科技情报开发与经济》2005 年第 21 期。

裴瑞敏、胡智慧:《加拿大"经济行动计划"成效及其科技创新政策分析》,《全球科技经济瞭望》2014 年第 12 期。

彭剑君:《中国农村财政政策研究》,中国财政经济出版社 2009 年版。

彭鹏、李丽亚:《我国财政科技投入现状分析和对策研究》,《中国科技论坛》2003 年第 6 期。

平新乔:《财政原理与比较财政制度》,上海三联书店 1995 年版。

[日] 乾侑:《日本科技政策》,科学技术文献出版社 1987 年版。

乔桂银:《我国科技投入存在的问题及对策研究》,《内蒙古社会科学》2004 年第 3 期。

[美] 乔治·泰奇:《研究与开发政策的经济学》,清华大学出版社 2002 年版。

《全球科技经济瞭望》(1998—2020 年)。

[法] 萨伊:《政治经济学概论》,商务印书馆 1963 年版。

桑赓陶、郑绍濂:《科技经济学》,复旦大学出版社 1995 年版。

尚长风编著：《公共财政政策理论与实践》，南京大学出版社 2005 年版。

尚朝秋等：《地方科技投入研究》，云南科技出版社 2007 年版。

师萍、韩先锋、任海云：《中国政府科技投入对经济增长的影响研究》，《西北大学学报》2010 年第 1 期。

师萍、张蔚虹：《中国 R&D 投入的绩效分析与制度支持研究》，科学出版社 2008 年版。

《十年决策——世界主要国家（地区）宏观科技政策研究》研究组：《十年决策——世界主要国家（地区）宏观科技政策研究》，科学出版社 2014 年版。

石成、陈强：《法国政府创新治理能力建设的行动逻辑及实践启示》，《中国科技论坛》2016 年第 10 期。

舒元等：《现代经济增长模型》，复旦大学出版社 1998 年版。

宋健主编：《现代科学技术基础知识：干部选读》，科学出版社 1994 年版。

苏明：《财政理论与财政政策》，经济科学出版社 2003 年版。

苏明：《中国科技教育发展与财政投入政策》，《宏观经济研究》2000 年第 6 期。

苏盛安、赵付民：《政府科技投入对我国技术进步的贡献》，《科技管理研究》2005 年第 9 期。

孙东泉、陈昭锋：《基于相关分析的我国科技投入社会化的财政行为研究》，《科技与经济》2005 年第 6 期。

孙红梅、师萍、杨华：《中国财政科技投入管理中存在的问题及对策》，《长安大学学报》2006 年第 3 期。

孙文学等：《中国财政政策实证分析与选择》，中国财政经济出版社 2000 年版。

孙雨：《法国国家科研署》，《全球科技经济瞭望》2006 年第 4 期。

唐思慧、刘友华：《哲学社会科学基础研究财政投入机制的完善——基于 2011—2015 年数据样本分析》，《江西社会科学》2017 年第 8 期。

陶继侃：《当代西方财政》，人民出版社 1992 年版。

陶鹏、陈光、王瑞军：《日本科学技术基本计划的目标管理机制分析——以〈第三期科学技术基本计划〉为例》，《全球科技经济瞭望》2017 年第 3 期。

陶学荣主编：《公共政策学》，东北财经大学出版社 2009 年版。

田时中、田淑英、钱海燕：《财政科技支出项目绩效评价指标体系及方法》，《科研管理》2015 年第 1 期。

田卫民：《中国科技投入对经济增长的贡献：1953—2007》，《经济问题探索》2011 年第 8 期。

童大龙：《鼓励技术创新的财政政策研究》，《特区经济》2006 年第 5 期。

［美］ V. 布什：《科学——没有止境的前沿》，商务印书馆 2004 年版。

王传伦、高培勇：《当代西方财政经济理论》，商务印书馆 1995 年版。

王德瑞、周贵生、顾全、胡聚敏：《国家级科研项目投入的若干问题研究》，《科研管理》1996 年第 5 期。

王刚、池翔：《我国财政科技支出绩效评价体系构建问题研究》，《福州大学学报》2014 年第 4 期。

王卉珏：《科技政策的理论与方法研究》，华中科技大学出版社 2008 年版。

王玲：《日本〈科学技术基本计划〉制定过程浅析》，《全球科技经济瞭望》2017 年第 4 期。

王蓉芳：《2006 年加拿大科技发展综述》，《全球科技经济瞭望》2007 年第 2 期。

王士舫、董自励编著：《科学技术发展简史》，北京大学出版社 2005 年版。

王曙光、李维新、金菊：《公共政策学》，经济科学出版社 2008 年版。

王小利：《关于继续加强财政支持下科技投入的政策思考》，《科学管理研究》2005 年第 2 期。

王旭东:《论财政科技投入机制的改革与创新》,《山东社会科学》2005 年第 7 期。

王泽华、唐新文、普万里等:《云南省科技投入绩效评价研究》,云南科技出版社 2006 年版。

[美] 维托·坦齐、[德] 卢德格尔·舒克内希特:《20 世纪的公共支出》,商务印书馆 2005 年版。

魏杰、徐春骐:《我国科学研究经费优化配置的比较研究》,《西安财经学院学报》2006 年第 8 期。

吴必康:《权力与知识:英美科技政策史》,福建人民出版社 1998 年版。

吴林海、杜文献、童霞:《中国未来 R&D 投入配置的理论与实证研究》,化学工业出版社 2009 年版。

吴松强、蔡婷婷:《美国财政科技投入的经验与借鉴》,《中国财政》2015 年第 11 期。

吴香雷:《日本科技奖励体系简析》,《全球科技经济瞭望》2015 年第 8 期。

夏禹龙等:《论科技政策》,光明日报出版社 1988 年版。

项怀诚:《中国财政 50 年》,中国财政经济出版社 1999 年版。

肖广岭等:《市县科技投入论》,科学出版社 2007 年版。

肖鹏、国建业:《我国财政科技投入现状分析与调整策略》,《财经问题研究》2004 年第 2 期。

谢贤星:《财政理论与财政政策探索》,江西人民出版社 1999 年版。

谢贤星:《中国财政政策的理论与实践》,江西人民出版社 1991 年版。

[美] 熊彼特:《经济发展理论》,北京出版社 2008 年版。

徐捷等译:《美国科技政策译丛》,人民邮电出版社 2005 年版。

许云霄:《公共选择理论》,北京大学出版社 2006 年版。

薛亮:《日本第五期科学技术基本计划推动实现超智能社会"社会 5.0"》,《华东科技》2017 年第 2 期。

阎坤、王进杰:《公共支出理论前沿》,中国人民大学出版社 2004

年版。

杨海英:《科技政策与科技战略》,党建读物出版社 2000 年版。

杨华:《科技创新与财政政策选择》,《科学管理研究》2007 年第 3 期。

杨晓华:《中国财政政策效应的测度研究》,知识产权出版社 2009 年版。

姚国章、袁敏、叶双:《从"数字日本创新计划"看日本如何发展创新型经济》,《中国科技产业》2010 年第 4 期。

姚良军、孙成永、卓力格图:《2006 年意大利科技发展综述》,《全球科技经济瞭望》2007 年第 1 期。

姚佩君编译:《日本科学技术研究概况》,知识出版社 1984 年版。

尤芳湖:《再论科技投入》,山东省地图出版社 1999 年版。

尤芳湖主编:《论科技投入:关于山东省全社会科技投入的调查与分析研究》,中国统计出版社 1993 年版。

游建胜:《英国科技政策与科学园》,厦门大学出版社 2008 年版。

游建胜:《英国研究与发展经费投入初步研究》,《情报探索》2008 年第 8 期。

[美] 约翰·阿利克等:《美国 21 世纪科技政策》,国防工业出版社 1999 年版。

[美] 约翰·穆勒:《政治经济学原理》下卷,商务印书馆 1991 年版。

[美] 约瑟夫·E. 斯蒂格利茨:《公共部门经济学》(第三版),中国人民大学出版社 2005 年版。

[美] 约瑟夫·E. 斯蒂格利茨、卡尔·E. 沃尔什:《经济学》(第三版),中国人民大学出版社 2005 年版。

岳洪江:《我国社会科学研究投入产出绩效研究》,《科技进步与对策》2008 年第 6 期。

曾梓梁、胡志浩:《浅谈我国加大政府研发投入规模的必要性》,《世界科技研究与发展》2006 年第 6 期。

[美] 詹姆斯·M. 布坎南:《公共物品的需求与供给》,上海人民出版社 2009 年版。

［美］詹姆斯·M. 布坎南、理查德·A. 马斯格雷夫：《公共财政与公共选择》，中国财政经济出版社 2000 年版。

［美］詹姆斯·M. 布坎南：《民主财政论》，商务印书馆 1993 年版。

［美］詹姆斯·M. 布坎南：《同意的计算——立宪民主的逻辑基础》，中国社会科学出版社 2000 年版。

［美］詹姆斯·M. 布坎南：《自由、市场和国家》，北京经济学院出版社 1989 年版。

张丹凤、宋元：《美国的科技成果管理研究及对我国的启示》，《国土资源情报》2008 年第 5 期。

张明喜：《我国基础研究经费投入及问题分析》，《自然辩证法通讯》2016 年第 2 期。

张顺：《科技投入与经济增长动态关系研究》，《商业研究》2006 年第 13 期。

张通主编：《中国财政政策与经济、社会发展》，经济科学出版社 2009 年版。

张卫平、杨一峰：《2006 年德国科技发展综述》，《全球科技经济瞭望》2007 年第 3 期。

张馨等：《当代财政与财政学主流》，东北财经大学出版社 2000 年版。

张缨：《我国科技投入体制改革的主要成就和经验》，《中国科技投资》2008 年第 7 期。

张玉喜、赵丽丽：《中国科技金融投入对科技创新的作用效果——基于静态和动态面板数据模型的实证研究》，《科学学研究》2015 年第 2 期。

张志超、李平：《政府财政政策的国际比较》，经济科学出版社 2001 年版。

赵长根：《2001 年德国科技发展综述》，《全球科技经济瞭望》2002 年第 4 期。

赵丽芬、孙国辉主编：《微观财政政策的国际比较》，中国计划出版社 1999 年版。

赵梦涵：《新中国财政税收史论纲》，经济科学出版社 2002 年版。

赵志耘：《财政支出经济分析》，中国财政经济出版社 2002 年版。

赵治纲：《我国科技经费投入现状问题与完善对策》，《财政科学》2016 年第 8 期。

郑振涛：《我国科技投入的现状及原因》，《广东财经职业学院学报》2002 年第 4 期。

《政府工作报告》（1954—2020 年）。

《中国财政年鉴》（1992—2018 年）。

《中国科技统计年鉴》（1998—2019 年）。

中国科学技术情报研究所编辑：《科技政策与经济结构改革》，科学技术文献出版社 1985 年版。

中国科学院计划局编，张毓书译：《欧洲及北美地区各国科技政策的现状及展望》（上），中国科学院计划局 1981 年版。

中国科学院计划局编，倪星沅、梁战平译：《欧洲及北美地区各国科技政策的现状及展望》（中），中国科学院计划局 1981 年版。

中国科学院计划局编，唐裕德等译：《欧洲及北美地区各国科技政策的现状及展望》（下），中国科学院计划局 1981 年版。

中国社会科学院"新经济增长理论的发展和比较研究"课题组：《经济增长理论模型的内生化历程》，中国经济出版社 2007 年版。

《中国统计年鉴》（2000—2018 年）。

中华人民共和国国家科学技术委员会、加拿大国际发展研究中心：《十年改革：中国科技政策》，北京科学技术出版社 1998 年版。

周寄中主编：《科技投入的模式：关于研究开发投入及其使用效率和财务管理的研究》，科学出版社 1997 年版。

周克清、刘海二、吴碧英：《财政分权对地方科技投入的影响研究》，《财贸经济》2011 年第 10 期。

朱斌：《当代美国科技》，社会科学文献出版社 2001 年版。

朱春奎：《财政科技投入与经济增长的动态均衡关系研究》，《科学学与科学技术管理》2004 年第 3 期。

朱九田、周莹莹、杨国军：《我国科研资金投入体制的演化》，《科技进步与对策》2005年第3期。

朱勇：《新增长理论》，商务印书馆1999年版。

祝云、毕正操：《我国财政科技投入与经济增长的协整关系》，《财经科学》2007年第7期。

Alan J. Auerbach, *Fiscal Policy: Lessons from Economic Research*, Cambridge, Mass.: MIT Press, 1997.

Alfred Greiner, *Fiscal Policy and Economic Growth*, Aldershot, Hants: Avebury, 1996.

Alice Belcher, *R&D Decisions: Strategy, Policy and Disclosure*, London; New York: Routledge, 1996.

Barry Bozeman, ed., *Strategic Management of Industrial R&D*, Lexington, Mass.: Lexington Books, 1984.

Barry Bozeman, *Evaluating R&D Impacts: Methods and Practice*, Washington, D. C.: Congressional Information Service, Inc., 1988.

C. A. Tisdell, *Science and Technology Policy: Priorities of Governments*, London; New York: Chapman and Hall, 1981.

Cedric Sandford, *Economics of Public Finance: an Economic Analysis of Government Expenditure and Revenue in the United Kingdom*, 3rd ed., Oxford [Oxfordshire]; New York: Pergamon Press, 1984.

Claude E. Barfield, *Science Policy from Ford to Reagan: Change and Continuity*, Washington, D. C.: American Enterprise Institute for Public Policy Research, 1982.

Daniel Lederman, *R&D and Development*, Washington, D. C.: World Bank, 2003.

David Huamao Bai and Ann Arbor, *The Impact of R&D and Institutions on th Performance of Chinese Industry*, Mich.: UMI, 2003.

David N. Hyman, *Public Finance: A Contemporary Application of Theory to Policy*, Beijing: Peking University Press, 2005.

Dietmar Hornung, *Investment, R&D, and Long-run Growth*, Berlin; New York: Springer, 2002.

D. I. Trotman-Dickenson, *Economics of the Public Sector*, Macmillan Press Ltd., 1996.

Dominique Guellec, *R&D and Productivity Growth: Panel Data Analysis of 16 OECD Countries*, Bethesda, Md.: LexisNexis, 2002.

Dominique Guellec, *The Impact of Public R&D Expenditure on Business R&D*, Bethesda, Md.: Congressional Information Service, Inc., 2001.

Edward W. Merrow and Jonathan D. Pollack, *The R&D Process and Technological Innovation in the Chinese Industrial System*, Santa Monica, Ca.: Rand, 1985.

George S. Tolley, James H. Hodge and James F. Oehmke, ed., *The Economics of R&D Policy*, New York: Praeger, 1985.

Graham Charles Hockley, *Fiscal Policy: an Introduction*, London; New York: Routledge, 1992.

Henri Delanghe, Ugur Muldur and Luc Soete, *European Science and Technology Policy: Towards Integration or Fragmentation*, Northampton, MA: Edward Elgar Pub., 2009.

Heung Deug Hong, *R&D Programme Evaluation: Theory and Practice*, Aldershot, Hants; Burlington, VT: Ashgate, 2003.

Holley Ulbrich, *Public Finance in Theory & Practice*, South-Western College Pub., 2002.

Hulya Ulku, *R&D, Innovation, and Economic Growth: an Empirical Analysis*, Bethesda, Maryland: LexisNexis, 2005.

John B. Guerard, *R&D Management and Corporate Financial Policy*, New York: Wiley, 1998.

Klaus Schmidt-Hebbel and Luis Serven, *Fiscal Policy in Classical and Keynesian open Economies*, Washington, D.C.: World Bank, 1994.

Markus Helfenstein, *A Comparative Analysis of R&D in China*, Fribourg, Switzerland: IImt University Press, 2008.

Nancy Birdsall, *Does R&D Contribute to Economic Growth in Developing Countries*, Washington, DC: World Bank, Policy Research Dept., Office of the Director, 1993.

Philip Shapira and Stefan Kuhlmann, *Learning from Science and Technology Policy Evaluation: Experiences from the United States and Europe*, Northhampton, MA: Edward Elgar Pub., 2003.

Q. Y. Yu, *The implementation of China's Science and Technology Policy*, Westport, Conn.: Quorum Books, 1999.

Richard W. Kopcke, Geoffrey M. B. Tootell and Robert K. Triest, *The Macroeconomics of Fiscal Policy*, Cambridge, MA: MIT Press, 2006.

Roy W. Bahl, *Fiscal Policy in China: Taxation and Intergovernmental Fiscal Relation*, South San Francisco, Calif.: 1990 Institute, 1999.

Sally Wallace, *State and Local Fiscal Policy: Thinking Outside the Box*, MA: Edward Elgar Pub., 2010.

Sheila Jasanoff, ed., *Comparative Science and Technology Policy*, Cheltenham, UK; Lyme, NH, US: E. Elgar Pub., 1997.

Sylvia Kraemer, *Science and Technology Policy in the United States: Open Systems in Action*, New Brunswick, N. J.: Rutgers University Press, 2006.

Takatoshi Itō and Andrew Rose, *Fiscal Policy and Management in East Asia*, Chicago: University of Chicago Press, 2007.

Tamim A. Bayoumi, *R&D Spillovers and Global Growth*, Bethesda, MD: Congressional Information Service, Inc., 1997.

Thomas Keith Glennan, *The Role of Demonstrations in Federal R&D Policy*, Santa Monica, CA: Rand, 1978.

Ulrich Thiessen, *The Impact of Fiscal Policy on Economic Growth: Analyses and Options for Transition Countries*, Baden-Baden: Nomos,

2007.

Willi Semmler, *Fiscal Policy, Public Expenditure Composition, and Growth: Theory and Empirics*, Bethesda, Md: Lexis-Nexis Academic & Library Solutions, 2008.

Yeu-Farn Wang, *China's Science and Technology Policy, 1949—1989*, Aldershot, Hants: Avebury, 1993.

Yifei Sun, Maximilian von Zedtwitz and Denis Fred Simon, ed., *Global R&D in China*, Oxon: Routledge, 2008.

# 后　　记

　　本书是在笔者博士后研究报告基础上修改完成的，对我国科学技术财政投入的规模、结构、管理和绩效方面作了一些探究。由于本人研究水平有限，本书的研究还是尝试性的、初步的，有待今后进一步深入和提高。

　　本书终能付梓，心中充溢着感念：

　　有幸拜在中国人民大学财政金融学院博士后合作导师陈共教授门下，亲聆教诲，乃人生之幸。先生乐观的人生态度、不懈的学术追求、严谨的治学精神，在学习和工作上将不断激励我前行。

　　中国人民大学财政金融学院郭庆旺教授给了我悉心的指导和热情的帮助；岳树民教授、朱青教授、岳希明教授等对我写作博士后报告进行了热心指导，提出了宝贵意见；类承曜教授给予了真诚的帮助和勉励；吴帆老师、刘芳老师亦对我帮助良多。在此一并致谢！

　　在书稿修改过程中，中国社会科学院财经战略研究院杨志勇研究员、中国人民大学财政金融学院贾俊雪教授、中国人民大学公共管理学院王俊教授，提供了诸多宝贵和中肯的意见，甚为感谢！

　　感谢本书参考文献的作者们！

　　感谢国家社会科学基金、中国博士后科学基金资助研究！感谢中国社会科学院哲学社会科学创新工程学术出版资助！

　　感谢中国社会科学院科研局、财经战略研究院和中国社会科学出版社的支持！感谢中国社会科学出版社社长赵剑英研究员、责任编辑王曦主任！

感谢家人对我的支持！你们的鼓励是我完成此书的动力。

最后，感谢所有支持我的领导、老师、同事、同学和朋友！

陈文学

2021年1月1日